“十四五”时期国家重点出版物出版专项规划项目 先进制造理论研究与工程技术系列
黑龙江省优秀学术著作 / “双一流”建设精品出版工程

有源功率因数校正技术及应用

ACTIVE POWER FACTOR CORRECTION TECHNOLOGY AND APPLICATION

贲洪奇　刘桂花　孟　涛　杨　威　丁明远　编著

内 容 简 介

本书结合电力电子技术的最新研究进展情况，从介绍有源功率因数校正技术的相关基本概念开始，详细阐述了有源功率因数校正方法、校正电路的工作原理、各有关电路的特点与实现、APFC 技术的控制策略、三相 APFC 变换电路、APFC 变换器中磁性器件设计等有关内容，并对一些近几年来新出现的无桥 APFC 技术、交错并联 APFC 技术、APFC 的数字控制技术、单级 APFC 技术等内容进行了较为详细的介绍。

本书结合国内外有源功率因数校正技术的发展，力图系统地归纳、介绍有源功率因数校正技术的原理、典型技术特性以及有源功率因数校正电路的设计与应用技术，以便读者系统、全面地了解和掌握。本书可供从事开关电源等电力电子装置开发、设计及生产的相关工程技术人员和高等院校相关专业的师生阅读使用。

图书在版编目(CIP)数据

有源功率因数校正技术及应用/贲洪奇等编著. —
哈尔滨：哈尔滨工业大学出版社，2023.8
（先进制造理论研究与工程技术系列）
ISBN 978－7－5603－9301－8

Ⅰ.①有…　Ⅱ.①贲…　Ⅲ.①功率因数校正　Ⅳ.
①TM714.1

中国版本图书馆 CIP 数据核字(2021)第 014082 号

策划编辑　王桂芝　李　鹏
责任编辑　马静怡　王会丽
出版发行　哈尔滨工业大学出版社
社　　址　哈尔滨市南岗区复华四道街 10 号　邮编 150006
传　　真　0451－86414749
网　　址　http://hitpress.hit.edu.cn
印　　刷　哈尔滨市颉升高印刷有限公司
开　　本　787 mm×1 092 mm　1/16　印张 14.5　字数 344 千字
版　　次　2023 年 8 月第 1 版　2023 年 8 月第 1 次印刷
书　　号　ISBN 978－7－5603－9301－8
定　　价　59.00 元

前　言

随着电力电子技术的飞速发展，各种电力电子装置在电力系统、工业生产、交通运输、通信、计算机和家用电子设备等领域得到了广泛应用，在提高生产效率、带来生活便捷的同时，也给电网带来了严重的谐波污染等问题。功率因数校正（PFC）技术是减少用电设备对电网造成的谐波污染、提高用电效率的重要方法。人们最早是采用电感和电容构成的无源网络来实现功率因数校正功能的，但采用这种技术的设备通常体积庞大，对输入电流的谐波抑制效果也并不十分理想。随着电力半导体器件的发展，开关变换技术突飞猛进，20 世纪 80 年代有源功率因数校正（APFC）技术应运而生。20 世纪 90 年代，国内外学者和科技人员相继提出了一些用于功率因数校正的新型拓扑结构、软开关技术和新型控制方法等，使有源功率因数校正技术得到了长足发展。进入 21 世纪之后，宽禁带功率器件相关技术日趋成熟，功率因数校正电路向高频、高功率密度和轻量化方向发展，应用领域也越来越广泛。

本书结合国内外功率因数校正技术的发展状况和研究成果，对有源功率因数校正技术进行了全面系统的介绍，主要包括单相和三相 APFC 电路拓扑结构和控制方法、无桥 APFC 技术、交错并联 APFC 技术、APFC 数字控制技术、软开关技术和宽禁带功率器件在 APFC 电路中的应用、磁性器件的设计等内容。

全书内容分为 8 章进行论述，各章内容介绍如下。

第 1 章功率因数和谐波问题的产生及改善方法，主要介绍功率因数和谐波问题的产生、功率因数定义和谐波限制标准、改善功率因数和谐波问题的基本方法，以及在电力电子装置中实施功率因数校正的意义。

第 2 章单相 APFC 变换器典型拓扑，主要介绍非隔离式 APFC、隔离式 APFC、单级 APFC 变换器典型拓扑结构和工作原理。

第 3 章单相 APFC 变换器的典型控制策略，主要介绍电流断续模式（DCM）控制策略、电流连续模式（CCM）控制策略、单周期控制策略及其他新型控制策略。

第 4 章典型单相 APFC 变换器的改进，在介绍典型单相 APFC 变换器的基础上，重点介绍了无桥 Boost APFC、交错并联 APFC 等改进型单相 APFC 变换器的结构与工作原理，并介绍了软开关技术和宽禁带功率器件在 APFC 电路中的应用。

第 5 章三相 APFC 变换器，主要介绍三相单开关 Boost 型、三相三开关、三相六开关、三相单级 APFC 变换器拓扑结构与工作原理，同时也介绍了单相 APFC 变换器组成的三相两级和三相单级 APFC 变换器。

第 6 章 APFC 变换器中的典型磁性器件与设计，主要介绍磁性材料与磁芯结构、不同 APFC 电路结构中的电感及其设计方法。

第 7 章 APFC 数字控制技术，在介绍模拟控制技术的基础上，主要介绍了几种典型 APFC 数字控制算法的实现方式和提高动态响应能力的方法。

第 8 章 APFC 技术在车载充电电源中的应用设计与调试，以 APFC 技术在车载充电电源中的应用为例，主要介绍了 APFC 技术在车载充电电源中应用的设计与调试过程。

本书可作为高等院校电气工程学科及相关专业研究生的参考教材，也可以供从事开关电源等电力电子装置开发和设计的工程技术人员阅读使用。希望本书的出版能对从事电力电子技术研究和开发的工程技术人员和高等院校相关专业师生系统地了解有源功率因数校正技术有所帮助。

本书由贲洪奇、刘桂花、孟涛、杨威、丁明远共同撰写，具体分工如下：

第 1 章由贲洪奇撰写；第 2、3 章由丁明远撰写；第 4、7 章由刘桂花撰写；第 5、6 章由孟涛撰写；第 8 章由杨威撰写。

在撰写本书过程中，撰者参考了国内外有关单位和学者的著作或文章，在此对文献作者表示衷心的感谢！

电力电子技术的发展日新月异，还有很多有价值的研究成果无法在本书中逐一介绍；同时由于作者水平有限，疏漏和不足之处在所难免，敬请各位同行和广大读者批评指正。

作　者
2023 年 5 月

目　录

第1章　功率因数和谐波问题的产生及改善方法

应用现代电力电子技术和器件的各种电力电子装置具有体积小、效率高、功率密度大等显著优点，已经广泛应用于电力系统、工业加工、交通运输及家电等领域。但是，随着电力电子技术的飞速发展，电力电子装置产生的网侧输入功率因数(Power Factor，PF)较低及谐波污染等问题也日趋严重，并已成为最主要的谐波污染源，这要求电力电子技术领域的研究人员要及时给出针对网侧输入功率因数较低及谐波污染问题的有效解决方案。

1.1　功率因数和谐波问题的产生

输入为交流的电力电子装置(如各种开关电源)的应用范围大、数量多，其内部的输入整流滤波环节大多是由二极管构成的不可控整流电路和电容滤波型电路组成的。正是这一环节，导致输入为交流的电力电子装置产生谐波污染和功率因数较低的问题。

1.1.1　单相交流输入

在容量相对较小的电力电子装置中，大部分都采用单相交流供电，且经常在其输入回路采用如图1.1所示的单相桥式不控整流滤波电路。在图1.1中，输入的单相交流电经桥式不控整流环节整流后直接接滤波电容，以获得较为平滑的直流电压。

整流二极管的非线性和滤波电容的储能作用，使整流二极管只有在交流输入电压峰值附近的瞬时值大于滤波电容两端电压的短时间内才有电流流通，其他大部分时间里，二极管被反向偏置而处于截止状态。这样一来，使输入电流(电容器的充电电流)成为一个时间很短、峰值很高的周期性尖峰电流，其波形如图1.2所示。

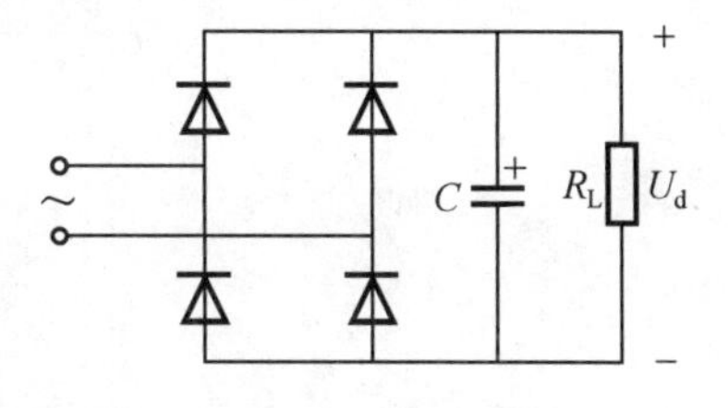

图1.1　单相桥式不控整流滤波电路

对图1.2所示的畸变电流进行傅里叶分析可知，它除含有基波分量外，还含有丰富的高次谐波分量，但是在交流输入电流中只有基波电流做功，其余各次谐波成分均不做功，这些谐波电流注入电网还会对电网造成严重的污染。

此外，图1.1所示的整流滤波电路存在的缺点还有输入功率因数低，通常其输入功率因数只有0.5～0.7，而且输入电流的畸变使得整流器输入电流额定值增大，导致效率降低。

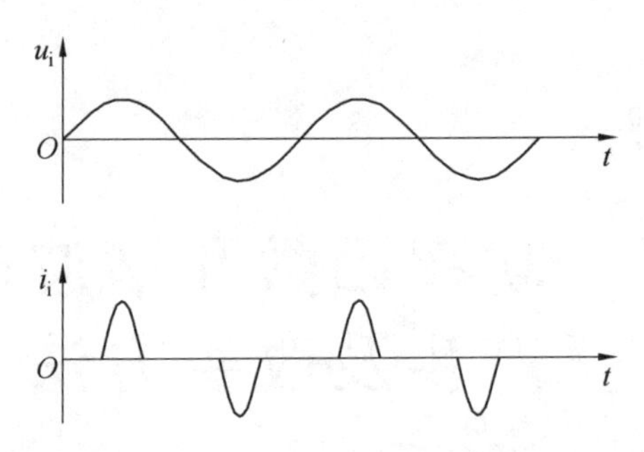

图 1.2 单相桥式不控整流滤波电路输入电压、电流波形

1.1.2 三相交流输入

在容量相对较大的电力电子装置中，大都采用三相交流供电，且经常在其输入回路采用如图 1.3 所示的三相桥式不控整流滤波电路。这种电路不用中线，输出电压也较高，其输出电压平均值为

$$U_d = 1.35U_i \tag{1.1}$$

式中，U_i 为输入线电压有效值。

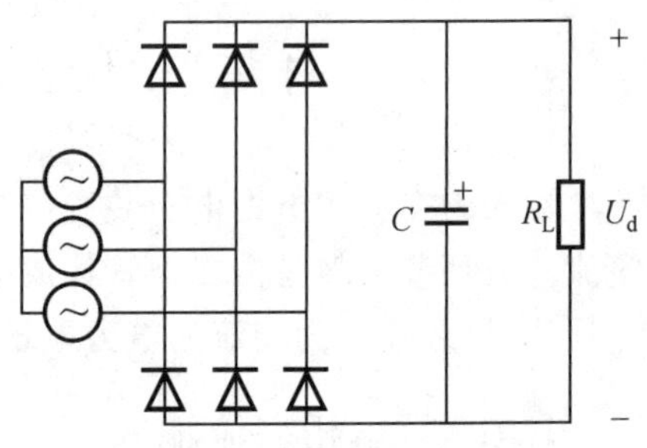

图 1.3 三相桥式不控整流滤波电路

虽然三相桥式不控整流滤波电路输出电压的纹波较小，但输入电流也存在畸变现象，其中一相的电压、电流波形如图 1.4 所示。对图 1.4 所示的畸变电流进行傅里叶分析可知，该畸变电流除含有基波分量之外，也含有丰富的高次谐波分量，同样会对电网造成严重的污染。

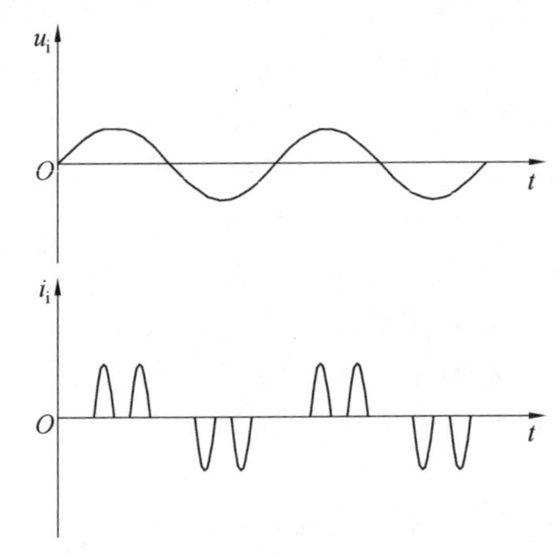

图 1.4 三相桥式不控整流滤波电路输入电压、电流波形

有些场合，为了限制电力电子装置通电瞬间的电流冲击，也可以采用单相半控桥式整流滤波电路、三相半控桥式整流滤波电路等其他电路形式，但同样也都存在谐波污染和功率因数较低的问题。

1.2　功率因数定义和谐波限制标准

1.2.1　功率因数定义

要想正确认识、分析并解决各种电力电子装置带来的谐波污染和功率因数较低的问题，首先应明确功率因数的基本概念。

在电工学中，线性电路的功率因数(PF)习惯用 $\cos\varphi$ 表示，φ 是正弦电压和正弦电流的相位差。在交流输入的电力电子装置中，由于输入整流滤波电路中二极管的非线性和电容的储能作用，尽管输入电压为正弦，但输入电流却发生了相位的变化和波形的严重畸变，所以线性电路中的功率因数定义不再适用。为此，本书中用 PF 表示各种电力电子装置的网侧输入功率因数。定义功率因数为输入有功功率与视在功率的比值，即

$$\mathrm{PF}=\frac{P}{S}=\frac{U_1 I_1\cos\varphi_1}{U_R I_R} \tag{1.2}$$

式中，P 为输入有功功率；S 为视在功率；U_R 为电网电压有效值；I_R 为输入电流有效值；U_1为输入电压基波有效值；I_1为输入电流基波有效值；φ_1 为输入电流基波与输入电压基波的相位差。

在这些交流输入的电力电子装置中，可以认为输入电压是正弦的，而输入电流是非正弦的，其有效值为

$$I_R=\sqrt{I_1^2+I_2^2+\cdots+I_n^2}=\sqrt{\sum_{k=1}^{n}I_k^2} \tag{1.3}$$

由于电网电压是正弦波，因此 $U_R=U_1$，式(1.2)可以写为

$$\mathrm{PF}=\frac{I_1}{I_R}\cos\varphi_1=\xi\cos\varphi_1 \tag{1.4}$$

式中

$$\xi=\frac{I_1}{I_R}=\frac{I_1}{\sqrt{I_1^2+I_2^2+\cdots+I_n^2}} \tag{1.5}$$

式(1.4)中的 ξ 为畸变因数，它标志着电流波形偏离正弦波的程度，$\cos\varphi_1$ 被称为位移因数，它标志着基波电流与电压间的相位差大小。因此功率因数也被看作是畸变因数与位移因数的乘积。

可以发现，当电流不含谐波成分时，该功率因数的定义为 $\mathrm{PF}=\cos\varphi_1$，与传统的功率因数定义一样。因此，式(1.2)可以认为是传统功率因数定义在电流存在谐波情况下的推广。

1.2.2　功率因数和谐波畸变率的关系

工程中，电流谐波或电压谐波成分的含量经常用谐波畸变率(Total Harmonic Distortion，THD)来表示，THD 定义为总谐波有效值与基波有效值之比，即

$$\mathrm{THD}=\frac{\sqrt{\sum_{j=2}^{n} I_j^2}}{I_1}\times 100\%=\sqrt{\frac{\sum_{j=2}^{n} I_j^2}{I_1^2}}\times 100\% \tag{1.6}$$

由式(1.5)和式(1.6)可得，THD与畸变因数ξ的关系为

$$\xi=\frac{1}{\sqrt{1+\mathrm{THD}^2}} \tag{1.7}$$

所以功率因数可以表示为

$$\mathrm{PF}=\xi\cos\varphi=\frac{1}{\sqrt{1+\mathrm{THD}^2}}\cos\varphi \tag{1.8}$$

当$\varphi=0$时，THD$<5\%$即可使PF值控制在0.99左右。

由式(1.8)可知，电流中谐波含量越大，ξ就会越低，从而导致功率因数越低。所以只有从输入电流的相位校正技术和高次谐波的消除技术两方面考虑，才能真正提高电路功率因数。

1.2.3　谐波产生的危害

谐波是一个周期电气量的正弦波分量，其频率是基波频率的整数倍，因此也称为高频谐波或高次谐波。谐波畸变一般分为电压畸变和电流畸变，一般情况下供电电网电压的畸变率相对电流畸变率低得多，而且电网电压畸变多是由电流畸变引起的。

在电力电子装置大量应用之前，最主要的谐波源是电力变压器的励磁电流，其次是发电机。近几十年来，公用电网中的谐波源主要是各种电力电子装置(如家用电器、计算机中的开关电源部分)，其输入电流的谐波分量很大，给公用电网造成了严重污染，其主要危害有以下几点。

(1)谐波电流在输电线路阻抗上的压降会使电网电压(原来是正弦波)发生畸变(称为二次效应)，影响供电系统的供电质量。

(2)谐波会增加电网电路的损耗，在电力变压器中谐波分量不但增加了铜损，还增加了磁滞损耗和涡流损耗。在电机中，谐波也会给定、转子带来额外的损耗。

(3)谐波电流造成输电线路故障，影响电气设备的正常工作。例如，谐波对电机的影响除引起附加损耗外，还会产生机械振动、噪声和过电压，使变压器、电容器和电缆等设备因过热而损坏。

(4)谐波会对通信电路和雷达设备造成干扰，高次谐波噪声会对周围的通信系统产生很大的干扰，严重时会使通信系统无法正常工作。

(5)谐波会引起同一系统中的继电保护装置误动作，会使常规测量仪表产生谐波误差。

另外，由于大部分电力电子装置的交流输入侧都采用二极管不控整流电路，不控整流电路中的二极管只有在输入电压大于负载电压时才导通，因此网侧的功率因数很低，一般为0.5～0.7。这不仅给电网造成大量的能源浪费，还导致发电和输电设备运行效率下降，并加大了对电气设备容量的额定要求。

电力电子装置产生的谐波不仅对电网造成严重的污染，还对电力电子装置自身产生

许多不利影响，主要包括以下几点。

(1)过大的尖峰脉冲电流，严重危害直流侧的滤波电容。

(2)整流管正向压降增加，导致功耗增加。

(3)输入侧的电磁干扰(Electromagnetic Interference，EMI)滤波元件因承受高峰值电流脉冲，需要加大参数指标，以提高承受能力。

因此，从根本上解决电力电子装置的谐波污染问题，不仅对提高电网供电质量和用电效率，缓解我国的能源短缺问题具有重要的现实意义；同时，还有利于提高电力电子装置自身的可靠性。

1.2.4　谐波限制标准

为了减少各种电力电子装置对电网产生的谐波污染，以保证电网供电质量、提高电网的可靠性，同时也为了提高电力电子装置输入侧功率因数，并使之达到安全、经济、可靠运行的目的，必须限制电力电子装置所产生的电流谐波。

为此，许多国家和国际组织制定了相关的输入电流谐波限制标准。国际上常用的是美国电气与电子工程师协会(IEEE)提出的 IEEE519 标准与国际电工委员会(IEC)提出的 IEC61000-3 系列标准，很多国家都参考或直接应用这些标准。这些标准可根据适用范围分为两类：一类是针对用户提出的(如 IEEE519)，这类标准对电力用户注入电网上的谐波电流进行了限制；另一类是针对设备提出的，常见的有 IEC61000-3-2(≤16 A)与 IEC61000-3-4(16～75 A)，这类标准对设备向电网注入的谐波电流进行了限制。此外，IEC61000-4-7 还给出了谐波测量的方法以及测量仪器技术标准。

在这些标准中，IEC61000-3-2 和 IEC61000-3-4 对电流的各次谐波分量都有明确的限制。对于每相额定输入电流不超过 16 A 的设备，IEC61000-3-2 将这些设备分成了 A、B、C、D 四类，并分别给出对应的谐波电流限值。这四类设备分别是：

A 类，平衡的三相设备和不属于其他类别的所有产品；

B 类，手持电动工具；

C 类，照明设备；

D 类，额定功率不大于 600 W 的电气产品，如个人计算机、电视机等。

为了解决电流谐波污染问题，我国标准化技术委员会及相关行业标委会组织制定、发布了多项电能质量国家标准，包括 GB/T 12325—2008《电能质量 供电电压偏差》、GB/T 12326—2008《电能质量 电压波动和闪变》、GB/T 14549—1993《电能质量 公用电网谐波》、GB/T 15543—2008《电能质量 三相电压不平衡》、GB/T 15945—2008《电能质量 电力系统频率偏差》、GB/T 18481—2001《电能质量 暂时过电压和瞬态过电压》、GB/T 24337—2009《电能质量 公用电网间谐波》等标准，来保证我国的电能质量。

1.3　改善功率因数和谐波问题的基本方法

解决各种电力电子装置产生谐波污染和功率因数较低问题的途径有两种：①增设电网补偿装置(包括有源滤波器和无源滤波器)以补偿电力电子装置产生的谐波和无功；

②改造电力电子装置，使之不产生或产生很小的谐波和无功，即功率因数校正（Power Factor Correction，PFC）。二者相比较而言，前者是消极被动的方法，即在各种电力电子装置产生谐波和无功后，再进行集中补偿；后者是积极主动的方法，也是抑制谐波和无功问题的重要方法，具有广泛的应用前景。

1.3.1　功率因数校正实现方法

功率因数校正技术根据是否使用有源器件可分为无源功率因数校正（Passive Power Factor Correction，PPFC）技术和有源功率因数校正（Active Power Factor Correction，APFC）技术两大类。

1. 无源功率因数校正技术

无源功率因数校正技术就是通过在二极管整流电路中增加电感和电容等无源元件与二极管构成无源网络，对用电设备的输入电流进行移相和整形，从而使电路输入端电流接近正弦波，以降低其电流谐波含量、提高功率因数，它是传统补偿无功和谐波的主要手段，得到过广泛应用。

例如，在图 1.5 所示的无源功率因数校正电路中，在二极管整流桥后添加一个滤波电感和滤波电容结合的无源网络，可使整流桥中二极管的导通角增大，进而使网测输入电流波形得到改善，可使输入电流满足一定的谐波限制要求。

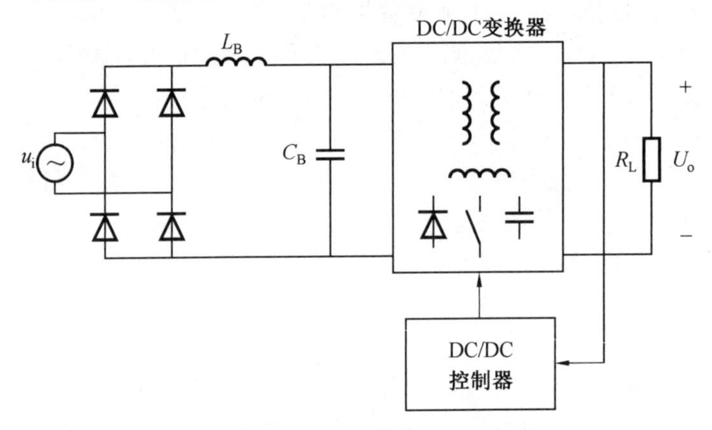

图 1.5　无源功率因数校正电路

对于容量相对较大的电力电子装置，经常采用三相交流供电。为减少谐波的产生，除了通过在二极管整流电路中增加电感和电容等无源元件构成的无源网络外，还经常采用多重化技术，通过增加换流器的相数或者脉波数的方法，可有效减少整流器输入侧的低次电流谐波。

例如，在图 1.6 所示的 12 脉波二极管整流电路中，两个 6 脉波整流器的交流测电流波形分别通过移相变压器后再在网侧进行叠加，可以消除 5 次和 7 次电流谐波。类似地，采用 18 脉波整流器可以消除 5 次、7 次、11 次和 13 次电流谐波；采用 24 脉波整流器可以消除 5 次、7 次、11 次、13 次、17 次和 19 次电流谐波。

虽然将多重化技术和无源滤波器相结合可以取得更好的效果，但是这种方法仍然存

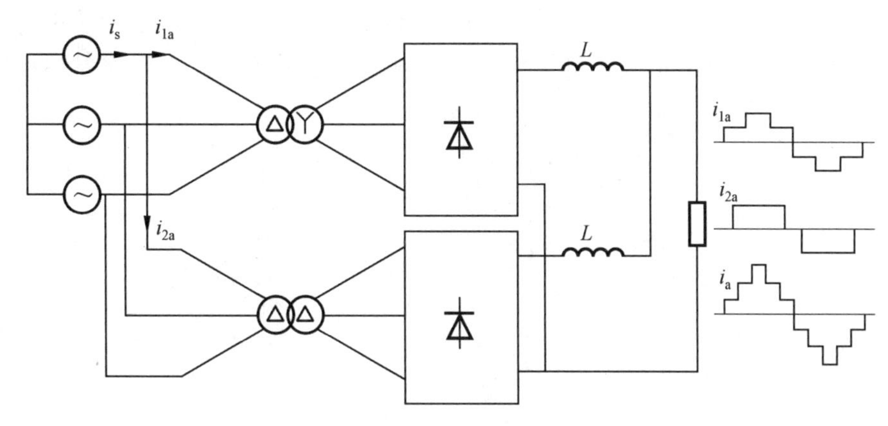

图 1.6　12 脉波二极管整流电路

在变压器结构复杂，体积和质量也比较大等问题。

无源功率因数校正技术的主要优点是：电路简单、工作可靠、不需要控制电路、EMI 小。然而，随着人们对谐波抑制要求的不断提高，该技术的缺点也日渐突出，主要表现在以下几点。

(1)由于滤波电感和滤波电容的值较大，因此体积较大，有色金属耗材多，而且难以得到高功率因数(一般可提高到 0.9 左右)，在有些场合无法满足现行谐波标准的限制要求。

(2)抑制效果随工作条件(如工作频率、负载、输入电压等)的变化而变化。

(3)如果产生的谐波超过设计时的参数，会造成滤波器过载或损坏。

(4)滤波电容上的电压是后级 DC/DC(直流/直流)变换器的输入电压，它随输入交流电压和输出负载的变化而变化，这个变化的电压还会对后级 DC/DC 变换器的性能产生不利影响。

由于无源功率因数校正技术采用低频电感和电容进行输入滤波，工作性能与频率、负载变化及输入电压变化等因素有关，因此比较适合在功率相对较小(如小于 300 W)、对体积和质量要求不高，且对价格敏感的场合应用。

2. 有源功率因数校正技术

人们最初是采用电感和电容构成无源网络来进行功率因数校正的，随着电力电子技术和器件的发展，有源功率因数校正(APFC)技术应运而生。APFC 技术的基本思想是：在整流器之后接入 DC/DC 变换器，应用电流反馈技术，使输入电流接近正弦波并且与输入电压同相位，进而达到实现功率因数校正的目的。

例如，对于图 1.1 所示的单相桥式不控整流滤波电路，即使输入端加入一个理想的正弦电压，输入电流也不是正弦波，这样其功率因数就会小于 1。如果在桥式二极管整流电路与输出滤波电容之间插入一个由电力电子开关管、电感、电容等元器件构成的电路(图 1.7 所示)，并通过对电力电子开关管进行适当的控制，使网测输入电流在一个工频周期内跟踪电网输入电压，并使之按相同的正弦规律变化，即可实现功率因数校正。

由于 APFC 电路工作于高频开关状态，可以在较宽的输入电压范围内和带宽下工作，相对于无源功率因数校正(PPFC)技术具有体积小、质量轻、输出电压恒定等优点，并且效率明显高于 PPFC 电路。APFC 技术从 20 世纪 80 年代中后期开始成为电力电子领域的研究热点,目前 APFC 技术已经成为电力电子技术领域的一个重要课题和研究方向,并获得广泛应用。

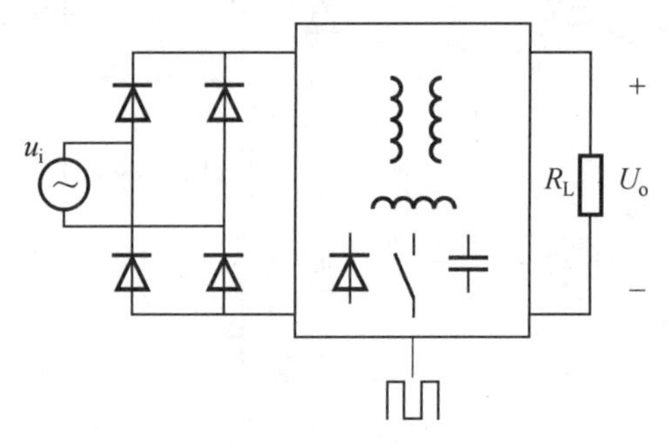

图 1.7　加入 APFC 变换器后的单相整流电路

1.3.2　APFC 技术分类

1. APFC 技术的分类方法

从不同的角度看,APFC 技术有很多种分类方法。目前,主要从电网供电方式、控制方式、电路结构及是否采用软开关技术来划分。

(1)按电网供电方式的不同来分类,APFC 技术可分为单相 APFC 技术和三相 APFC 技术。

(2)按照所用控制方式的不同来分类,APFC 技术可分为电压跟踪控制和直接电流控制两大类。其中,直接电流控制方式是目前应用最广泛、技术最成熟的 APFC 控制技术。根据输入电流控制方式的不同来分类,采用直接电流控制方式的 APFC 还可以进一步分为峰值电流控制、滞环电流控制和平均电流控制三种模式。近年来,随着 APFC 技术的快速发展,各种新型控制方式层出不穷,如单周期控制、空间矢量控制、无差拍控制、滑膜变结构控制等已陆续地应用于 APFC 技术中,并取得了一定的效果。

(3)按电路结构的不同来分类,APFC 技术可以分为两级型 APFC 技术(或两级 APFC)和单级型 APFC 技术(或单级 APFC)。两级型 APFC 技术的第一级为 PFC 变换器,第二级为 DC/DC 变换器,这种方式的 PFC 效果好,但电路复杂、效率相对较低;单级型 APFC 技术将 PFC 环节和 DC/DC 变换环节集成在一起,共用一个控制器,具有结构简单、成本低、效率高等优点,符合电力电子技术的发展要求。目前,单级型 APFC 技术主要应用于小功率领域,而在中、大功率领域的应用还有待其在拓扑结构和控制策略等方面获得进一步的发展与突破。

(4)根据是否采用软开关技术来分类,APFC 技术可分为硬开关 APFC 技术和软开关 APFC 技术。如果按实现软开关的具体方法来分类,软开关 APFC 技术还可以进一步划分为并联谐振型、串联谐振型及准谐振型等。

除了以上几种分类方式外,还有其他分类方式。如按照工作原理的不同来分类,APFC 技术一般可分为乘法器型 APFC 技术和电压跟随器型 APFC 技术;按照采用拓扑结构的不同来分类,APFC 技术可分为 Boost(升压)型 APFC 技术、Buck-Boost(升降压)

型 APFC 技术等。

2. 两级型 APFC 技术和单级型 APFC 技术

两级型 APFC 技术经过多年研究，已经比较成熟，是最常用的方案。图 1.8 所示为两级型 APFC 技术构成示意图（这里以单相 APFC 变换器为例），是利用两个相互独立的变换器构成的。前级 PFC 变换器与整流后的输入电源侧相连，为实现功率因数校正部分，中间为储能电容，后级变换器为实现稳定输出电压和输出电压的快速调节部分，前、后级相互独立，有各自的开关管和控制电路。

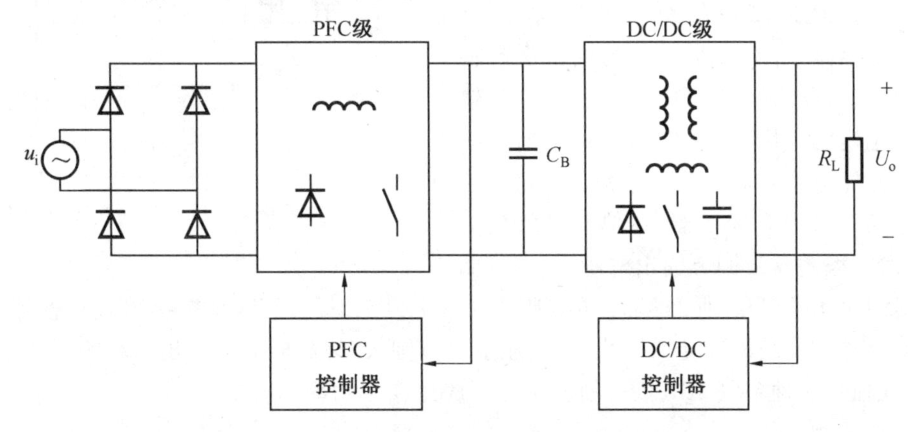

图 1.8　两级型 APFC 技术构成示意图

前级变换器通常采用 Boost 型变换器，工作在电流连续模式下实现功率因数校正，其母线电压变化范围一般为 380～400 V（单相），不管储能电容 C_B 为多大，直流母线电压均存在二倍频纹波。这个内部的直流母线电压再通过后级 DC/DC 变换器（通常由带有隔离变压器的 DC/DC 变换器构成，可以根据需要采用 DC/DC 变换器的各种拓扑形式）实现隔离和变换，得到负载所需的直流输出电压和实现对输出电压的快速调节。由于母线电压近似恒定，因此后级的 DC/DC 变换器可以被优化。此外，由于母线电压相对较高，对于一个给定的保持时间可采用较小的储能电容。

两级型 APFC 技术相对单级型 APFC 技术有着明显的优点，具体如下。

(1)输入电流畸变小，THD 一般小于 5%，功率因数大于 0.99。

(2)系统动态响应快，可以实现输出电压的快速调节，稳压精度高。

(3)调压范围大，功率应用场合广。

(4)各级可单独分析、设计和控制，通用性较好。

但由于两级型 APFC 技术是以附加功率级为条件换取了高功率因数，并且其功率级需处理全部的负载能量，因此增加了成本、体积、质量和电路复杂程度，效率也有所降低。

1990 年，美国科罗拉多大学 Erickson 教授等将前置级 Boost 电路和后随 Flyback（反激）变换器或者 Forward（正激）变换器的开关管（MOSFET）共用，提出单级 APFC 变换器，将 PFC 级和 DC/DC 级合二为一，主电路内含有隔离变压器和储能电容器。图 1.9 所示为单级功率因数校正变换器的构成示意图（以单相 APFC 变换器为例）。与两级型 APFC 技术相比，单级型 APFC 技术只有一个开关管和一套控制电路，可以同时实现输入电流整形和输出电压调节。当单级 APFC 变换器工作在稳定状态时，在半个工频周期里占空比基本不变。

在图 1.9 中，储能电容 C_B 用来平衡 APFC 级和 DC/DC 级之间瞬时不相等的能量。总体来说，单级型 APFC 技术具有结构简单、成本低的特点，其性能（THD 和 PF）比 PPFC 技术要好，但不如两级型 APFC 技术。

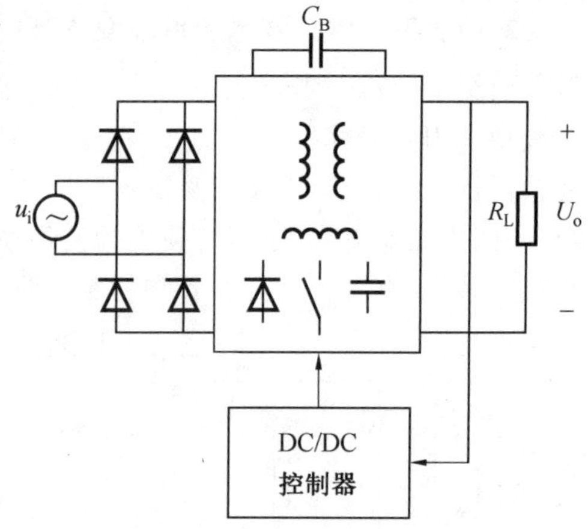

图 1.9 单级功率因数校正变换器的构成示意图

很多单级 APFC 拓扑可以直接从两级 APFC 拓扑经过简单的组合得到，在所有的 APFC 变换器中，在一个交流周期里瞬态输入功率是脉动的，而后接 DC/DC 变换器的输出功率是恒定的。因此，任何 APFC 电路都必须有一个储能电容存储这些不平衡的能量。然而不同于两级 APFC 变换器，在单级 APFC 变换器里，由于控制器只调节输出电压，不调节储能电容 C_B 上的电压 U_B，所以 U_B 不再被调节在一个恒定值。因此，单级 APFC 变换器的 U_B 随输入电压和负载的变化而变化，且电压变化范围大（轻载时尤为突出），影响了变换器的性能。因此，这种单级 APFC 变换器一般只应用在小功率场合。

1.3.3 功率因数校正技术对比

设计一个功率因数校正电路需要考虑的因素有很多，通过前面的简要介绍，可对 PPFC 技术、两级型 APFC 技术和单级型 APFC 技术在 THD、PF、效率、体积、质量、储能电容电压、控制电路、器件数量和设计难度上进行对比和分析，比较结果见表 1.1。

表 1.1 PFC 技术性能比较

PFC 技术	PPFC 技术	两级型 APFC 技术	单级型 APFC 技术
THD	高	低	中
PF	低	高	中
效率	低	较高	高
体积	大	较大	小
质量	重	较轻	轻
储能电容电压	变化	恒定	变化
控制电路	简单	复杂	简单
器件数量	很少	多	中等
设计难度	简单	中等	较大

由表 1.1 可以看出，PPFC 技术、两级型 APFC 技术和单级型 APFC 技术分别适合于不同要求的应用场合。如 PPFC 技术适合于要求成本低、对体积没太大限制的小功率应用场合；两级型 APFC 技术适合于对性能要求高、价格不敏感的中大功率应用场合；单级

型 APFC 技术相当于两者之间的折中方案，要求体积小、结构简单、性能较好，特别适合于在现有的电源产品上做些小改动就能满足相应谐波限制标准的应用场合。

1.3.4　APFC 电路与 DC/DC 变换器的主要区别

很多电路拓扑即可以用于构成 APFC 电路，也可以用于构成 DC/DC 变换器，但会有以下几点不同之处。

(1)输入电压不同。当构成 DC/DC 变换器时，输入一般是比较稳定的直流电压；当构成 APFC 电路时，输入是经过二极管整流后的脉动电压（即半波正弦交流电压），输入电压变化范围要远大于前者。

(2)输出电压与输入电压的变比不同。当构成 DC/DC 变换器时，输出电压与输入电压的变比一般是不随时间变化的定值；当构成 APFC 电路时，由于要求保持输出电压近似不变，因此其输出电压与输入电压的变比可表示为

$$m(\omega t)=\frac{U_o}{U_i}=\frac{U_o}{U_i\sin\omega t} \tag{1.9}$$

式(1.9)表明，构成 APFC 电路时输出电压与输入电压的变比 $m(\omega t)$ 在半个工频周期里随时间变化。当 $\omega t=\pi/2$ 时，输入电压为其峰值 U_i，电压变比最小，可表示为

$$m_{\min}=U_o/U_i \tag{1.10}$$

一般，称式(1.10)中的 $m_{\min}$ 为该 APFC 电路的最小电压变比，当 $\omega t=0$ 或 $\omega t=\pi$ 时，电压变比趋于无穷大。

(3)分析复杂程度不同。由于存在上述差异，构成 APFC 电路时的分析比构成 DC/DC变换器时的分析要复杂。从输入电压周期来看（即工频），APFC 电路处于稳态；但从高频开关周期（通常为几十千赫兹到几百千赫兹，远高于输入电压的频率）来看，APFC 电路工作在不稳定状态，即 APFC 电路中一些状态变量（如电感电流）在各个开关周期是不断变化的。

(4)控制难易程度不同。当构成 DC/DC 变换器时，一般只要求其输出电压或输出电流稳定；当构成 APFC 电路时，一般都要对输入电流和输出电压进行控制，要比构成 DC/DC变换器时的控制更复杂一些。

1.4　在电力电子装置中实施功率因数校正的意义

随着电力电子装置的大量普及和应用，电力电子装置产生的谐波污染和功率因数问题日趋严重，有关部门已经制定出相应的技术标准（如 IEC61000-3 和 IEEE 519 等）强制执行。在各种电力电子装置中采取功率因数校正措施，除了要满足这些强制标准的要求、获得市场准入条件外，其意义还有以下几点。

(1)在电力电子装置中采取功率因数校正措施后，有效地减少了电力电子装置产生的谐波电流，有利于降低对其他用电设备的干扰，功率因数的提高也有利于提高电网设备的利用率和节约电能。

(2)采取功率因数校正措施后（一般都使用 Boost 电路），电力电子装置的允许输入电

压范围扩大，如笔记本电脑适配器的输入电压范围为100～240 V，可适应世界各国不同的电网电压。

(3)采取功率因数校正措施后，由于功率因数校正电路的稳压作用，其输出电压是基本稳定的，有利于后级DC/DC变换电路的工作点保持稳定和提高控制精度。

(4)采取功率因数校正措施可以提高电网设备的安全性，在三相四线制电路中，3次谐波在中线中的电流同相位，导致中线电流很大(有可能超过相线电流)，中线又无保护装置，致使中线有可能因过电流发热而引起火灾、损坏电气设备。在电力电子装置中采取功率因数校正措施后，减小了高频谐波电流成分，减小了中线电流(理论上应为零)，可有效提高供电系统的可靠性。

(5)采取功率因数校正措施可以提高电力电子装置自身的可靠性，如果不采取功率因数校正措施，过大的尖峰脉冲电流会严重危害直流侧的滤波电容，引起整流管正向压降增加，并导致功耗增加。另外，输入侧的EMI滤波元件因承受高峰值电流脉冲，也需要加大参数指标，以提高承受能力。

目前，有源功率因数校正技术因具有体积小、质量轻、效率高、功率因数可接近1等优点而获得广泛应用，其研究热点主要集中在以下几个方面。

(1)新型拓扑结构的提出，主要是基于已有的或新的原理得到新型拓扑结构，以提高转换效率或达到简化电路结构的目的。

(2)把DC/DC变换器中的新技术应用于PFC电路中，如软开关技术的应用可以提高开关频率，减少开关损耗和电磁干扰。

(3)基于已有拓扑结构的新控制方法，以及基于新拓扑的特殊控制方法的研究，引入预测控制、空间矢量控制、单周期控制、滑模变结构控制以及模糊控制等新型控制策略来改善电路的性能。

(4)数字控制技术的研究与应用，利用数字控制技术可以实现一些先进的，但又比较复杂的控制方法(这些方法用模拟电路是不能或不容易实现的，如模糊控制)，进而希望克服模拟器件老化或温度漂移等引起的控制性能变差等模拟控制电路所存在的一些问题。

总之，人们希望通过这几个方面的研究，并结合电力电子技术的发展，获得成本低、效率高、结构简单、实现容易、性能优异的APFC技术，来进一步提高电力电子装置的性能，进而推动电力电子装置的普及和应用。

第2章　单相APFC变换器典型拓扑

有源功率因数校正技术可使整流电路具有较高的功率因数,近年来得到了广泛应用,其内容主要包括APFC变换电路及控制技术。本章给出几种应用于不同场合的典型APFC变换器主电路拓扑,分析其不同工作模式下的校正原理,并对电路的各项性能指标进行分析比较。

2.1　非隔离式APFC变换器典型拓扑

理论上,Buck(降压)电路、Boost电路以及Buck-Boost电路等任何一种DC/DC变换电路都可以用于功率因数校正。本节将对基于以上三种非隔离式电路拓扑的APFC变换器进行介绍,并对其中最基本且最为常用的Boost型APFC变换器进行重点介绍。

2.1.1　基于Boost电路的APFC变换器

Boost电路具有电感位于输入端、输入电流连续且纹波小的特点,是目前最常用的APFC拓扑,基于Boost电路的APFC变换器拓扑如图2.1所示。由于Boost电路具有升压特性,因此为保证电路的正常工作,输出电压U_o必须大于输入电压峰值,即$U_o>\sqrt{2}U_i$(U_i为输入电压有效值)。

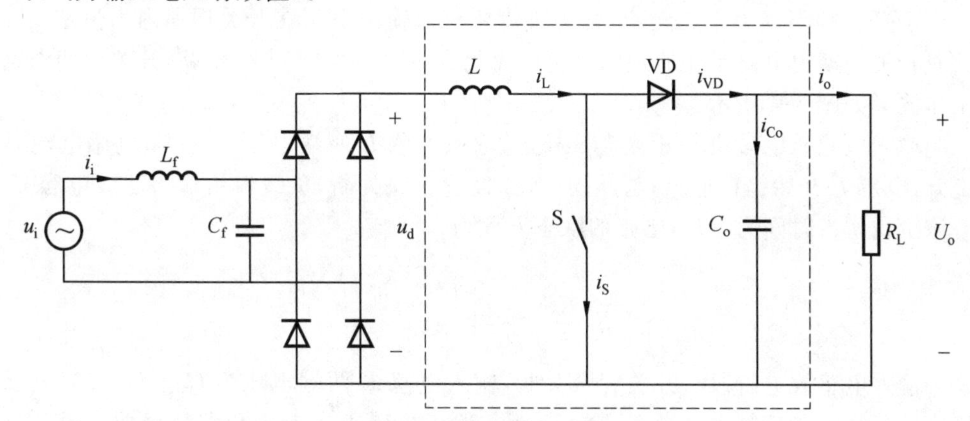

图2.1　基于Boost电路的APFC变换器拓扑

根据输入电感L中电流的连续与否,单相Boost型APFC变换器具有两种工作模式,即连续导通模式(CCM)和断续导通模式(DCM)。图2.2给出了两种工作模式下输入电压及电流波形,可以发现,CCM下电感电流是连续的,电流始终不为零;而DCM下电感电流是断续的,在每个开关周期内都会有一段时间电流持续为零。

为简化电路工作原理的分析,做出如下假定。

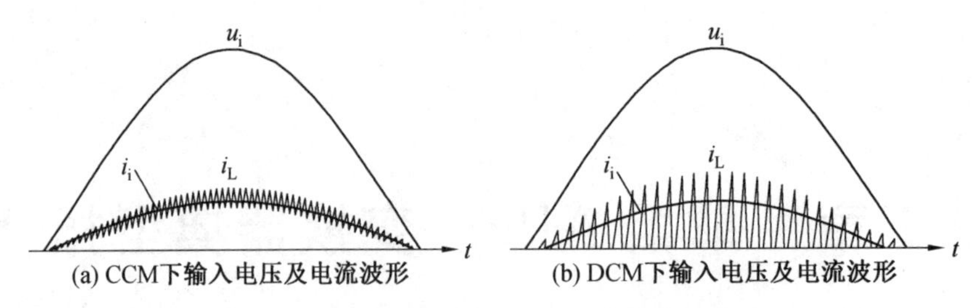

图 2.2　两种工作模式下输入电压及电流波形

(1) 所用元器件均为理想的。

(2) 输出滤波电容 C_o 足够大，能够保证输出直流电压 U_o 恒定。

(3) 开关频率远大于工频，开关周期内可认为输入电压保持恒定。

1. CCM 单相 Boost 型 APFC 变换器

(1)电路工作原理分析。

CCM 下，Boost 型 APFC 变换器在每个开关周期内有两个工作状态，即输入电感充电以及放电两个阶段，两个阶段的等效电路如图 2.3 所示。

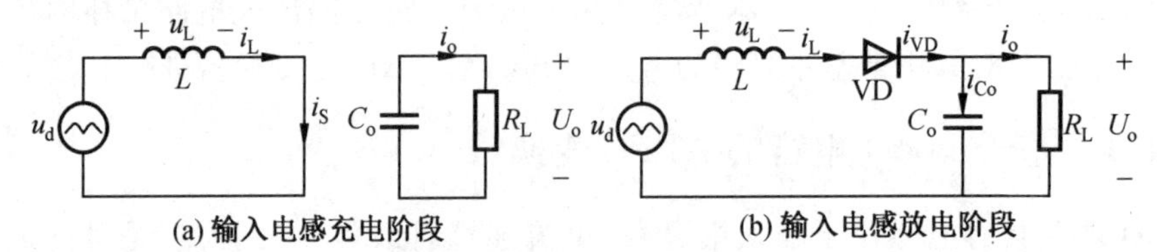

图 2.3　CCM 下 Boost 型 APFC 变换器两个阶段的等效电路

输入侧整流桥的直流输出电压 u_d 可表示为

$$u_d=\sqrt{2}U_i\left|\sin\omega t\right| \tag{2.1}$$

由于开关频率远大于工频，可认为整流桥直流输出电压在开关周期内为恒定值 U_d，因此对开关周期内电路工作原理的分析可简化为 Boost 型 DC/DC 电路，开关周期内电路的工作波形如图 2.4 所示。

①输入电感充电阶段。开关管 S 导通，输入电感 L 两端电压为 $+U_d$，电感电流呈线性上升，电感 L 开始储存能量；与此同时，二极管 VD 关断，负载仅由输出滤波电容 C_o 供电。该阶段所占时间为 dT_c，电路的状态方程为

$$\begin{bmatrix}\dot{i}_L\\ \dot{u}_{Co}\end{bmatrix}=\begin{bmatrix}0 & 0\\ 0 & -\dfrac{1}{R_LC_o}\end{bmatrix}\begin{bmatrix}i_L\\ u_{Co}\end{bmatrix}+\begin{bmatrix}\dfrac{1}{L}\\ 0\end{bmatrix}\left[U_d\right] \tag{2.2}$$

②输入电感放电阶段。开关管 S 关断，输入电感 L 两端电压为 $U_d-U_o<0$，电感电流呈线性下降。二极管 VD 导通，输入电源与输入电感 L 一起向负载侧释放能量。该阶段所占时间为 $(1-d)T_c$，电路的状态方程为

$$\begin{bmatrix}\dot{i}_L\\ \dot{u}_{Co}\end{bmatrix}=\begin{bmatrix}0 & -\dfrac{1}{L}\\ \dfrac{1}{C_o} & -\dfrac{1}{R_LC_o}\end{bmatrix}\begin{bmatrix}i_L\\ u_{Co}\end{bmatrix}+\begin{bmatrix}\dfrac{1}{L}\\ 0\end{bmatrix}\left[U_d\right] \tag{2.3}$$

由上述分析可知，CCM 下开关周期内电感 L 两端电压 u_L 可表示为

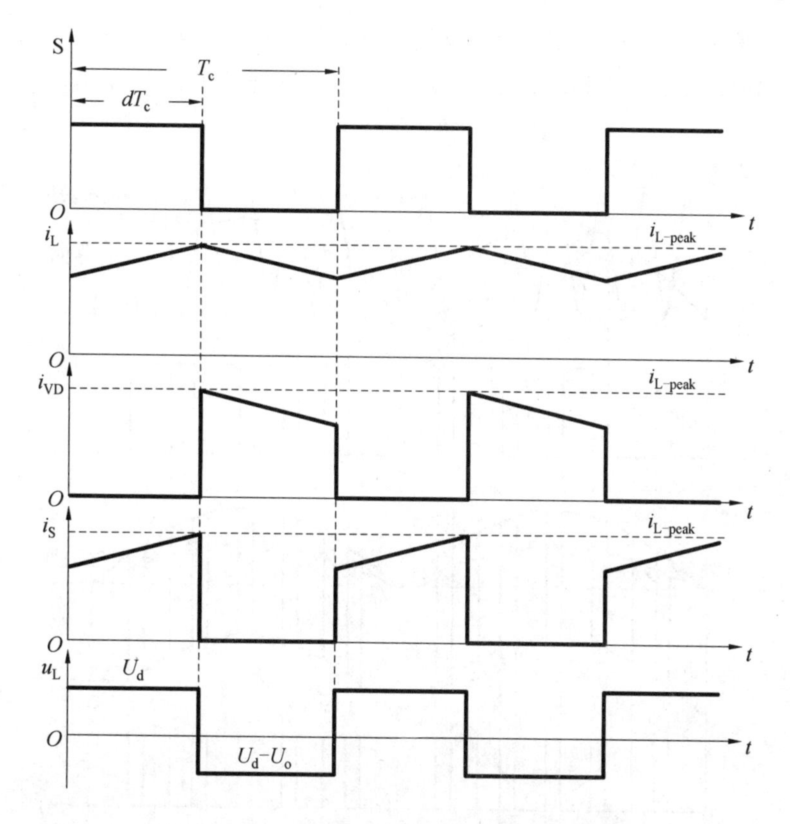

图 2.4 CCM下Boost型APFC变换器开关周期内电路的工作波形

注:纵坐标S表示开关状态,后面图中均指此意

$$u_L(\tau)=\begin{cases}\sqrt{2}U_i|\sin\omega t| & (0\leqslant\tau<dT_c)\\ \sqrt{2}U_i|\sin\omega t|-U_o & (dT_c\leqslant\tau<T_c)\end{cases} \tag{2.4}$$

开关周期内电感 L 工作于平衡状态,u_L 满足伏秒平衡,即

$$\int_0^{T_c}u_L(\tau)\mathrm{d}\tau=0 \tag{2.5}$$

将式(2.4)代入式(2.5)可得

$$\sqrt{2}U_i|\sin\omega t|dT_c+(\sqrt{2}U_i|\sin\omega t|-U_o)(1-d)T_c=0$$

由此得到CCM下的表达式为

$$d(t)=\frac{U_o-\sqrt{2}U_i|\sin\omega t|}{U_o}=1-\frac{\sqrt{2}U_i|\sin\omega t|}{U_o} \tag{2.6}$$

观察式(2.6)可以发现,在输出电压 U_o 一定时,CCM下占空比 d 仅随输入电压 u_i 的变化而变化,而与输入电流的变化情况无关。由此可知,式(2.6)仅是电路工作于CCM的必要条件,即若仅按此式对占空比 d 进行开环控制,一般无法控制输入电流实现正弦化。因此通常采用电流型控制方式,以保证输入电流能够跟随输入电压呈正弦规律变化,达到功率因数校正的目标。

采用如式(2.6)所示的控制信号对电路进行闭环控制,工频周期内电路的工作波形如图2.5所示。可以看出,开关管S和二极管VD的电压应力均为 U_o;同时,二极管电流的

开关周期平均值 $i_{VD\text{-}avg}$ 含有二倍工频的交流分量，该交流分量将主要流入输出滤波电容 C_o，不仅会造成输出电压的脉动，还会在滤波电容 C_o 的等效串联电阻(ESR)上产生功率损耗。

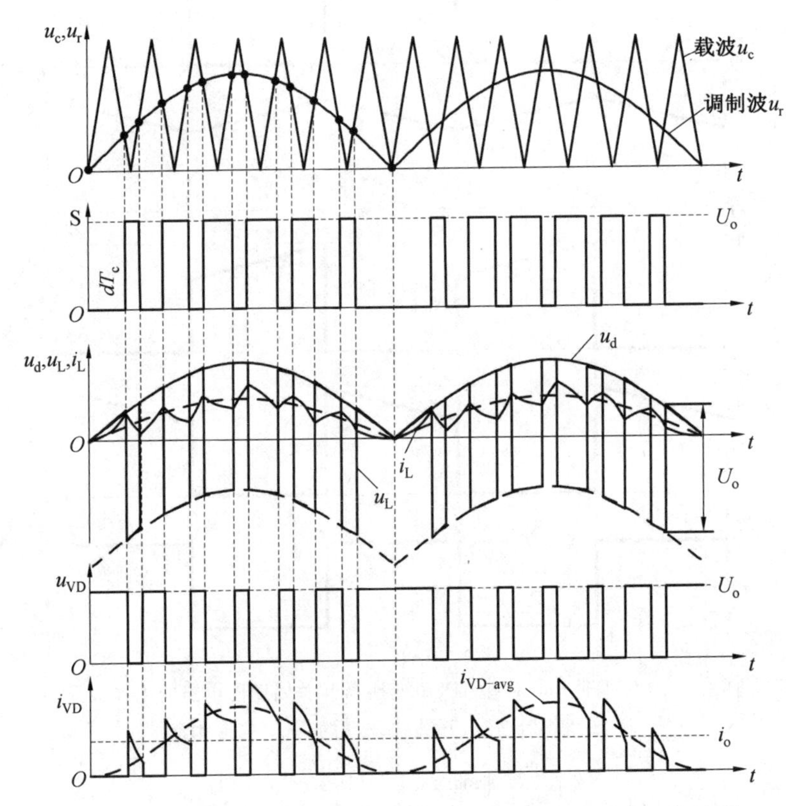

图 2.5　CCM 下 Boost 型 APFC 变换器工频周期内电路的工作波形

(2)输出电压的纹波分析。

考虑到频率调制比 $m_f=f_c/f$ 以及电感 L 足够大，忽略电感电流的高频成分，电感 L 电流的开关周期平均值 $i_{L\text{-}avg}$ 可表示为

$$i_{L\text{-}avg}=\sqrt{2}I_i|\sin \omega t| \tag{2.7}$$

式中，I_i 为输入电流的有效值。

根据电路的工作原理，开关周期内二极管电流 i_{VD} 可表示为

$$i_{VD}(\tau)=\begin{cases}0 & (0\leqslant\tau<dT_c)\\ i_L & (dT_c\leqslant\tau<T_c)\end{cases} \tag{2.8}$$

根据面积等效原理，对 i_{VD} 做开关周期的平均化处理，得到 $i_{VD\text{-}avg}$，其具体表达式为

$$i_{VD\text{-}avg}=\sqrt{2}I_i|\sin \omega t|(1-d) \tag{2.9}$$

将式(2.6)代入式(2.9)可得

$$i_{VD\text{-}avg}=\sqrt{2}I_i|\sin \omega t|\frac{\sqrt{2}U_i|\sin \omega t|}{U_o}=\frac{U_iI_i}{U_o}(1-\cos 2\omega t) \tag{2.10}$$

由式(2.10)可知，$i_{\text{VD-avg}}$含有二倍工频的交流分量，且该交流分量的峰值与输入功率和输出电压的比值有关。

根据基尔霍夫电流定律，并结合图2.1可得

$$C_o\frac{\mathrm{d}u_o(t)}{\mathrm{d}t}+\frac{u_o(t)}{R}=\frac{U_iI_i}{U_o}(1-\cos 2\omega t) \tag{2.11}$$

一般情况下，输出滤波电容C_o的容值较大，可认为$i_{\text{VD-avg}}$中的直流分量主要流入负载，而交流分量主要流入滤波电容C_o，由此得到经开关周期平均化处理后流入滤波电容C_o的电流$i_{\text{Co-avg}}$，即

$$i_{\text{Co-avg}}=-\frac{U_iI_i}{U_o}\cos 2\omega t \tag{2.12}$$

观察式(2.12)可知，$i_{\text{Co-avg}}$含有二倍工频的交流分量，由电容电压—电流的关系式可知，该交流分量的存在会造成滤波电容C_o两端产生二倍工频的电压纹波$\tilde{u}_{\text{Co2}}$，具体表示为

$$\tilde{u}_{\text{Co2}}=-\frac{U_iI_i}{2\omega C_oU_o}\sin 2\omega t \tag{2.13}$$

由此可知，输出电压U_o的低频脉动主要是由滤波电容电流中二倍工频分量所引起，U_o的脉动幅值$U_{\text{ripple_m}}$可表示为

$$U_{\text{ripple\_m}}=\frac{U_iI_i}{2\omega C_oU_o}=\frac{P_{\text{in}}}{4\pi fC_oU_o} \tag{2.14}$$

式中，P_{in}为电路的输入功率，即$P_{\text{in}}=U_iI_i$。

式(2.14)表明，在输入功率P_{in}、输出电压U_o以及工频f保持一定时，输出电压U_o的脉动量主要取决于滤波电容C_o的大小，C_o的电容量越大，U_o的脉动就越小。因此，对滤波电容进行实际选择时，需要考虑到输出电压纹波大小这一影响因素。

2. DCM单相Boost型APFC变换器

由于DCM下输入电感的能量能够完全传递到输出侧，因此在小功率应用场合单相Boost型APFC变换器一般工作于DCM。此外，该模式下二极管VD为零电流关断，不存在二极管反向恢复的问题，有利于减小二极管损耗。

DCM单相Boost型APFC变换器的工作模式可细分为DCM和CRM(临界导通模式)。DCM一般采用恒频(CF)控制，而CRM则采用变频(VF)控制。本节主要对变换器工作于DCM的情况进行具体分析。

(1)电路工作原理分析。

DCM下，Boost型APFC变换器在每个开关周期内有三个工作状态，即输入电感充电、放电以及电流为0三个阶段，各阶段的等效电路如图2.6所示，开关周期内电路的工作波形如图2.7所示。

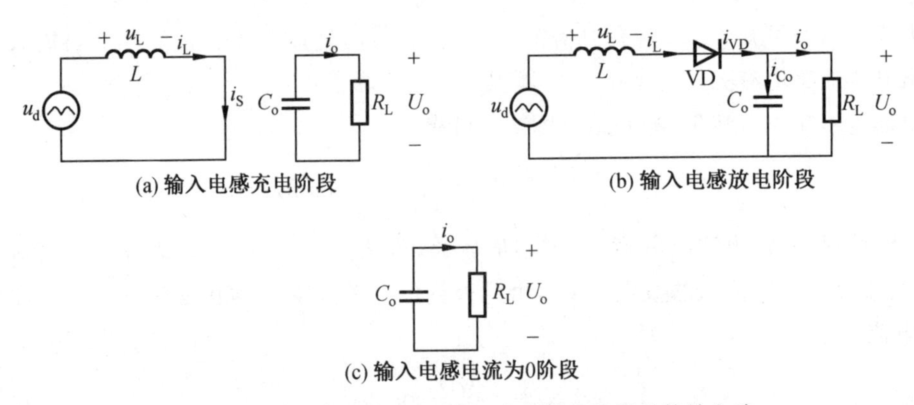

图 2.6　DCM 下 Boost 型 APFC 变换器各阶段的等效电路

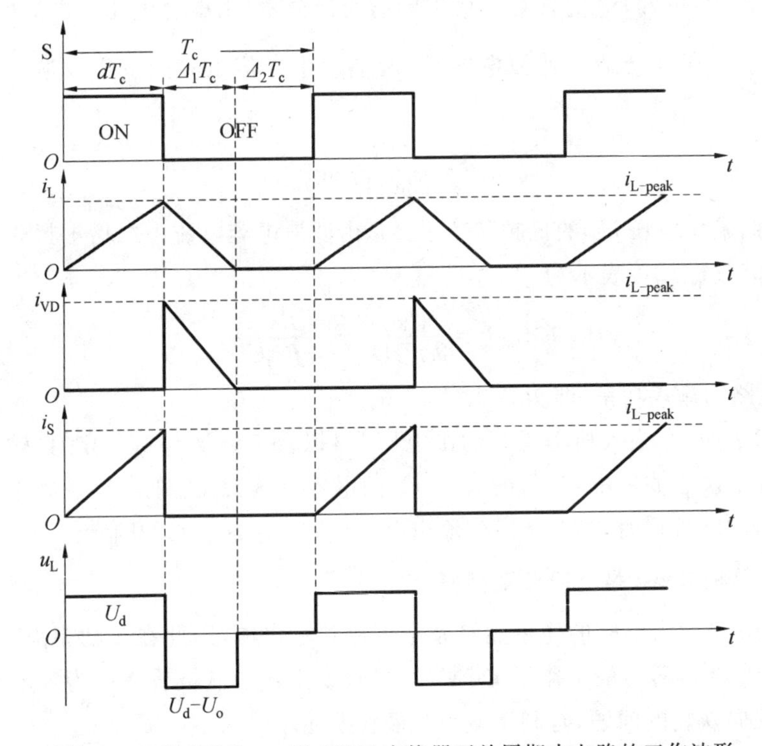

图 2.7　DCM 下 Boost 型 APFC 变换器开关周期内电路的工作波形

DCM 下，输入电感的充电以及放电阶段与 CCM 的工作过程类似，只是 DCM 下输入电感在放电阶段结束后电流为 0，且存在输入电感电流持续为 0 的阶段。该阶段，输入电感两端电压保持为 0，负载仅由输出滤波电容 C_o 供电，所占时间为 $\Delta_2 T_c$。

DCM 下，开关周期内流过电感 L 的电流峰值 $i_{L\text{-peak}}$ 可表示为

$$i_{L\text{-peak}}=\frac{\sqrt{2}U_i dT_c}{L}|\sin \omega t| \tag{2.15}$$

从式(2.15)可以看出，在输入电压有效值 U_i、占空比 d 以及输入电感 L 一定时，i_L 峰值的包络线呈正弦规律变化。

开关周期内电感 L 工作于平衡状态，u_L 满足伏秒平衡，由此得到 DCM 下输入输出

的具体关系为

$$u_d dT_c+(u_d-U_o)\Delta_1 T_c=0$$

$$\frac{U_o}{u_d}=\frac{\Delta_1+d}{\Delta_1}>\frac{1}{1-d} \tag{2.16}$$

(2)输入电流分析。

根据面积等效原理,对电感电流 i_L 做开关周期的平均化处理,得到 $i_{L\text{-avg}}$,具体表示为

$$i_{L\text{-avg}}=\frac{1}{2}i_{L\text{-peak}}(\Delta_1+d)T_c/T_c \tag{2.17}$$

将式(2.15)、式(2.16)代入式(2.17),可得

$$i_{L\text{-avg}}=\frac{U_o d^2 T_c}{2L}\frac{\sqrt{2}U_i|\sin\omega t|/U_o}{1-\sqrt{2}U_i|\sin\omega t|/U_o} \tag{2.18}$$

令 $\alpha=\frac{\sqrt{2}U_i}{U_o}$,式(2.18)可化简为

$$i_{L\text{-avg}}=\frac{U_o d^2 T_c}{2L}\frac{\alpha|\sin\omega t|}{1-\alpha|\sin\omega t|} \tag{2.19}$$

由此得到输入电流的开关周期平均值 $i_{i\text{-avg}}$ 的表达式为

$$i_{i\text{-avg}}=\frac{U_o d^2 T_c}{2L}\frac{\alpha\sin\omega t}{1-\alpha|\sin\omega t|} \tag{2.20}$$

式(2.20)表明,在输入电压有效值 U_i、输出电压 U_o、占空比 d 以及输入电感 L 一定时,输入电流的开关周期平均值 $i_{i\text{-avg}}$ 并非完全呈正弦规律变化,$i_{i\text{-avg}}$ 正弦程度与 α 有关。DCM 下 $i_{i\text{-avg}}$ 正弦程度随 α 的变化情况如图 2.8 所示。当 α 较小(即 U_o/U_i 较大)时,$1-\alpha|\sin\omega t|\approx 1$,$i_{i\text{-avg}}$ 正弦程度较好;当 α 较大(即 U_o/U_i 较小)时,随着 α 的增大,$i_{i\text{-avg}}$ 正弦程度逐渐变差,电流的谐波含量增大。

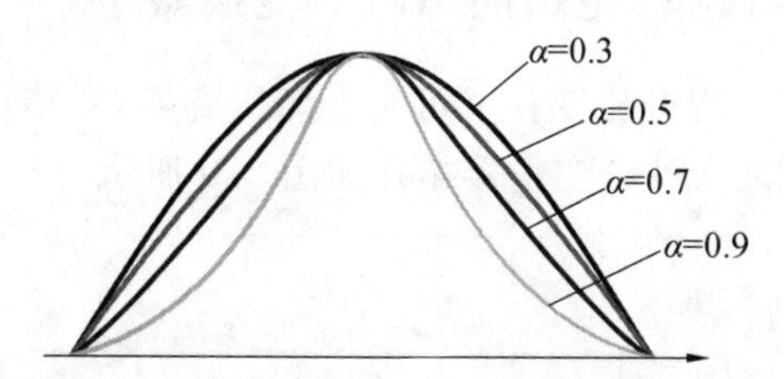

图 2.8　DCM 下 $i_{i\text{-avg}}$ 正弦程度随 α 的变化情况

设输入功率为 P_{in},则输入侧功率因数 PF 可表示为

$$\text{PF}=\frac{P_{in}}{u_{rms}i_{rms}}=\frac{\int_0^\pi u_i i_i \mathrm{d}(\omega t)}{U_i\cdot\sqrt{\frac{1}{\pi}\int_0^\pi i_i^2\mathrm{d}(\omega t)}} \tag{2.21}$$

式中,$u_i=\sqrt{2}U_i\sin\omega t$,$i_i=i_{i\text{-avg}}$。将式(2.20)代入式(2.21)可得

$$\text{PF}=\frac{P_{in}}{u_{rms}i_{rms}}=\frac{\sqrt{2}\int_0^\pi\frac{\sin^2\omega t}{1-\alpha\sin\omega t}\mathrm{d}(\omega t)}{\sqrt{\pi\int_0^\pi\left(\frac{\sin\omega t}{1-\alpha\sin\omega t}\right)^2\mathrm{d}(\omega t)}} \tag{2.22}$$

可见，对于 DCM 下 Boost 型 APFC 变换器，其输入侧功率因数 PF 仅与 α 有关，当 α 较小(即 U_o/U_i 较大)时，$1-\alpha|\sin\omega t|\approx 1$，此时 PF 较高，输入侧的功率因数校正效果较好。

在对 Boost 型 APFC 变换器的两种工作模式(CCM、DCM)进行具体分析后，对两种模式下变换器的性能指标进行比较，见表 2.1。

表 2.1　Boost 型 APFC 变换器两种工作模式下的性能比较

变换器各性能指标	连续导通模式	断续导通模式
工作条件	$i_o>\frac{T_cU_o}{2L}d\,(1-d)^2$	$i_o<\frac{T_cU_o}{2L}d\,(1-d)^2$
输入输出电压关系	$\frac{U_o}{\sqrt{2}U_i\,\|\sin\omega t\|}=\frac{1}{1-d}$	$\frac{U_o}{\sqrt{2}U_i\,\|\sin\omega t\|}=\frac{1}{1-\frac{d}{\Delta_1+d}}$
开关管 S 及二极管 VD 电压应力	U_o	U_o
输入电流校正效果	输入电流连续且电流总谐波畸变率(THD)较小	输入电流断续且电流存在畸变，电流总谐波畸变率(THD)较大

Boost 型 APFC 变换器电路结构简单、成本低、工作可靠度高，具有输入滤波电感位于输入端、输入电流高频纹波较小，且在整个输入电压范围内都能够保证较高的输入功率因数的优点，因而获得了广泛应用。

2.1.2　基于 Buck-Boost 电路的 APFC 变换器

Buck-Boost 电路既可实现升压变换又可实现降压变换，并能限制输入电流和负载电流，基于 Buck-Boost 电路的 APFC 变换器拓扑如图 2.9 所示。

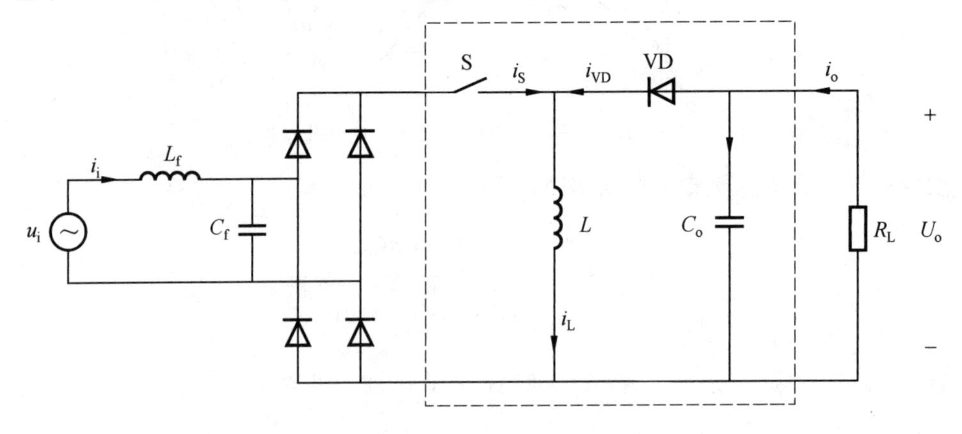

图 2.9　基于 Buck-Boost 电路的 APFC 变换器拓扑

开关管 S 位于输入侧，输入电流 i_i 为断续。根据开关周期内流过电感 L 电流的连续与否，单相 Buck-Boost 型 APFC 变换器的工作模式仍可分为电流连续导通模式与断续导通模式两种。

CCM 下，Buck-Boost 型 APFC 变换器在每个开关周期内有两个工作状态，即电感 L 充电以及放电两个阶段，两个阶段的等效电路如图 2.10 所示。

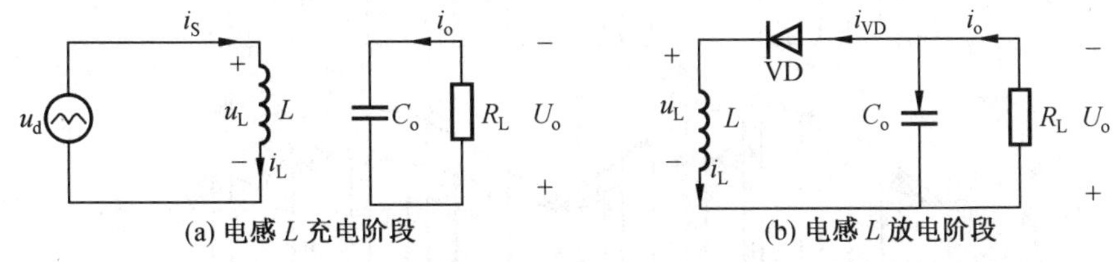

图 2.10　CCM 下 Buck-Boost 型 APFC 变换器两个阶段的等效电路

S 导通时，u_d 对电感 L 充电，电感 L 储存能量；S 关断时，电感 L 向负载侧释放能量。由于电感 L 电流的连续性，因此输出电压的极性为上负下正。开关周期内，电感 L 两端电压 u_L 可表示为

$$u_L(\tau)=\begin{cases}\sqrt{2}U_i|\sin\omega t| & (0\leqslant\tau<dT_c)\\ -U_o & (dT_c\leqslant\tau<T_c)\end{cases} \tag{2.23}$$

开关周期内电感 L 工作于平衡状态，u_L 满足伏秒平衡，由此得到输入输出的电压关系为

$$\begin{cases}u_d dT_c-U_o(1-d)T_c=0\\ \dfrac{U_o}{u_d}=\dfrac{d}{1-d}\end{cases} \tag{2.24}$$

同时得到 CCM 下占空比 d 的表达式为

$$d(t)=\frac{U_o}{U_o+u_d}=\frac{1}{1+\sqrt{2}U_i|\sin\omega t|/U_o} \tag{2.25}$$

采用如式(2.25)所示的控制信号对电路进行闭环控制，工频周期内电路的工作波形如图 2.11 所示。可以发现，该变换器虽然具有升降压功能，但 i_S 始终是断续的，因此输入电流 i_i 也始终是断续的，i_i 含有较高的高频分量；此外，由于输出侧为 Boost 型电路，因此流过二极管 VD 的电流 i_{VD} 仍含有二倍工频的交流分量，该分量仍会导致输出滤波电容两端产生二倍工频的电压纹波，分析过程与 Boost 型 APFC 变换器基本相同，在此不再赘述。

DCM 下，Buck-Boost 型 APFC 变换器在每个开关周期内有三个工作状态，即电感 L 充电、放电以及电流为 0 三个阶段，各阶段的等效电路如图 2.12 所示，开关周期内电路的工作波形如图 2.13 所示。

DCM 下，每个开关周期内流过电感 L 的电流峰值 $i_{L\text{-peak}}$ 可表示为

$$i_{L\text{-peak}}=\frac{\sqrt{2}U_i dT_c}{L}|\sin\omega t| \tag{2.26}$$

从式(2.26)可以看出，在输入电压有效值 U_i、占空比 d 以及输入电感 L 一定时，i_L 峰值的包络线呈正弦规律变化。

对 i_S 做开关周期的平均化处理，得到 $i_{S\text{-avg}}$，具体表示为

$$i_{S\text{-avg}}=\frac{1}{2}i_{L\text{-peak}}dT_c/T_c=\frac{\sqrt{2}U_i d^2 T_c}{2L}|\sin\omega t| \tag{2.27}$$

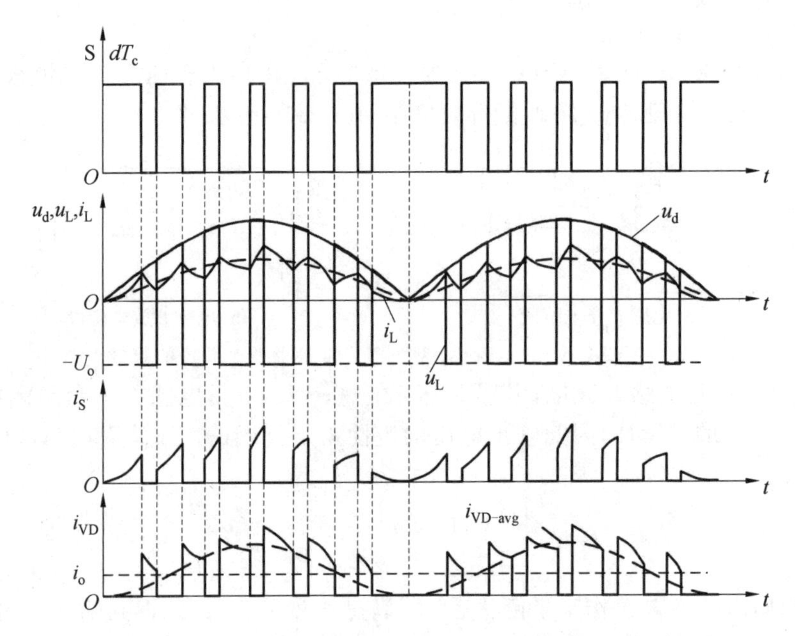

图 2.11　CCM 下 Buck-Boost 型 APFC 变换器工频周期内电路的工作波形

可以发现，在输入电压有效值 U_i、占空比 d 以及输入电感 L 一定时，$i_{S\text{-}avg}$ 能够自动跟踪输入电压呈正弦规律变化，因此采用定占空比控制时，DCM 下 Buck-Boost 型 APFC 变换器输入电流的开关周期平均值 $i_{i\text{-}avg}$ 能够实现正弦化，且保证其与输入电压同相位，输入侧功率因数理论上为 1，控制电路得以大大简化。

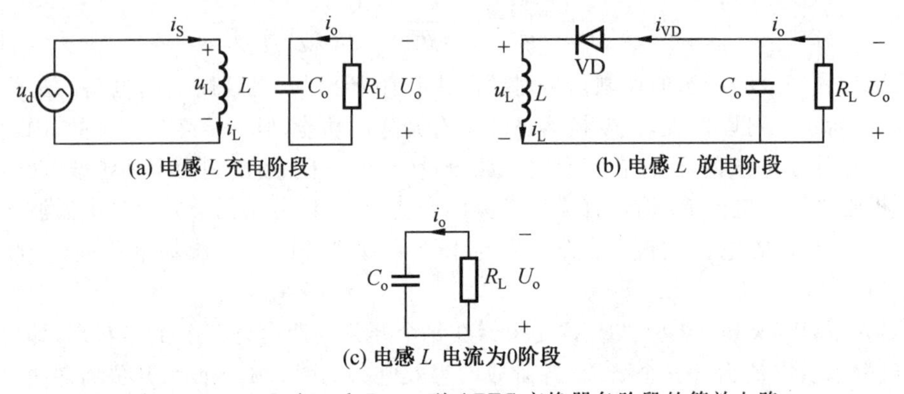

图 2.12　DCM 下 Buck-Boost 型 APFC 变换器各阶段的等效电路

Buck-Boost 型 APFC 变换器在两种工作模式（CCM、DCM）下的性能比较见表 2.2。相比于 Boost 型 APFC 变换器，Buck-Boost 型 APFC 变换器最大的优势就在于其输出电压设计灵活，便于后级变换器的优化设计；同时该变换器的输入侧功率因数较高，且与输入输出电压关系无关。但是，开关管位于输入侧，使得变换器无论工作于 CCM 还是 DCM，输入电流都是断续的；同时输出电压相对于整流桥输出电压反向，开关管和二极管电压应力较大。此外，该变换器中电感 L 是输入与输出能量传递的媒介，位于中间电路，会导致输入与输出电流脉动都很大，限制了该变换器的实际应用。

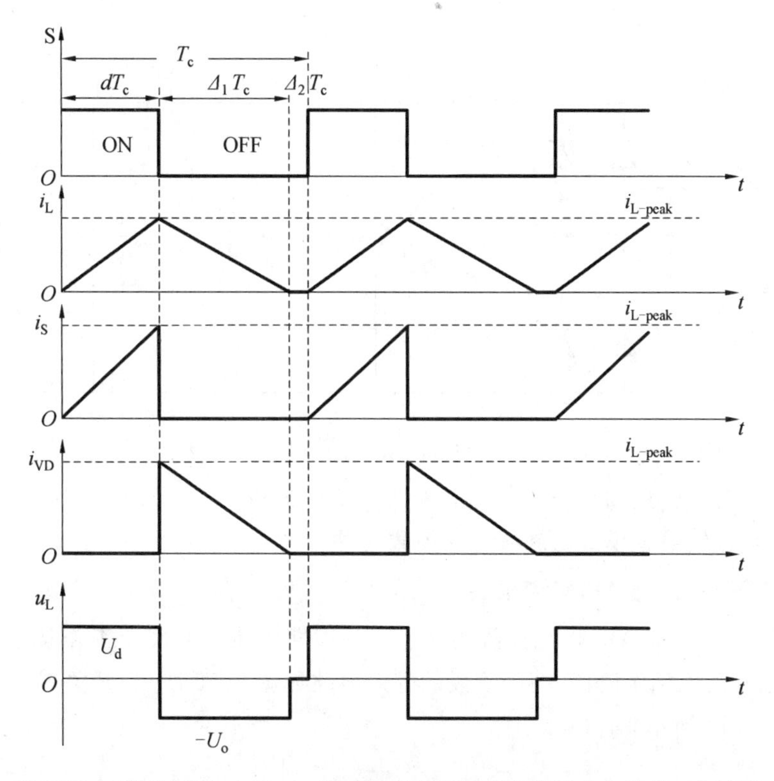

图 2.13　DCM 下 Buck-Boost 型 APFC 变换器开关周期内电路的工作波形

表 2.2　Buck-Boost 型 APFC 变换器在两种工作模式下的性能比较

变换器各性能指标	连续导通模式	断续导通模式
工作条件	$i_o > \frac{T_c U_o}{2L}(1-d)^2$	$i_o < \frac{T_c U_o}{2L}(1-d)^2$
输入输出电压关系	$\frac{U_o}{\sqrt{2}U_i\lvert\sin\omega t\rvert} = \frac{d}{1-d}$	$\frac{U_o}{\sqrt{2}U_i\lvert\sin\omega t\rvert} = \frac{d}{\Delta_1}$
开关管 S 及二极管 VD 电压应力	$\sqrt{2}U_i\lvert\sin\omega t\rvert + U_o$	$\sqrt{2}U_i\lvert\sin\omega t\rvert + U_o$
控制电路	相对复杂	简单

2.1.3　基于 Sepic 电路的 APFC 变换器

Buck-Boost 型 APFC 变换器具有输出电压可升降变换，输入侧功率因数较高的优势，但输入电流断续、电流脉动较大等不足限制了其实际应用。为弥补以上不足，对其电路结构进行改进，得到基于 Sepic 电路的 APFC 变换器，其拓扑如图 2.14 所示。

Sepic 型 APFC 变换器是由 Buck-Boost 型 APFC 变换器派生的一种电路，输入输出之间能量的传递通过储能电容 C_1，而不是 Buck-Boost 型 APFC 变换器中的电感 L；输入侧串有电感 L_1，输入电流可实现连续状态，输入电流的脉动可以得到很好的抑制。

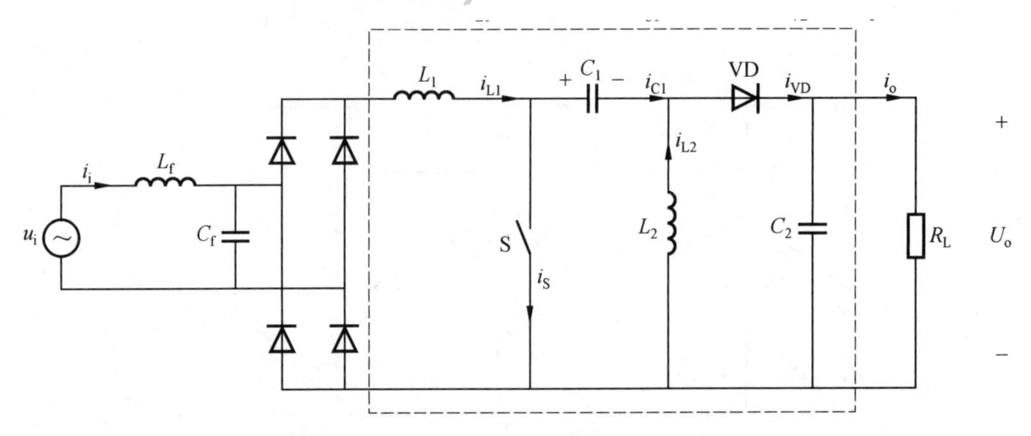

图 2.14　基于 Sepic 电路的 APFC 变换器拓扑

根据开关管关断期间二极管 VD 电流是否降至 0，Sepic 型 APFC 变换器的工作模式仍可分为电流连续导通模式与断续导通模式两种。

1. CCM 下 Sepic 型 APFC 变换器

CCM 下，Sepic 型 APFC 变换器在每个开关周期内主要有两个工作状态，即电感 L_1 与 L_2 充电以及放电两个阶段，两个阶段的等效电路如图 2.15 所示，开关周期内电路的工作波形如图 2.16 所示。

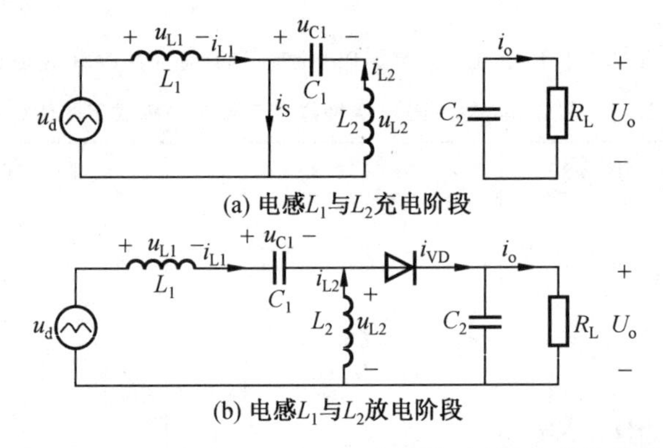

图 2.15　CCM 下 Sepic 型 APFC 变换器两个阶段的等效电路

由于开关频率远大于工频，因此为简化分析，假设开关周期内储能电容 C_1 两端电压为定值 U_{C1}。

①电感 L_1 与 L_2 充电阶段。S 导通，电感 L_1 两端电压为 $+U_d$，电感 L_1 电流呈线性上升，电感 L_1 开始储存能量；电感 L_2 两端电压为 $-U_{C1}$，电感 L_2 电流也呈线性上升，电感 L_2 也开始储存能量。此时，二极管 VD 关断，负载仅由输出滤波电容 C_2 供电。该阶段所占时间为 dT_c，电路的状态方程为

$$\begin{bmatrix} \dot{i}_{L1} \\ \dot{i}_{L2} \\ \dot{u}_{C2} \end{bmatrix} = \begin{bmatrix} 0 & 0 & 0 \\ 0 & 0 & 0 \\ 0 & 0 & -1/R_L C_2 \end{bmatrix} \begin{bmatrix} i_{L1} \\ i_{L2} \\ u_{C2} \end{bmatrix} + \begin{bmatrix} 1/L_1 & 0 \\ 0 & 1/L_2 \\ 0 & 0 \end{bmatrix} \begin{bmatrix} U_d \\ U_{C1} \end{bmatrix} \tag{2.28}$$

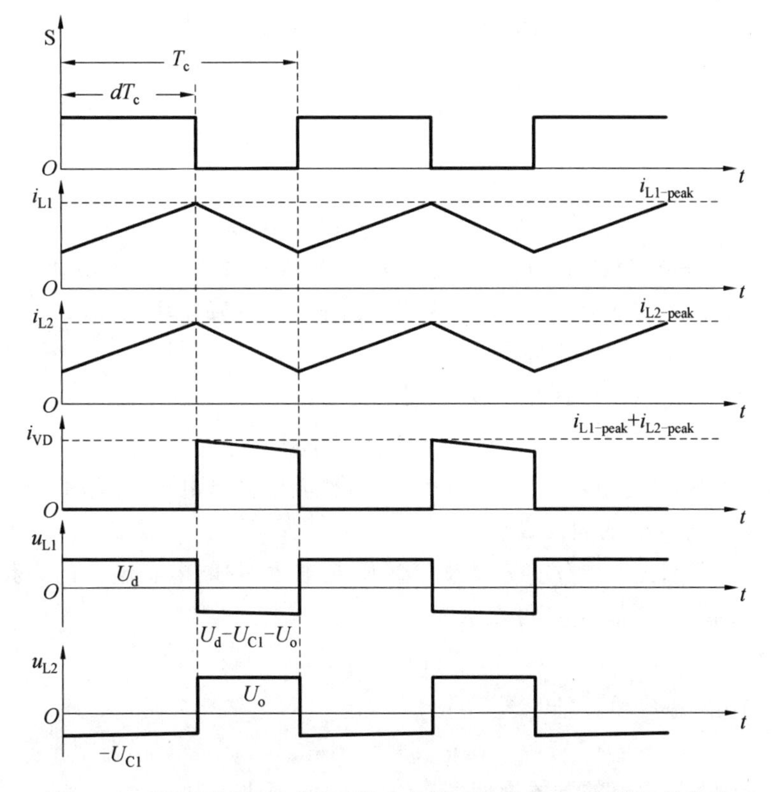

图 2.16　CCM 下 Sepic 型 APFC 变换器开关周期内电路的工作波形

②电感 L_1 与 L_2 放电阶段。S 关断，电感 L_1 两端电压为 $U_d-U_{C1}-U_o<0$，电感 L_1 电流呈线性下降；电感 L_2 两端电压为 U_o，电感 L_2 电流也呈线性下降。二极管 VD 导通，输入电源 u_d、电感 L_1 与 L_2 开始向负载侧释放能量。该阶段所占时间为$(1-d)T_c$，电路的状态方程为

$$\begin{bmatrix}\dot{i}_{L1}\\\dot{i}_{L2}\\\dot{u}_{C2}\end{bmatrix}=\begin{bmatrix}0 & 0 & -1/L_1\\0 & 0 & -1/L_2\\1/C_2 & 1/C_2 & -1/R_LC_2\end{bmatrix}\begin{bmatrix}i_{L1}\\i_{L2}\\u_{C2}\end{bmatrix}+\begin{bmatrix}1/L_1 & -1/L_1\\0 & 0\\0 & 0\end{bmatrix}\begin{bmatrix}U_d\\U_{C1}\end{bmatrix}\tag{2.29}$$

由上述分析可知，CCM 下开关周期内电感 L_1 两端电压 u_{L1} 可表示为

$$u_{L1}(\tau)=\begin{cases}\sqrt{2}U_i|\sin\omega t| & (0\leqslant\tau<dT_c)\\\sqrt{2}U_i|\sin\omega t|-U_{C1}-U_o & (dT_c\leqslant\tau<T_c)\end{cases}\tag{2.30}$$

开关周期内电感 L_1 工作于平衡状态，u_{L1} 满足伏秒平衡，即

$$\sqrt{2}U_i|\sin\omega t|dT_c+(\sqrt{2}U_i|\sin\omega t|-U_{C1}-U_o)(1-d)T_c=0\tag{2.31}$$

同理，开关周期内电感 L_2 两端电压 u_{L2} 可表示为

$$u_{L2}(\tau)=\begin{cases}-U_{C1} & (0\leqslant\tau<dT_c)\\U_o & (dT_c\leqslant\tau<T_c)\end{cases}\tag{2.32}$$

开关周期内 u_{L2} 也满足伏秒平衡，即

$$-U_{C1}dT_c+U_o(1-d)T_c=0\tag{2.33}$$

结合式(2.31)与式(2.33),得到电路工作于 CCM 下输入输出电压关系式以及占空比 d 的表达式为

$$\frac{U_o}{u_d}=\frac{d}{1-d} \tag{2.34}$$

$$d(t)=\frac{U_o}{U_o+u_d}=\frac{1}{1+\sqrt{2}U_i|\sin\omega t|/U_o} \tag{2.35}$$

观察式(2.34)及式(2.35)可以发现,Sepic 型 APFC 变换器占空比的控制方程与 Buck-Boost 型 APFC 变换器相同,均能实现输出电压的升降压功能,但 Sepic 型 APFC 变换器还具有输入电流连续等优势。

此外,比较式(2.31)与式(2.33)可以得到

$$u_{C1}=\sqrt{2}U_i|\sin\omega t| \tag{2.36}$$

式(2.36)表明,储能电容 C_1 两端电压 u_{C1} 与整流桥输出电压 u_d 基本相同,证明了开关周期内 u_{C1} 为定值 U_{C1} 的假设成立。

考虑到频率调制比 $m_f=f_c/f$ 以及电感 L_1 足够大,忽略电感电流的高频成分,电感 L_1 电流的开关周期平均值 $i_{L1\text{-avg}}$ 可表示为

$$i_{L1\text{-avg}}=\sqrt{2}I_i|\sin\omega t| \tag{2.37}$$

根据输入一输出功率守恒,可知

$$u_d i_{L1\text{-avg}}=U_o i_{VD\text{-avg}} \tag{2.38}$$

由此得到二极管 VD 电流的开关周期平均值 $i_{VD\text{-avg}}$ 的表达式为

$$i_{VD\text{-avg}}=\frac{2U_iI_i}{U_o}\sin^2\omega t \tag{2.39}$$

此外,根据电路的工作原理可知,$i_{VD\text{-avg}}$ 还可以通过下述方法得到。

开关周期内二极管电流 i_{VD} 可表示为

$$i_{VD}(\tau)=\begin{cases}0 & (0\leqslant\tau<dT_c)\\ i_{L1}+i_{L2} & (dT_c\leqslant\tau<T_c)\end{cases} \tag{2.40}$$

对 i_{VD} 做开关周期的平均化处理,得到

$$i_{VD\text{-avg}}=(\sqrt{2}I_i|\sin\omega t|+i_{L2\text{-avg}})(1-d) \tag{2.41}$$

式中,$i_{L2\text{-avg}}$ 为电感 L_2 电流的开关周期平均值。

比较式(2.39)与式(2.41),得到

$$\frac{2U_iI_i}{U_o}\sin^2\omega t=(\sqrt{2}I_i|\sin\omega t|+i_{L2\text{-avg}})(1-d) \tag{2.42}$$

将式(2.35)代入式(2.42)中,由此得到电感 L_2 电流的开关周期平均值为

$$i_{L2\text{-avg}}=\frac{U_iI_i}{U_o}(1-\cos 2\omega t) \tag{2.43}$$

采用如式(2.35)所示的控制信号对电路进行闭环控制,工频周期内电路的工作波形如图 2.17 所示。可以发现,u_{C1} 基本与 u_d 保持相同,i_{L2} 含有大小为输入功率 U_iI_i 与输出电压 U_o 比值的直流量以及二倍工频的交流分量,二倍工频的交流分量会流入电容 C_2,使得输出电压存在二倍工频的电压纹波;而直流量的存在会使得电感 L_2 存在直流偏磁,磁

芯容易达到饱和，严重影响电路的正常工作以及变换器的效率，因此在实际应用时，Sepic 型 APFC 变换器通常工作于 DCM。

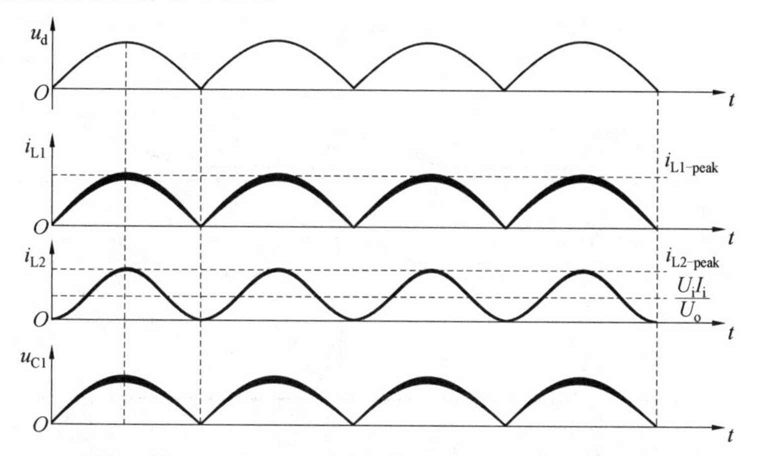

图 2.17　CCM 下 Sepic 型 APFC 变换器工频周期内电路的工作波形

2. DCM 下 Sepic 型 APFC 变换器

DCM 下 Sepic 型 APFC 变换器在每个开关周期内有三个工作状态，即电感 L_1 与 L_2 充电、放电以及续流三个阶段，各阶段的等效电路如图 2.18 所示。

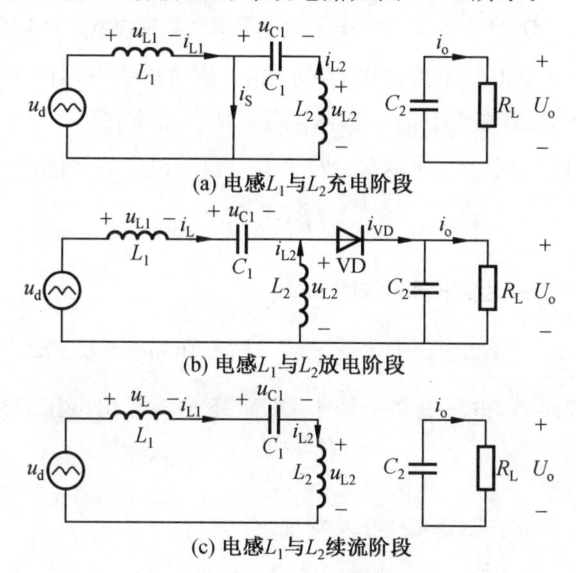

图 2.18　DCM 下 Sepic 型 APFC 变换器各阶段的等效电路

与 CCM 有所不同，DCM 下在开关管关断期间 i_{VD} 下降至 0，且存在 i_{VD} 持续为 0、电感 L_1 与 L_2 续流的阶段，但由于流过电感 L_1 的电流 i_{L1} 未出现断续，因此 DCM 下 Sepic 型 APFC 变换器的输入电流仍处于连续状态，开关周期内电路的工作波形如图 2.19 所示。

DCM 下，电感 L_1 与 L_2 的充电过程与电路工作于 CCM 下相同。然而，在电感 L_1 放电阶段，电感 L_2 先向负载放电，i_{L2} 减小至 0 后 L_2 开始反向充电，i_{L2} 开始反向增大，直至与 i_{L1} 相等，该阶段所占时间为 $\Delta_1 T_c$。此后，二极管 VD 关断，电感 L_1 的电流 i_{L1} 通过储能电容

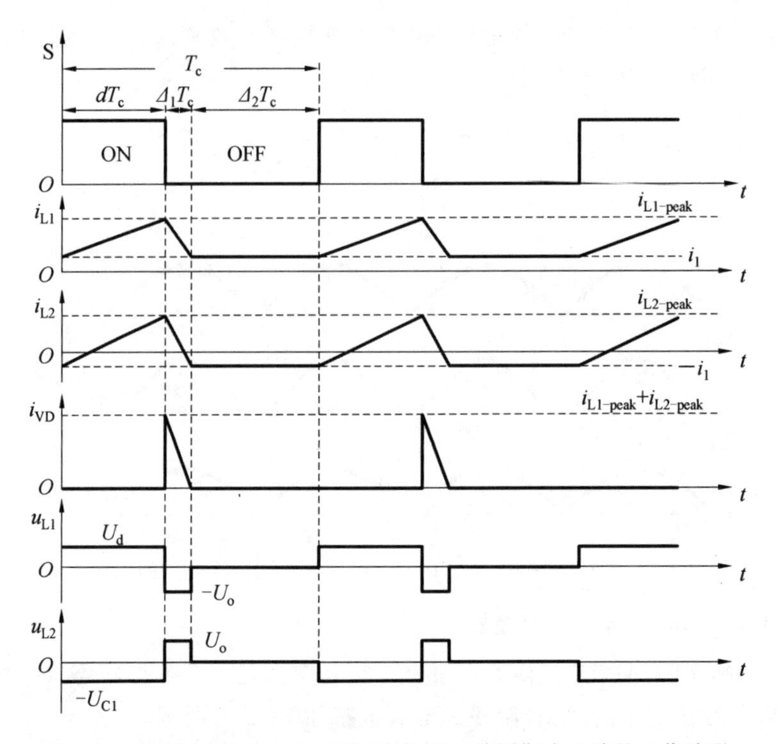

图 2.19　DCM 下 Sepic 型 APFC 变换器开关周期内电路的工作波形

C_1与电感L_2续流，负载仅由输出滤波电容C_2供电，该阶段所占时间为$\Delta_2 T_c$。

开关周期内电感L_1工作于平衡状态，u_{L1}满足伏秒平衡，即

$$\sqrt{2}U_i|\sin\omega t|dT_c+(\sqrt{2}U_i|\sin\omega t|-U_{C1}-U_o)\Delta_1 T_c+\frac{L_1}{L_1+L_2}(\sqrt{2}U_i|\sin\omega t|-U_{C1})\Delta_2 T_c=0 \tag{2.44}$$

同时，开关周期内u_{L2}也满足伏秒平衡，即

$$-U_{C1}dT_c+U_o\Delta_1 T_c+\frac{L_2}{L_1+L_2}(\sqrt{2}U_i|\sin\omega t|-U_{C1})\Delta_2 T_c=0 \tag{2.45}$$

结合式(2.44)与式(2.45)，得到电路工作于 DCM 下输入输出电压的具体关系为

$$\frac{U_o}{u_d}=\frac{d}{\Delta_1} \tag{2.46}$$

此外，比较式(2.44)与式(2.45)可以发现

$$u_{C1}=\sqrt{2}U_i|\sin\omega t| \tag{2.47}$$

可见，DCM 下储能电容C_1两端电压u_{C1}与整流桥输出电压u_d基本相同，且与电感L_1、L_2的取值无关。

DCM 下，开关周期内流过二极管 VD 的电流峰值$i_{VD\text{-peak}}$可表示为

$$\begin{aligned}i_{VD\text{-peak}}&=i_{L1\text{-peak}}+i_{L2\text{-peak}}=\left(i_1+\frac{1}{L_1}\int_0^{dT_c}u_{L1}(\tau)\mathrm{d}\tau\right)+\left(-i_1+\frac{1}{L_2}\int_0^{dT_c}u_{L2}(\tau)\mathrm{d}\tau\right)\\&=\frac{L_1+L_2}{L_1L_2}\sqrt{2}U_i dT_c|\sin\omega t|\end{aligned} \tag{2.48}$$

式中，i_1表示每个开关周期内两个电感电流达到相等的电流值。

对 i_{VD}做开关周期的平均化处理，得到

$$i_{VD\text{-}avg}=\frac{1}{2}i_{VD\text{-}peak}\Delta_1 T_c/T_c \tag{2.49}$$

将式(2.46)、式(2.48)代入式(2.49)，可得

$$i_{VD\text{-}avg}=\frac{L_1+L_2}{L_1L_2}\frac{d^2U_i^2T_c}{U_o}\sin^2\omega t=\frac{L_1+L_2}{L_1L_2}\frac{d^2U_i^2T_c}{2U_o}(1-\cos 2\omega t) \tag{2.50}$$

观察式(2.50)可以发现，DCM 下 $i_{VD\text{-}avg}$仍含有二倍工频的分量，该分量流入输出滤波电容 C_2中，会使得输出电压存在二倍工频的电压纹波。

根据输入一输出功率守恒，可知

$$u_d i_{L1\text{-}avg}=U_o i_{VD\text{-}avg} \tag{2.51}$$

将式(2.50)代入式(2.51)，可得

$$i_{L1\text{-}avg}=\frac{U_o i_{VD\text{-}avg}}{u_d}=\frac{L_1+L_2}{L_1L_2}\frac{\sqrt{2}d^2U_iT_c}{2}|\sin\omega t| \tag{2.52}$$

可以看出，在输入电压有效值 U_i，占空比 d 以及电感 L_1、L_2一定时，$i_{L1\text{-}avg}$能够自动跟踪输入电压呈正弦规律变化，因此采用定占空比控制时，DCM 下 Sepic 型 APFC 变换器输入电流的开关周期平均值 $i_{i\text{-}avg}$能够实现正弦化，且保证其与输入电压同相位，输入侧功率因数理论上为 1，控制电路得以大大简化。

Sepic 型 APFC 变换器在两种工作模式(CCM、DCM)下的性能比较见表 2.3。与前面提到的两种电路拓扑相比，Sepic 型 APFC 变换器最大的优势就在于两种工作模式下输入电流都呈连续状态，且既可实现升压又可实现降压；同时该变换器易于实现隔离，具有过载抑制能力；应用磁集成理论，将两个电感集成在同一个磁芯上，可极大地缩小变换器的体积。但是，由于传递能量的储能电容 C_1需承受较大的电流纹波，而这种电容成本较高、可靠性较差，因此该变换器主要在小功率场合得以应用。

表 2.3　Sepic 型 APFC 变换器在两种工作模式下的性能比较

变换器各性能指标	连续导通模式	断续导通模式
工作条件	$i_o>\frac{(L_1+L_2)T_cU_o}{2L_1L_2}(1-d)^2$	$i_o<\frac{(L_1+L_2)T_cU_o}{2L_1L_2}(1-d)^2$
输入输出电压关系	$\frac{U_o}{\sqrt{2}U_i\lvert\sin\omega t\rvert}=\frac{d}{1-d}$	$\frac{U_o}{\sqrt{2}U_i\lvert\sin\omega t\rvert}=\frac{d}{\Delta_1}$
开关管 S 及二极管 VD 电压应力	$\sqrt{2}U_i\lvert\sin\omega t\rvert+U_o$	$\sqrt{2}U_i\lvert\sin\omega t\rvert+U_o$
控制电路	相对复杂	简单

除了前面介绍的三种典型 APFC 电路外，Buck、Cuk、Zeta 电路也可以作为 APFC 电路，用于实现功率因数校正。然而，这些电路均为非隔离式，输入输出没有电气隔离，变换器抗干扰能力较差。因此，引入隔离变压器的隔离式 APFC 变换器拓扑相继诞生，该类拓扑在不影响输入侧 PFC 效果的前提下，实现了输入输出的电气隔离。

2.2　隔离式 APFC 变换器典型拓扑

采用带隔离变压器的电路结构，具有以下优势。

(1)输入与输出可实现电气隔离。

(2)可提供相互隔离的多路独立输出。

(3)实现输入输出电压关系的灵活调节。

2.2.1　基于 Flyback 电路的 APFC 变换器

在 Buck-Boost 型 APFC 变换器的基础上，引入隔离变压器 T，并以此取代电感 L，即可得到基于 Flyback(反激)电路的 APFC 变换器，其拓扑如图 2.20 所示。

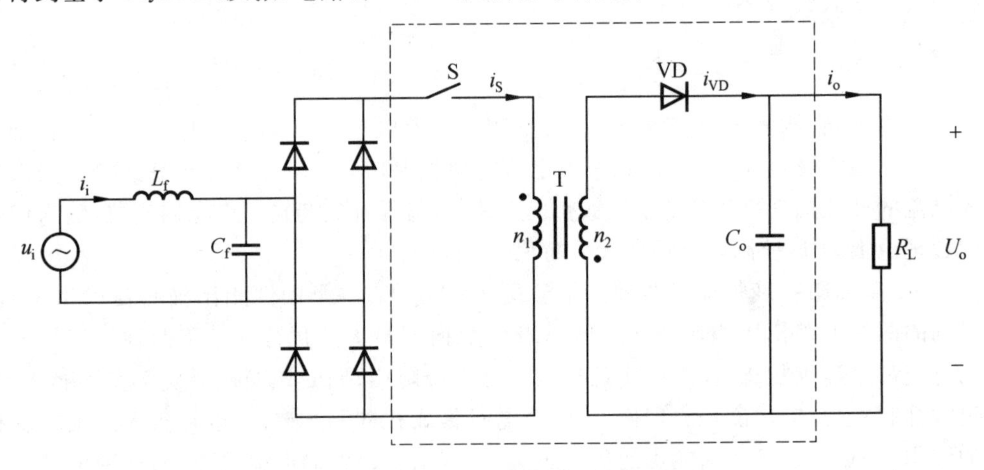

图 2.20　基于 Flyback 电路的 APFC 变换器拓扑

类似于 Buck-Boost 型 APFC 变换器中的电感 L，隔离变压器 T 在每个开关周期内也存在两种工作状态，即变压器原边充电以及副边放电两个阶段。根据不同的工作状态，将变压器等效为两个电感，即原边电感 L_1 和副边电感 L_2($L_1/L_2 \propto n_1^2/n_2^2$)。其中，$L_1$ 工作于开关管 S 导通阶段，变压器 T 充电；而 L_2 工作于开关管 S 关断阶段，变压器 T 向负载放电。

根据开关管关断期间变压器副边电流是否降为 0，该变换器的工作模式仍可分为电流连续导通模式与断续导通模式两种。

1. CCM 下反激 APFC 变换器

CCM 下反激 APFC 变换器在每个开关周期内有两个工作状态，即电感 L_1 充电以及电感 L_2 放电两个阶段，两个阶段的等效电路如图 2.21 所示，开关周期内电路的工作波形如图 2.22 所示。

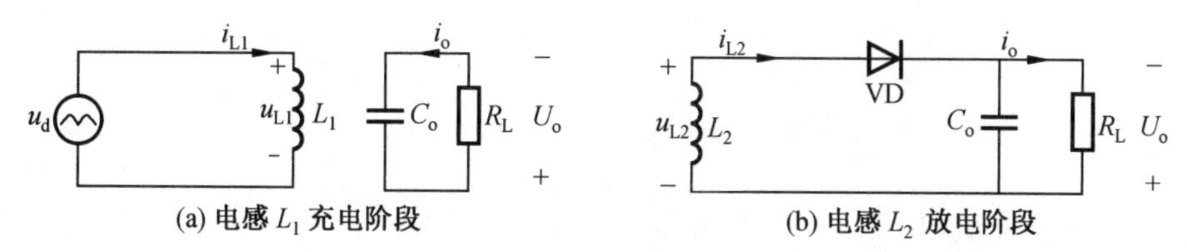

图 2.21　CCM 下反激 APFC 变换器两个阶段的等效电路

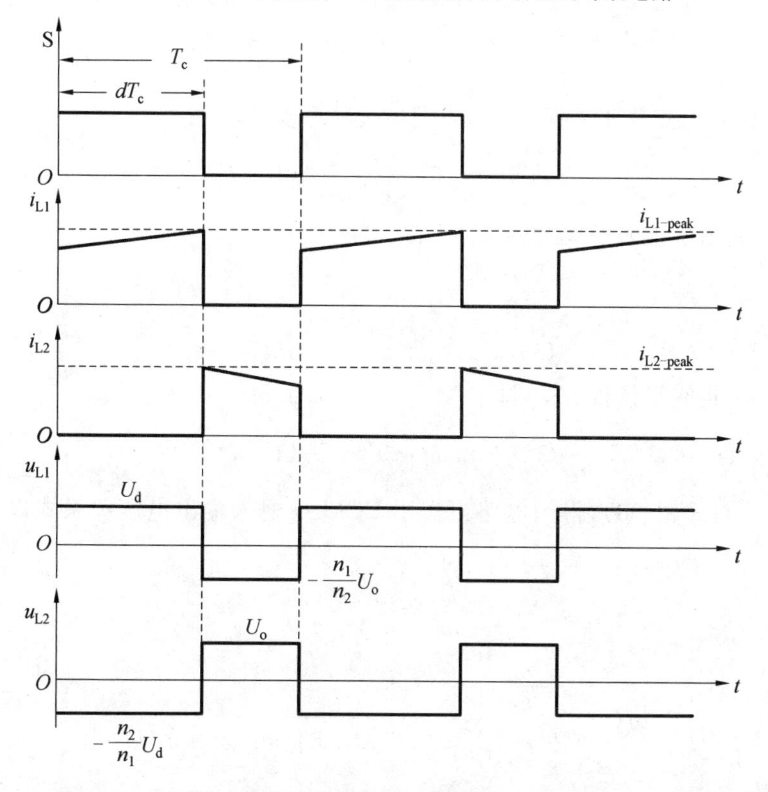

图 2.22　CCM 下反激 APFC 变换器开关周期内电路的工作波形

①电感 L_1 充电阶段。S 导通，电感 L_1 两端电压为 $+U_d$，电感 L_1 电流呈线性上升，电感 L_1 开始储存能量；电感 L_2 两端的感应电压为 $-\frac{n_2}{n_1}U_d$，二极管 VD 承受反向电压，变压器副边电流为 0，负载仅由输出滤波电容 C_o 供电。该阶段所占时间为 dT_c，电路的状态方程为

$$\begin{bmatrix} \dot{i}_S \\ \dot{u}_{Co} \end{bmatrix} = \begin{bmatrix} 0 & 0 \\ 0 & -\frac{1}{R_L C_o} \end{bmatrix} \begin{bmatrix} i_S \\ u_{Co} \end{bmatrix} + \begin{bmatrix} \frac{1}{L_1} \\ 0 \end{bmatrix} [U_d] \tag{2.53}$$

②电感 L_2 放电阶段。S 关断，电感 L_1 储存的能量通过电感 L_2 向负载释放。电感 L_2 两端电压为 U_o，其电压方向与电流相反，电感 L_2 电流呈线性下降；电感 L_1 两端感应电压为 $-\frac{n_1}{n_2}U_o$。该阶段所占时间为 $(1-d)T_c$，电路的状态方程为

$$\begin{bmatrix} \dot{i}_{VD} \\ \dot{u}_{Co} \end{bmatrix} = \begin{bmatrix} 0 & -\frac{1}{L_2} \\ \frac{1}{C_o} & -\frac{1}{R_L C_o} \end{bmatrix} \begin{bmatrix} i_{VD} \\ u_{Co} \end{bmatrix} \tag{2.54}$$

由上述分析可知，开关周期内电感 L_1 两端电压 u_{L1} 可表示为

$$u_{L1} = \begin{cases} \sqrt{2}U_i |\sin \omega t| & (0 \leqslant \tau < dT_c) \\ -\frac{n_1}{n_2}U_o & (dT_c \leqslant \tau < T_c) \end{cases} \tag{2.55}$$

开关周期内电感 L_1 工作于平衡状态，u_{L1} 满足伏秒平衡，即

$$\sqrt{2}U_i |\sin \omega t| dT_c + \left(-\frac{n_1}{n_2}\right)(1-d)T_c = 0 \tag{2.56}$$

同理，开关周期内电感 L_2 两端电压 u_{L2} 可表示为

$$u_{L2} = \begin{cases} -\frac{n_2}{n_1}\sqrt{2}U_i |\sin \omega t| & (0 \leqslant \tau < dT_c) \\ U_o & (dT_c \leqslant \tau < T_c) \end{cases} \tag{2.57}$$

开关周期内 u_{L2} 也满足伏秒平衡，即

$$-\frac{n_2}{n_1}\sqrt{2}U_i |\sin \omega t| dT_c + U_o(1-d)T_c = 0 \tag{2.58}$$

结合式(2.56)与式(2.58)，得到电路工作于 CCM 下输入输出电压关系式以及占空比 d 的表达式为

$$\frac{U_o}{u_d} = \frac{n_2}{n_1}\frac{d}{1-d} \tag{2.59}$$

$$d(t) = \frac{\frac{n_2}{n_1}U_o}{\frac{n_2}{n_1}U_o + u_d} = \frac{1}{1+\sqrt{2}n_1 U_i |\sin \omega t| / n_2 U_o} \tag{2.60}$$

可以看出，反激 APFC 变换器的变压比不仅与占空比 d 有关，还与变压器的匝数比($n_1 : n_2$)有关，既能实现升压又能实现降压，输出电压的调节范围较宽。

由于频率调制比 $m_f = f_c / f$ 足够大，因此电感 L_1 电流的开关周期平均值 $i_{L1\text{-avg}}$ 近似为正弦波，即

$$i_{L1\text{-avg}} = \sqrt{2} I_i |\sin \omega t| \tag{2.61}$$

对电感 L_2 电流 i_{L2} 做开关周期的平均化处理，得到 $i_{L2\text{-avg}}$。根据输入一输出功率守恒，可知

$$u_d i_{L1\text{-avg}} = U_o i_{L2\text{-avg}} \tag{2.62}$$

结合式(2.61)与式(2.62)，得到 $i_{L2\text{-avg}}$ 的表达式为

$$i_{L2\text{-avg}} = \frac{U_i I_i}{U_o}(1-\cos 2\omega t) \tag{2.63}$$

从式(2.63)可以看出，$i_{L2\text{-avg}}$ 包含直流量以及二倍工频的交流分量，其大小受输入功率 $U_i I_i$ 以及输出电压 U_o 的影响。二倍工频的交流分量流入滤波电容 C_o，使得输出电压存在二倍工频的电压纹波；而直流量的存在会使得变压器(等效副边电感 L_2)存在直流偏磁，磁芯容易达到饱和，严重影响电路的正常工作以及变换器的效率。因此在实际应用

时，反激 APFC 变换器基本工作于 DCM，保证每个开关周期内变压器能量能够完全释放到输出侧，提高变换器的效率。

2. DCM 下反激 APFC 变换器

DCM 下反激 APFC 变换器在每个开关周期内有三个工作状态，即电感 L_1 充电、电感 L_2 放电以及电感 L_2 电流为 0 三个阶段，各阶段的等效电路如图 2.23 所示，开关周期内电路的工作波形如图 2.24 所示。

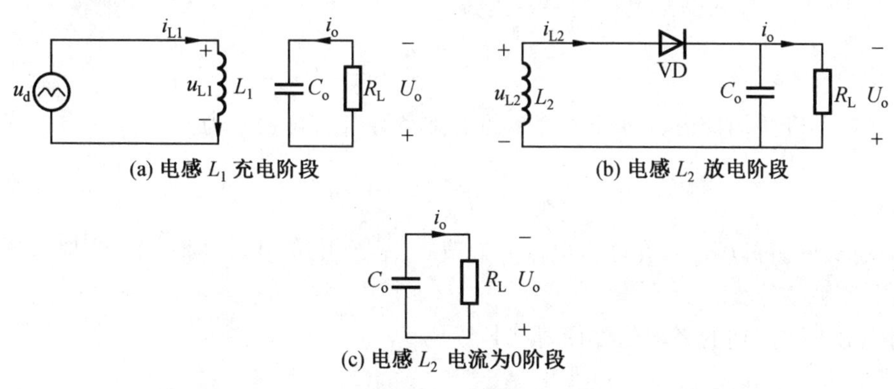

图 2.23　DCM 下反激 APFC 变换器各阶段的等效电路

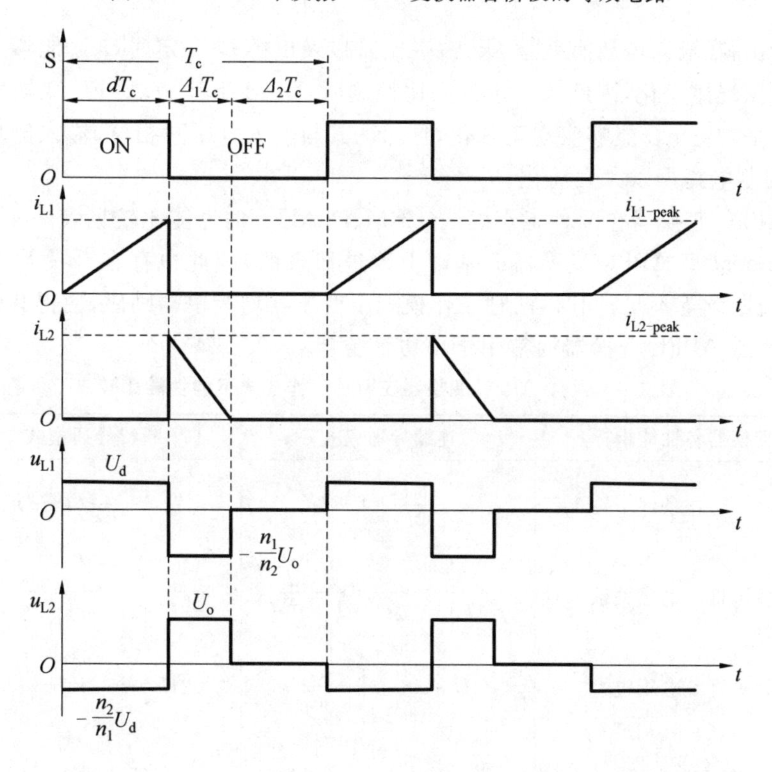

图 2.24　DCM 下反激 APFC 变换器开关周期内电路的工作波形

DCM 下，电感 L_1 充电以及电感 L_2 放电阶段与 CCM 的工作过程类似，只是 DCM 下电感 L_2 在放电阶段结束后电流为 0，且存在变压器副边电流持续为 0 的阶段。该阶段，变压器两端电压保持为 0，负载仅由输出滤波电容 C_o 供电，所占时间为 $\Delta_2 T_c$。

开关周期内电感 L_1 工作于平衡状态，对 u_{L1} 列写伏秒平衡方程，即

$$\sqrt{2}U_i\,|\sin\omega t|\,dT_c+\left(-\frac{n_1}{n_2}\right)U_o\Delta_1 T_c=0 \tag{2.64}$$

由此得到 DCM 下输入输出电压的关系式为

$$\frac{U_o}{u_d}=\frac{n_2}{n_1}\frac{d}{\Delta_1} \tag{2.65}$$

DCM 下，开关周期内流过开关管 S 的电流峰值 $i_{S\text{-peak}}$ 可表示为

$$i_{S\text{-peak}}=\frac{\sqrt{2}U_i dT_c}{L_1}\,|\sin\omega t| \tag{2.66}$$

从式(2.66)可以看出，在输入电压有效值 U_i、占空比 d 以及电感 L_1 一定时，i_S 峰值的包络线呈正弦规律变化。

对 i_S 做开关周期的平均化处理，得到

$$i_{S\text{-avg}}=\frac{1}{2}i_{S\text{-peak}}dT_c/T_c=\frac{\sqrt{2}U_i d^2 T_c}{2L_1}\,|\sin\omega t| \tag{2.67}$$

可以看出，在输入电压有效值 U_i、占空比 d 以及电感 L_1 一定时，$i_{S\text{-avg}}$ 能够自动跟踪输入电压呈正弦规律变化，因此采用定占空比控制时，DCM 下反激 APFC 变换器输入电流的开关周期平均值 $i_{i\text{-avg}}$ 能够实现正弦化，且保证其与输入电压同相位，输入侧功率因数理论上为 1，控制电路得以大大简化。

反激 APFC 变换器在两种工作模式(CCM、DCM)下的性能比较见表 2.4。该变换器是在 Buck-Boost 型 APFC 变换器的基础上改进而来的，因此也存在开关管电压应力较大、输入电流断续等不足；同时，两种工作模式下变压器均为单端励磁，使得其磁芯利用率较低，因此反激 APFC 变换器通常用于小功率场合。

表 2.4　反激 APFC 变换器在两种工作模式下的性能比较

变换器各性能指标	连续导通模式	断续导通模式
工作条件	$i_o>\frac{T_cU_o}{2L_2}(1-d)^2$	$i_o<\frac{T_cU_o}{2L_2}(1-d)^2$
输入输出电压关系	$\frac{U_o}{\sqrt{2}U_i\,\|\sin\omega t\|}=\frac{n_2}{n_1}\frac{d}{1-d}$	$\frac{U_o}{\sqrt{2}U_i\,\|\sin\omega t\|}=\frac{n_2}{n_1}\frac{d}{\Delta_1}$
开关管 S 电压应力	$\sqrt{2}U_i\,\|\sin\omega t\|+\frac{n_1}{n_2}U_o$	$\sqrt{2}U_i\,\|\sin\omega t\|+\frac{n_1}{n_2}U_o$
二极管 VD 电压应力	$\frac{n_2}{n_1}\sqrt{2}U_i\,\|\sin\omega t\|+U_o$	$\frac{n_2}{n_1}\sqrt{2}U_i\,\|\sin\omega t\|+U_o$
控制电路	相对复杂	简单

2.2.2　基于 Sepic 电路(带隔离变压器)的 APFC 变换器

前面提到,在两种工作模式(CCM、DCM)下,Sepic 型 APFC 变换器的输入电流都呈连续状态,同时该变换器的输出级与 Buck-Boost 型 APFC 变换器类似,易于实现电气隔离。因此,将隔离变压器 T(匝数比 $n_1 : n_2 = n$)引入 Sepic 型 APFC 变换器中,得到基于 Sepic 电路(带隔离变压器)的 APFC 变换器,其拓扑如图 2.25 所示。

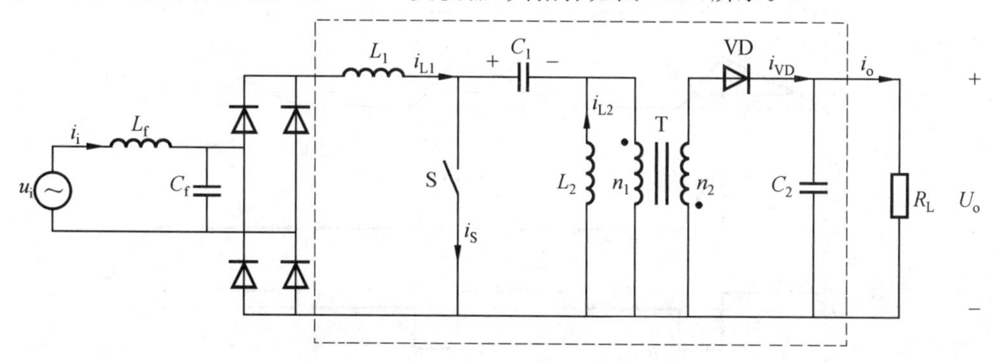

图 2.25　基于 Sepic 电路(带隔离变压器)的 APFC 变换器拓扑

根据开关管关断期间二极管 VD 电流是否降为 0,带隔离变压器的 Sepic 型 APFC 变换器的工作模式仍可分为电流连续导通模式与断续导通模式两种。由之前分析可知,为了提高变压器磁芯的利用率,该变换器通常工作于 DCM。

与 DCM 下非隔离式 Sepic 型 APFC 变换器类似,带隔离变压器的 Sepic 型 APFC 变换器在每个开关周期内也有三个工作状态,即电感 L_1 与 L_2 充电、放电以及续流三个阶段,各阶段的等效电路如图 2.26 所示。同时,该变换器的工作过程也与非隔离式 Sepic 型 APFC 变换器基本相同,开关周期内电路的工作波形如图 2.27 所示。

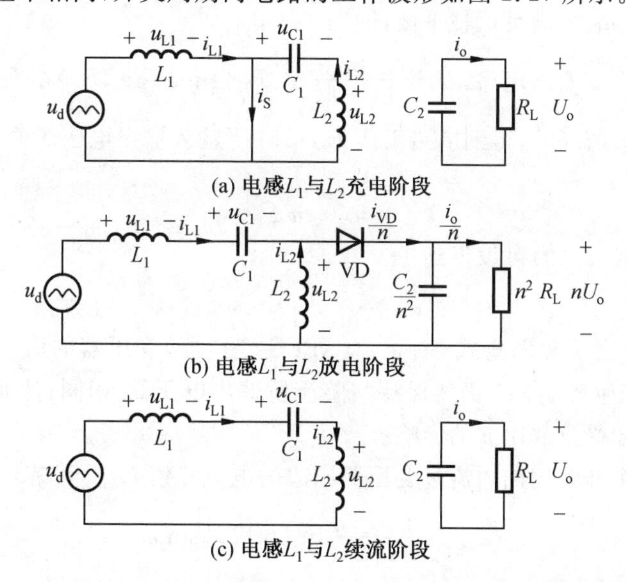

图 2.26　DCM 下(带隔离变压器)Sepic 型 APFC 变换器各阶段的等效电路

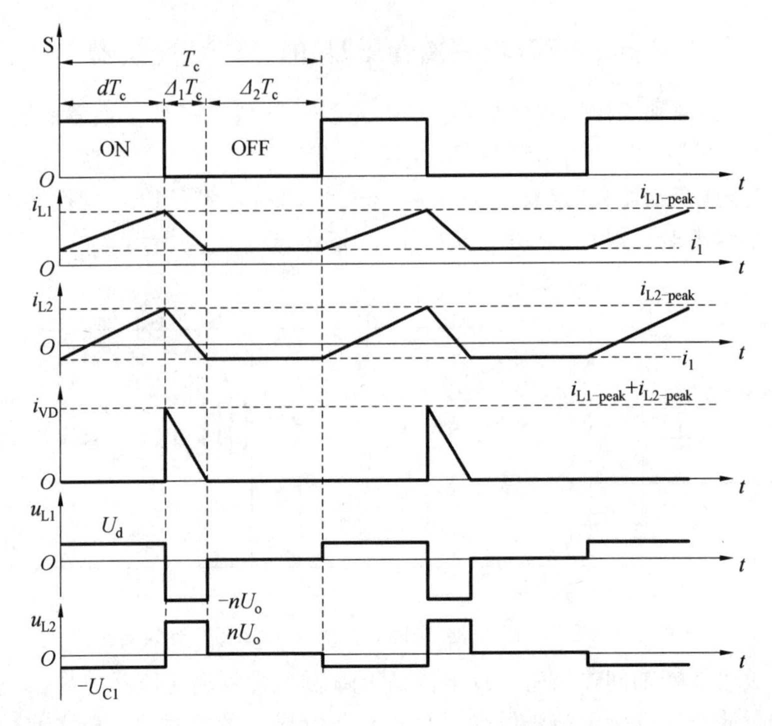

图 2.27 DCM 下(带隔离变压器)Sepic 型 APFC 变换器开关周期内电路的工作波形

由之前分析可知,开关周期内电感 L_1 工作于平衡状态,u_{L1} 满足伏秒平衡,即

$$\sqrt{2}U_i|\sin\omega t|dT_c+(\sqrt{2}U_i|\sin\omega t|-U_{C1}-nU_o)\Delta_1T_c+$$
$$\frac{L_1}{L_1+L_2}(\sqrt{2}U_i|\sin\omega t|-U_{C1})\Delta_2T_c=0 \tag{2.68}$$

同时,开关周期内 u_{L2} 也满足伏秒平衡,即

$$-U_{C1}dT_c+nU_o\Delta_1T_c+\frac{L_2}{L_1+L_2}(\sqrt{2}U_i|\sin\omega t|-U_{C1})\Delta_2T_c=0 \tag{2.69}$$

结合式(2.68)与式(2.69),得到电路工作于 DCM 下输入输出电压的关系式为

$$\frac{U_o}{u_d}=\frac{1}{n}\frac{d}{\Delta_1} \tag{2.70}$$

比较式(2.68)与式(2.69)可以得到

$$u_{C1}=\sqrt{2}U_i|\sin\omega t| \tag{2.71}$$

可以发现,相比于非隔离式 Sepic 型 APFC 变换器,变压器的引入并未对储能电容 C_1 两端电压 u_{C1} 产生影响,u_{C1} 仍然保持与整流桥输出电压 u_d 相同;然而变换器输入输出电压的具体关系却受匝数比 n 的影响。

DCM 下,每个开关周期内流过变压器原边的电流峰值 $i_{T1\text{-peak}}$ 可表示为

$$i_{T1\text{-peak}}=\frac{L_1+L_2}{L_1L_2}\sqrt{2}U_idT_c|\sin\omega t| \tag{2.72}$$

忽略变压器在能量传输过程中的损耗,得到开关周期内流过二极管 VD 的电流峰值为

$$i_{\mathrm{VD\text{-}peak}}=\frac{n(L_1+L_2)\sqrt{2}U_i dT_c}{L_1L_2}|\sin\omega t| \tag{2.73}$$

对 i_{VD} 做开关周期的平均化处理，得到

$$i_{\mathrm{VD\text{-}avg}}=\frac{1}{2}i_{\mathrm{VD\text{-}peak}}\Delta_1 T_c/T_c \tag{2.74}$$

将式(2.70)、式(2.72)代入式(2.74)，可得

$$i_{\mathrm{VD\text{-}avg}}=\frac{L_1+L_2}{L_1L_2}\frac{d^2U_i^2T_c}{U_o}\sin^2\omega t \tag{2.75}$$

根据输入一输出功率守恒，可知

$$u_d i_{\mathrm{L1\text{-}avg}}=U_o i_{\mathrm{VD\text{-}avg}} \tag{2.76}$$

将式(2.75)代入式(2.76)，可得

$$i_{\mathrm{L1\text{-}avg}}=\frac{U_o i_{\mathrm{VD\text{-}avg}}}{u_d}=\frac{L_1+L_2}{L_1L_2}\frac{\sqrt{2}d^2U_iT_c}{2}|\sin\omega t| \tag{2.77}$$

可以看出，相比于非隔离式 Sepic 型 APFC 变换器，变压器的引入并未对 $i_{\mathrm{L1\text{-}avg}}$ 的表达式产生影响，$i_{\mathrm{L1\text{-}avg}}$ 与匝数比 n 无关，且在输入电压有效值 U_i、占空比 d 以及电感 L_1、L_2 一定时，$i_{\mathrm{L1\text{-}avg}}$ 能够自动跟踪输入电压呈正弦规律变化，因此采用定占空比控制即可实现输入电流开关周期平均值 $i_{\mathrm{i\text{-}avg}}$ 的正弦化，且保证其与输入电压同相位，输入侧功率因数理论上为 1，控制电路得以大大简化。

由上述分析可知，基于 Sepic 电路(带隔离变压器)的 APFC 变换器不仅具有非隔离式 Sepic 型 APFC 变换器输入电流连续、输入侧功率因数较高、控制电路简单等优点，还实现了输入输出的电气隔离。然而，变压器为单端励磁，导致其磁芯利用率较低，该变换器通常用于小功率场合；此外，在实际应用时还需考虑变压器漏感给电路带来的影响。

针对中大功率应用场合，为保证变压器得以充分利用，常采用基于桥式结构的单级 APFC 变换器，从而实现变压器的双端励磁，提高磁芯的利用率，降低变压器的设计难度。

2.2.3　基于 Full-bridge 电路的 APFC 变换器

根据电路结构的不同，基于桥式结构的隔离式 APFC 变换器主要分为半桥式(Half-bridge)与全桥式(Full-bridge)两种，其拓扑如图 2.28 所示。

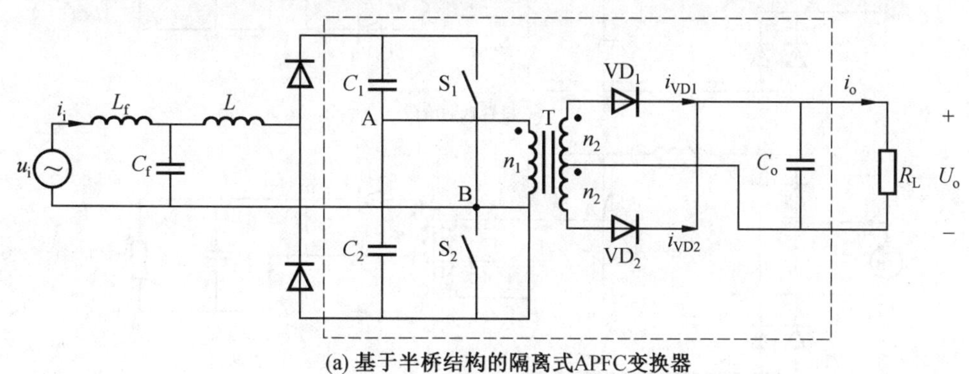

(a) 基于半桥结构的隔离式APFC变换器

图 2.28　基于桥式结构的单级 APFC 变换器拓扑

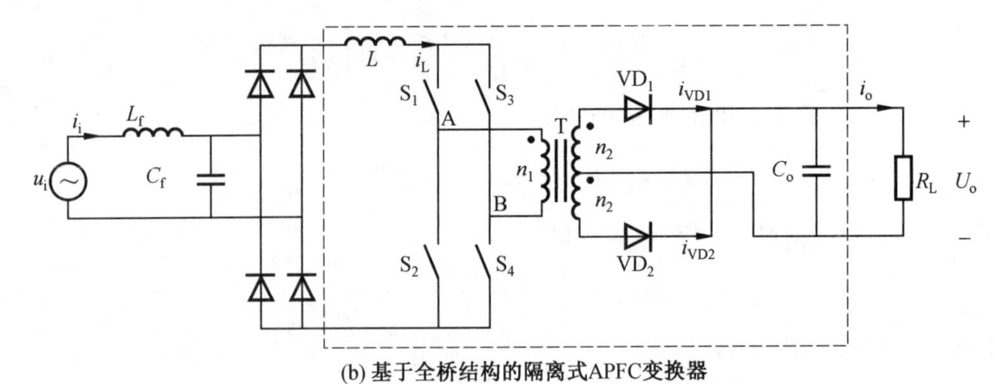

(b) 基于全桥结构的隔离式APFC变换器

续图 2.28

与变压器单端励磁的 APFC 变换器相比，半桥结构的隔离式 APFC 变换器磁芯利用率较高，同等功率条件下变压器的体积较小，适合应用于中等功率场合；但是，输入电压利用率较低、开关管电流应力较大等不足限制了其应用功率等级的提高，导致其在大功率领域的应用受到限制。

基于全桥结构的隔离式 APFC 变换器，使用一级电路能够较好地实现功率因数校正与 DC/DC 变换，同时该变换器还具有输入输出之间存在电气隔离、高频变压器为双端励磁、部分开关管可实现零电压导通等优势，在中大功率应用场合得到了广泛关注。为实现中大功率应用，基于全桥结构的隔离式 APFC 变换器通常工作于电流连续导通模式(CCM)。

CCM 下，变换器在每个开关周期 T_c 内主要有桥臂直通(S_1、S_2 导通或 S_3、S_4 导通)和对臂导通(S_1、S_4 导通或 S_2、S_3 导通)两种工作状态，以变压器磁芯正向励磁为例，两种工作状态的工作过程如图 2.29 所示。S_1、S_4 对臂导通时，变压器磁芯正向励磁；S_2、S_3 对臂导通时，磁芯反向励磁。通过控制正向励磁与反向励磁的时间基本相等，可以避免变压器出现偏磁现象。

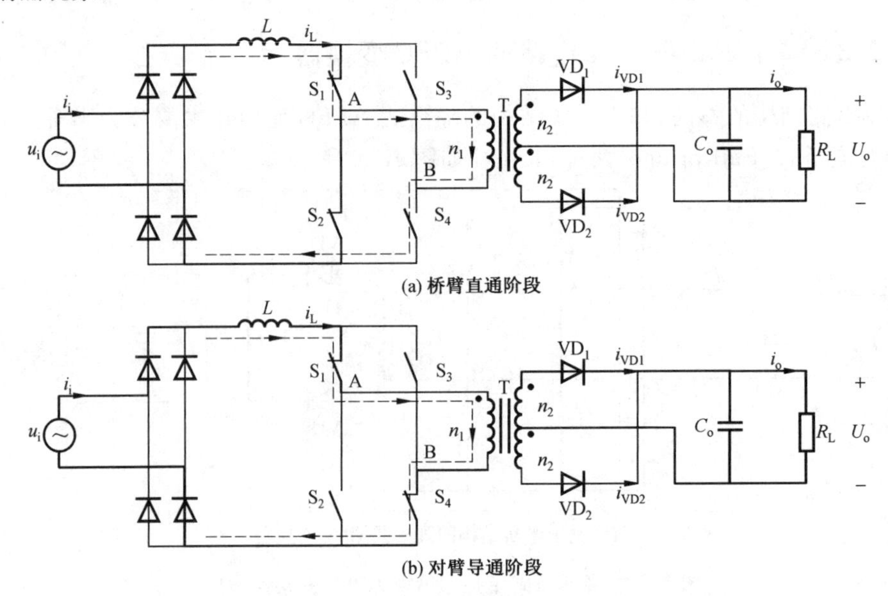

(a) 桥臂直通阶段

(b) 对臂导通阶段

图 2.29　开关周期内变换器两种工作状态的工作过程(磁芯正向励磁)

每个开关周期 T_c 内，输入电感 L 完成两次充放电，变压器磁芯完成一次正向励磁和一次反向励磁，且磁芯的每一次励磁过程都对应电感 L 的一次充放电过程。定义电感 L 完成一次充放电为一个充放电周期 T_s，则有 $T_s=T_c/2$。在每个充放电周期内，变换器存在桥臂直通和对臂导通两个工作阶段，两个阶段的等效电路如图 2.30 所示，开关周期内电路的工作波形如图 2.31 所示。

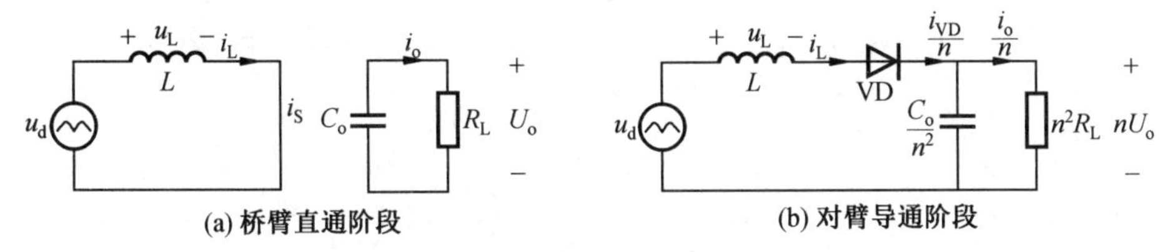

图 2.30　CCM 下基于全桥结构的隔离式 APFC 变换器两个阶段的等效电路

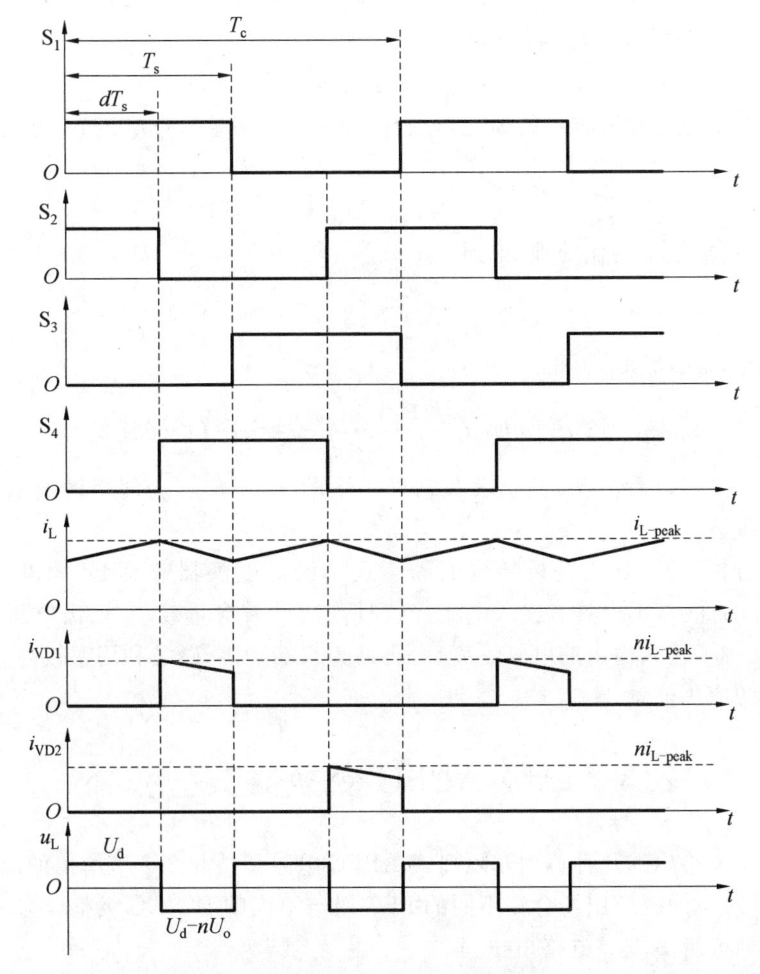

图 2.31　CCM 下基于全桥结构的隔离式 APFC 变换器开关周期内电路的工作波形

与 CCM 下 Boost 型 APFC 变换器的工作过程类似，桥臂直通期间，电感 L 两端电压为 $+U_d$，电感电流呈线性上升，电感 L 储存能量；对臂导通期间，电感 L 两端电压为 $U_d-nU_o<0$，电感电流开始呈线性下降，电感 L 通过变压器 T 向负载侧释放能量。

在每个充放电周期内，输入电感 L 两端电压 u_L 可表示为

$$u_L(\tau)=\begin{cases}\sqrt{2}U_i|\sin\omega t| & (0\leqslant\tau<dT_s)\\ \sqrt{2}U_i|\sin\omega t|-nU_o & (dT_s\leqslant\tau<T_s)\end{cases} \tag{2.78}$$

每个充放电周期内电感 L 工作于平衡状态，对 u_L 列写伏秒平衡方程，得到电路工作于 CCM 下输入输出电压关系式以及占空比 d 的表达式为

$$\begin{cases}\sqrt{2}U_i|\sin\omega t|dT_s+(\sqrt{2}U_i|\sin\omega t|-nU_o)(1-d)T_s=0\\ \dfrac{U_o}{u_d}=\dfrac{1}{n}\dfrac{1}{1-d}\end{cases} \tag{2.79}$$

$$d(t)=\frac{nU_o-\sqrt{2}U_i|\sin\omega t|}{nU_o}=1-\frac{\sqrt{2}U_i|\sin\omega t|}{nU_o} \tag{2.80}$$

考虑到频率调制比 $m_f=f_c/f$ 以及电感 L 足够大，忽略电感电流的高频成分，电感 L 电流的开关周期平均值 $i_{L\text{-avg}}$ 可表示为

$$i_{L\text{-avg}}=\sqrt{2}I_i|\sin\omega t| \tag{2.81}$$

忽略变压器在能量传输过程中的损耗，充放电周期内二极管 VD 电流 i_{VD} 可表示为

$$i_{VD}(\tau)=\begin{cases}0 & (0\leqslant\tau<dT_s)\\ ni_L & (dT_s\leqslant\tau<T_s)\end{cases} \tag{2.82}$$

对 i_{VD} 做开关周期的平均化处理，得到

$$i_{VD\text{-avg}}=\int_0^{T_s}i_{VD}(\tau)\mathrm{d}\tau=\sqrt{2}nI_i|\sin\omega t|(1-d) \tag{2.83}$$

将式(2.80)代入式(2.83)可得

$$i_{VD\text{-avg}}=\sqrt{2}nI_i|\sin\omega t|\frac{\sqrt{2}U_i|\sin\omega t|}{nU_o}=\frac{U_iI_i}{U_o}(1-\cos 2\omega t) \tag{2.84}$$

从式(2.84)可以看出，$i_{VD\text{-avg}}$ 仍含有二倍工频的交流分量，会使得输出电压含有二倍工频的电压纹波。

由之前分析可知，基于全桥结构的隔离式 APFC 变换器兼具 Boost 电路以及全桥 DC/DC 拓扑的优势，不仅具有输入电流连续且高次谐波含量较小、输出电压可灵活调节的优势，还实现了输入输出的电气隔离，变压器为双端励磁，磁芯利用率较高，在中大功率领域有很好的应用前景。

2.3 单级 APFC 变换器典型拓扑

除了 2.1 节给出的几种典型非隔离式 APFC 电路拓扑和 2.2 节给出的隔离式 APFC 电路拓扑，针对不同的应用场合将不同的 PFC 级与不同的 DC/DC 级整合为一级电路，即可得到一系列单级 APFC 电路拓扑。

根据能量流动方式的不同，单级 APFC 变换器可分为串联型和并联型两种。串联型单级 APFC 变换器的功率流图如图 2.32 所示，与两级式 APFC(图 2.33)不同，单级式结构不存在独立的 PFC 级和 DC/DC 级，而是利用开关管共用技术，仅使用一级电路同时实现功率因数校正与 DC/DC 变换功能。然而，功率 P_1 从输入端到输出端仍相当于经过了

两次变换，因此串联型单级 APFC 变换器的效率较低。

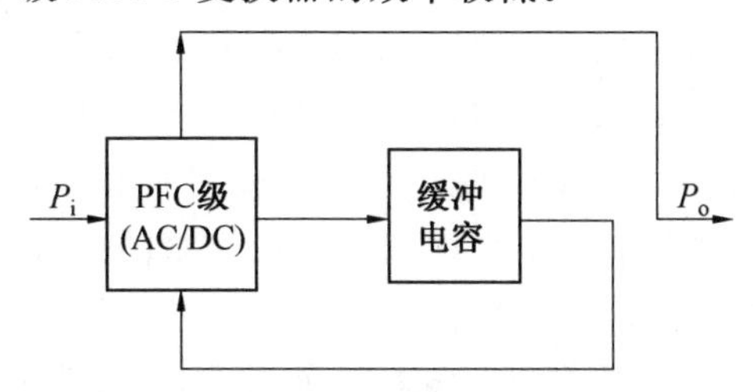

图 2.32　串联型单级 APFC 变换器的功率流图

图 2.33　两级式 APFC 变换器的功率流图

并联型单级 APFC 变换器的功率流图如图 2.34 所示，可以发现，相比于串联型结构，并联型结构利用缓冲电容将提供给负载侧的功率进行合理分配，并采用一个功率变换器同时处理这两部分功率，变换器效率较高。

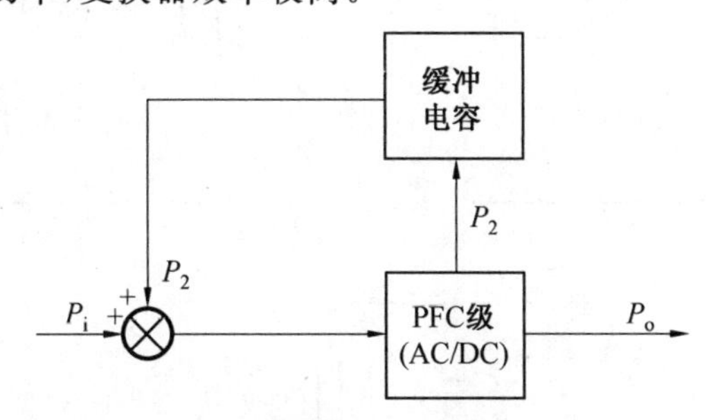

图 2.34　并联型单级 APFC 变换器的功率流图

2.3.1　串联型单级 APFC 变换器

将最常用的 Boost 型 APFC 电路与单开关反激 DC/DC 电路组合起来，并共用开关管 S，进而得到最基本的 Boost 反激串联型单级 APFC 变换器拓扑，如图 2.35 所示。

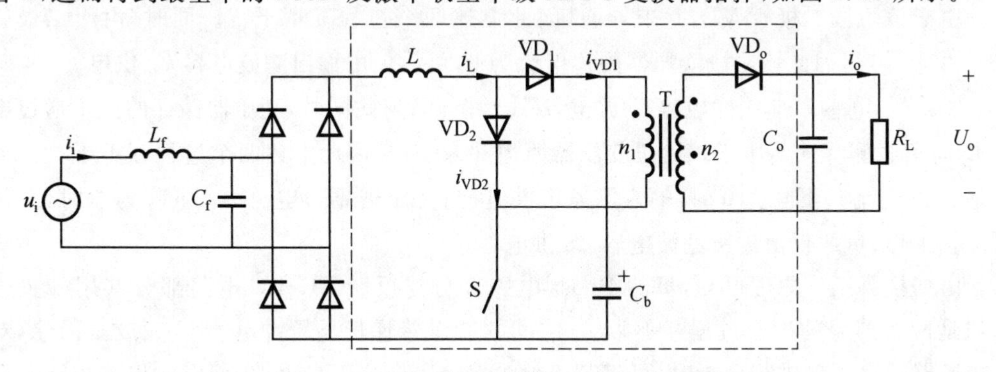

图 2.35　Boost 反激串联型单级 APFC 变换器拓扑

根据 Boost 电路部分与反激 DC/DC 电路部分工作模式的不同，该变换器的工作模式可具体分为四种，分别是 PFC(DCM)＋DC/DC(DCM)、PFC(DCM)＋DC/DC(CCM)、PFC(CCM)＋DC/DC(DCM) 以及 PFC(CCM)＋DC/DC(CCM)。以第一种工作模式(PFC(DCM)＋DC/DC(DCM))为例，对该变换器的工作原理进行分析。

根据隔离变压器 T 在每个开关周期的工作状态，可将其等效为原边电感 L_1 和副边电感 L_2 ($L_1/L_2 \propto n_1^2/n_2^2$)，分别工作于开关管 S 导通和关断的阶段，电感 L_1 用于充电、电感 L_2 用于向负载放电。

DCM 下，该变换器在每个开关周期内有三个工作状态，即电感 L 及 L_1 充电、电感 L 及 L_2 放电以及电感 L_2 电流为 0 三个阶段，各阶段的等效电路如图 2.36 所示，开关周期内电路的工作波形如图 2.37 所示。

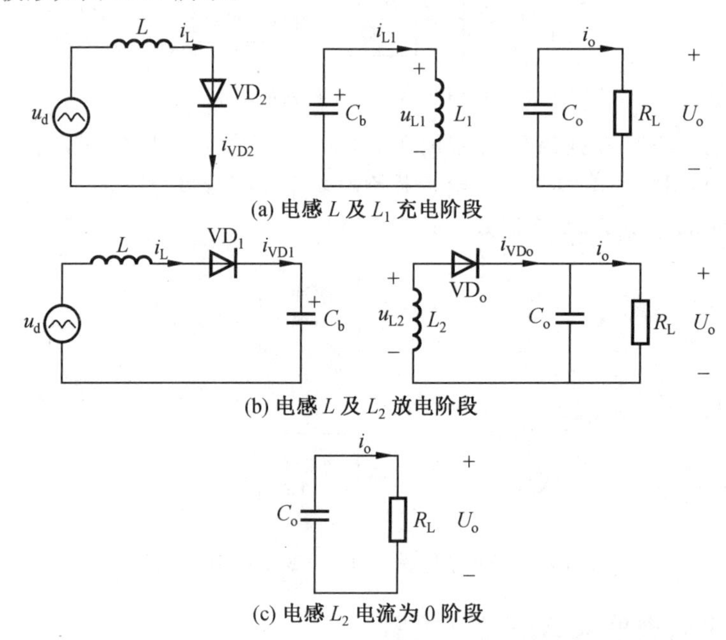

图 2.36 DCM 下 Boost 反激串联型单级 APFC 变换器各阶段的等效电路

S 导通，电感 L 电流 i_L 线性上升；与此同时，缓冲电容 C_b 对电感 L_1 充电，i_{L1} 线性上升。由于该阶段二极管 VD_1 并未导通，因此上述两个过程互不干扰。同时，由于二极管 VD_o 并未导通，因此该阶段变压器副边电流为 0，负载仅由输出滤波电容 C_o 供电。

S 关断，电感 L 向缓冲电容 C_b 放电，i_L 线性下降；与此同时，变压器储存的能量通过电感 L_2 向负载侧释放。由于该阶段变压器原边并未工作，因此上述两个过程互不干扰。当电感 L 的电流 i_L 下降为 0 时，输入侧停止供电；当变压器副边电流 i_{VDo} 下降为 0 时，变压器停止工作，负载仅由输出滤波电容 C_o 供电。

由变换器工作原理可知，虽然 Boost 电路部分与反激 DC/DC 电路部分共用开关管 S，但是两个部分的工作过程互不影响，之间的能量传递依靠缓冲电容 C_b 完成。因此，对该变换器的输入侧进行分析时，可将其等效为 Boost 型 APFC 电路；而对输出侧进行分析时，可将其等效为反激 DC/DC 电路。

根据 DCM 下反激 DC/DC 电路的工作原理，得到占空比 d 的表达式为

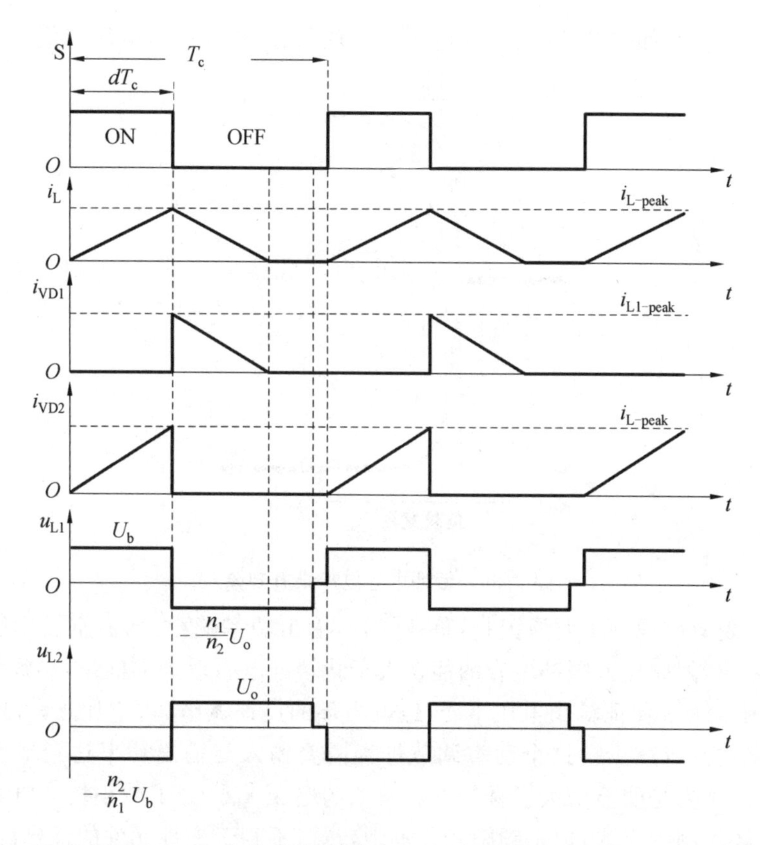

图 2.37　DCM 下 Boost 反激串联型单级 APFC 变换器开关周期内电路的工作波形

$$d=\frac{U_o}{U_b}\sqrt{\frac{2L_1}{T_cR_L}} \tag{2.85}$$

根据之前对 DCM 下 Boost 型 APFC 变换器的分析，可以得到电感电流的开关周期平均值 $i_{L\text{-avg}}$ 的表达式为

$$i_{L\text{-avg}}=\frac{U_b d^2 T_c}{2L}\frac{\sqrt{2}U_i|\sin\omega t|/U_b}{1-\sqrt{2}U_i|\sin\omega t|/U_b} \tag{2.86}$$

将式(2.85)代入式(2.86)可得

$$i_{L\text{-avg}}=\frac{L_1U_oI_o}{L}\frac{\sqrt{2}U_i|\sin\omega t|}{(U_b-\sqrt{2}U_i|\sin\omega t|)U_b} \tag{2.87}$$

可以看出，在输入电压有效值 U_i、输出电压 U_o、电容电压 U_b 以及输入电感 L 一定时，电感电流的开关周期平均值 $i_{L\text{-avg}}$ 并非完全地呈正弦规律变化，$i_{L\text{-avg}}$ 正弦程度与电压比 U_b/U_i 有关，U_b/U_i 较大时，$i_{L\text{-avg}}$ 正弦程度较好，输入电流的开关周期平均值 $i_{i\text{-avg}}$ 正弦程度也较好。

采用 PFC(DCM)＋DC/DC(DCM)的组合方式，输入电流为准正弦，输入和输出电流峰值较高，开关管电流应力较大，且变换器效率也相对较低，因此该种方式仅适合于小功率场合。

为了提高变换器效率，DC/DC 电路部分一般工作于 CCM。然而，当负载变轻时，缓冲电容两端电压存在如图 2.38 所示的电压泵升现象,高压轻载时电压峰值高达上千伏。

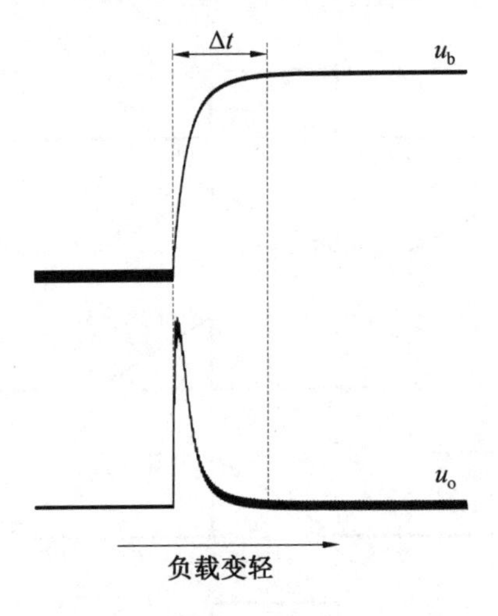

图 2.38 缓冲电容电压泵升现象

电压泵升现象出现的主要原因是:负载变轻,输出功率减小,而占空比不能随负载的减小而立即减小,因此充入缓冲电容的能量大于从缓冲电容取走的能量,导致缓冲电容两端电压 u_b 上升。为了保证输出电压不变,经电压环的反馈调节,占空比逐渐减小,缓冲电容的充入能量也有所减少。这个动态调节过程需要输入与输出功率达到平衡后才能结束,负载减小的结果是明显增大了缓冲电容两端的电压 u_b。为了减小缓冲电容两端的电压,可采用变频控制的方式,但是频率变化范围较宽,不利于磁性元件的优化设计。

2.3.2 并联型单级 APFC 变换器

串联型单级 APFC 变换器拓扑种类相对较多,但能量从输入侧传递到输出侧需要进行两次变换,变换器的效率较低。相比之下,并联型单级 APFC 变换器能够对提供给负载侧的能量进行合理分配,并采用一个功率变换级同时处理这两部分输入能量,变换器的效率得以显著提高。

1. 并联型结构提高效率机理

前面提到,并联型单级式结构提供给负载侧的功率由两部分构成(即 P_i 和 P_2)。根据并联型单级 APFC 变换器的功率流图(图 2.34),按比例 k 对功率进行分配,得到该结构具体的功率传递关系,如图 2.39 所示。其中,P_c 为功率变换级的固定损耗功率,r 为等效内阻抗。

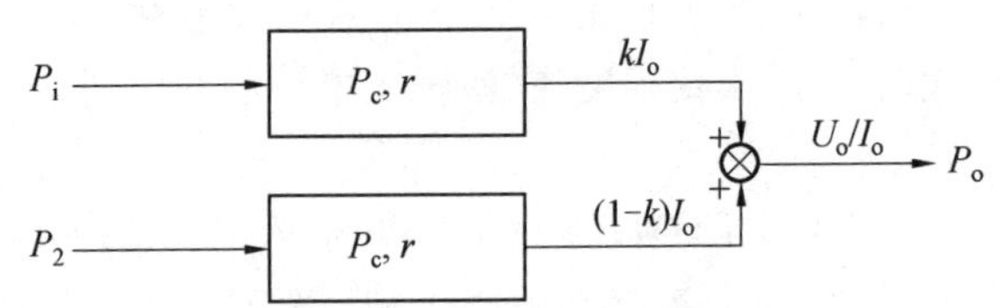

图 2.39 并联型单级 APFC 变换器的功率传递关系

根据功率传递关系,并联型结构的效率 η_p 可表示为

$$\eta_p=\frac{U_oI_o}{U_oI_o+P_c+[k^2+(1-k)^2]rI_o^2} \tag{2.88}$$

式中，k 是功率分配比，即负载电流的分配比。

未采用并联型结构(即不存在功率分配)时，输出功率 P_o 由输入功率 P_i 经过 PFC 级直接得到，此时的效率 η_i 可表示为

$$\eta_i=\frac{U_oI_o}{U_oI_o+P_c+rI_o^2} \tag{2.89}$$

定义效率提高率 F 为

$$F=\frac{\eta_p-\eta_i}{\eta_i} \tag{2.90}$$

将式(2.88)、式(2.89)代入式(2.90)，得到效率提高率 F 的表达式为

$$F=\frac{2k(1-k)rI_o^2}{(2k^2-2k+1)rI_o^2+P_c+U_oI_o} \tag{2.91}$$

从式(2.91)可以看出，效率提高率 F 与功率分配比 k 有关。在输出电压 U_o、输出功率 U_oI_o、PFC 级固定损耗 P_c 及内阻抗 r 一定时，效率提高率 F 随功率分配比 k 的变化规律如图 2.40 所示，可以发现，当 $k=0.5$ 即功率分配达到平衡时，效率提高率 F 达到最大。

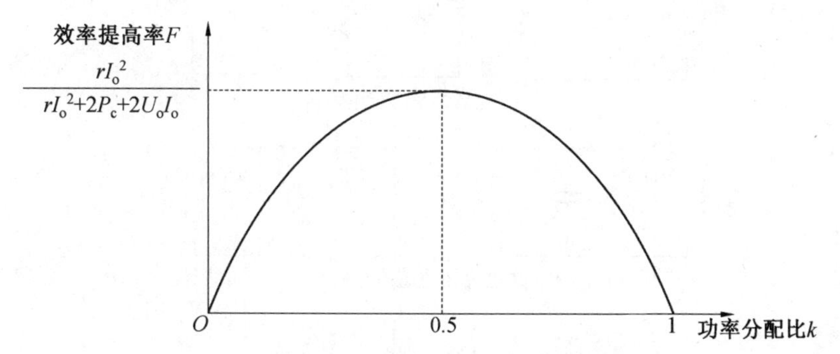

图 2.40　效率提高率 F 随功率分配比 k 的变化规律

2. 反激并联型单级 APFC 变换器

由上述分析可知，并联型结构主要通过对输出侧功率进行合理分配，进而使得变换器效率得以显著提高。将 Flyback 电路(PFC 级)与单开关反激 DC/DC 电路并联起来，并共用开关管 S，进而得到最基本的反激并联型单级 APFC 变换器，其拓扑如图 2.41 所示，该变换器通常工作于 DCM 的小功率场合。

为便于分析，两个变压器 T_1、T_2 的匝数比均为 n，T_1 的原边等效电感为 L_1，T_2 的原边等效电感为 L_2。DCM 下，该变换器在每个开关周期内有三个工作状态，即电感 L_1 及 L_2 充电、副边等效电感放电以及副边等效电感电流为 0 三个阶段，各阶段的等效电路如图 2.42 所示，开关周期内电路的工作波形如图 2.43 所示。

S 导通，u_d 作用于 Flyback 电路(PFC 级)部分，电感 L_1 电流 i_{L1} 线性上升；与此同时，缓冲电容 C_b 作用于反激 DC/DC 电路部分，电感 L_2 电流 i_{L2} 线性上升。由于该阶段电感 L_1 与 L_2 为并联关系，因此上述两个过程互不干扰。同时，由于二极管 VD_1 与 VD_2 并未导

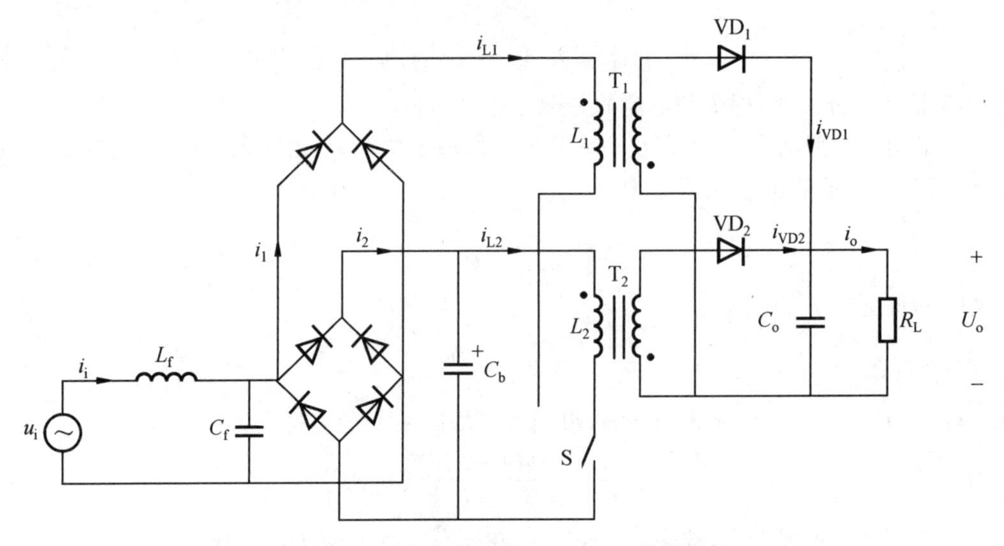

图 2.41　反激并联型单级 APFC 变换器拓扑

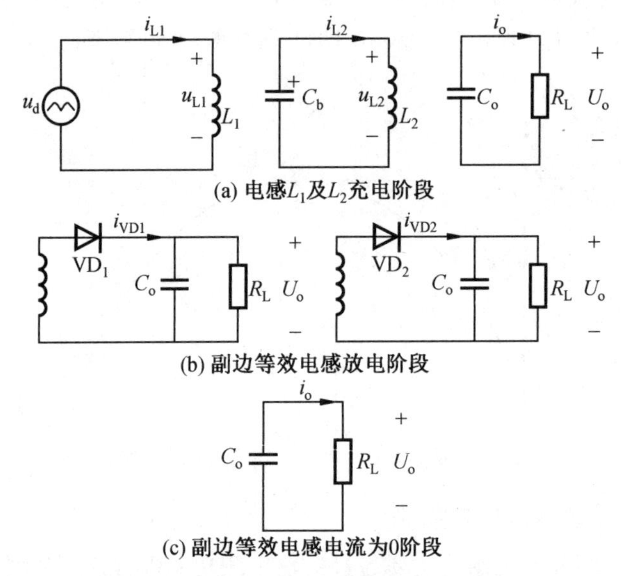

图 2.42　DCM 下反激并联型单级 APFC 变换器各阶段的等效电路

通,因此该阶段变压器副边电流为 0,负载仅由输出滤波电容 C_o 供电。

S 关断,两个变压器储存的能量分别通过各自的副边等效电感向负载侧释放。由于该阶段两个副边等效电感为并联关系,因此上述两个过程互不干扰。当两个变压器的副边电流 i_{VD1} 及 i_{VD2} 均下降为 0 时,两个变压器停止工作,负载仅由输出滤波电容 C_o 供电。

由变换器工作原理可知,虽然 Flyback 电路(PFC 级)部分与反激 DC/DC 电路部分共用开关管 S,但是两个部分的工作过程互不影响。提供给负载侧的功率由两个变压器进行分配,功率分配比 k 主要由两个变压器的原边等效电感(即 L_1 与 L_2)决定。由之前分析可知,功率分配比 k 的大小将直接影响该变换器的效率。

根据 DCM 下 Flyback 电路的工作原理,流过电感 L_1 电流的开关周期平均值 $i_{L1\text{-}avg}$ 可

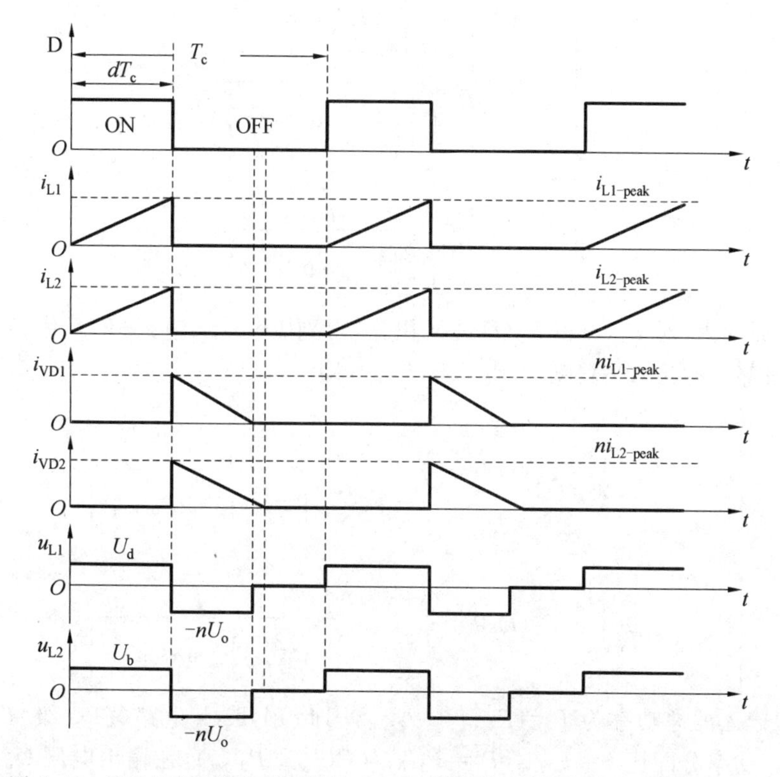

图 2.43　DCM 下反激并联型单级 APFC 变换器开关周期内电路的工作波形

表示为

$$i_{L1\text{-avg}}=\frac{\sqrt{2}U_i d^2 T_c}{2L_1}|\sin \omega t| \tag{2.92}$$

由此得到该变换器 Flyback 电路(PFC 级)部分获得的电源功率为

$$P_1(t)=u_d i_{L1\text{-avg}}=\sqrt{2}U_i|\sin \omega t|\frac{\sqrt{2}U_i d^2 T_c}{2L_1}|\sin \omega t|=\frac{U_i^2 d^2 T_c}{L_1}\sin^2 \omega t \tag{2.93}$$

根据 DCM 下反激 DC/DC 电路的工作原理,流过电感 L_2 电流的开关周期平均值 $i_{L2\text{-avg}}$ 可表示为

$$i_{L2\text{-avg}}=\frac{U_b d^2 T_c}{2L_2} \tag{2.94}$$

由此得到该变换器反激 DC/DC 电路部分获得的电源功率为

$$P_2(t)=u_b i_{L2\text{-avg}}=U_b\frac{U_b d^2 T_c}{2L_2}=\frac{U_b{}^2 d^2 T_c}{2L_2} \tag{2.95}$$

忽略变压器在能量传输过程中的损耗,根据功率守恒可得

$$P_1(t)+P_2(t)=\frac{U_o^2}{R_L} \tag{2.96}$$

因此,P_1、P_2 可分别表示为

$$\begin{cases} P_1(t)=\dfrac{U_o^2}{R_L}\dfrac{\left(\dfrac{\sqrt{2}U_i}{U_b}\right)^2\sin^2\omega t}{\left(\dfrac{\sqrt{2}U_i}{U_b}\right)^2\sin^2\omega t+\dfrac{L_1}{L_2}} \\ P_2(t)=\dfrac{U_o^2}{R_L}\dfrac{\dfrac{L_1}{L_2}}{\left(\dfrac{\sqrt{2}U_i}{U_b}\right)^2\sin^2\omega t+\dfrac{L_1}{L_2}} \end{cases} \tag{2.97}$$

在半个工频周期内，对 $P_1(t)$和 $P_2(t)$进行积分，得到 Flyback 电路(PFC 级)部分和反激 DC/DC 电路部分的输入平均功率 $P_{1\text{-avg}}$与 $P_{2\text{-avg}}$，即

$$\begin{cases} P_{1\text{-avg}}=\dfrac{2}{T_i}\displaystyle\int_0^{T_i/2}P_1(t)\mathrm{d}t=\dfrac{2}{T_i}\int_0^{T_i/2}\dfrac{U_o^2}{R_L}\dfrac{\left(\dfrac{\sqrt{2}U_i}{U_b}\right)^2\sin^2\omega t}{\left(\dfrac{\sqrt{2}U_i}{U_b}\right)^2\sin^2\omega t+\dfrac{L_1}{L_2}}\mathrm{d}t \\ P_{2\text{-avg}}=\dfrac{2}{T_i}\displaystyle\int_0^{T_i/2}P_2(t)\mathrm{d}t=\dfrac{2}{T_i}\int_0^{T_i/2}\dfrac{U_o^2}{R_L}\dfrac{\dfrac{L_1}{L_2}}{\left(\dfrac{\sqrt{2}U_i}{U_b}\right)^2\sin^2\omega t+\dfrac{L_1}{L_2}}\mathrm{d}t \end{cases} \tag{2.98}$$

变换器输入的总功率为 $P_i=P_{1\text{-avg}}+P_{2\text{-avg}}$，因此 Flyback 电路(PFC 级)部分所占的功率比例，即功率分配比 $k=P_{1\text{-avg}}/P_i=P_{1\text{-avg}}/(P_{1\text{-avg}}+P_{2\text{-avg}})$，在输出电压 U_o、输出功率 P_o 以及输入电压有效值 U_i 一定时，从式(2.98)可以看出，k 的大小主要由 L_1/L_2决定，功率分配比 k 随 L_1/L_2 比值变化的曲线如图 2.44 所示。

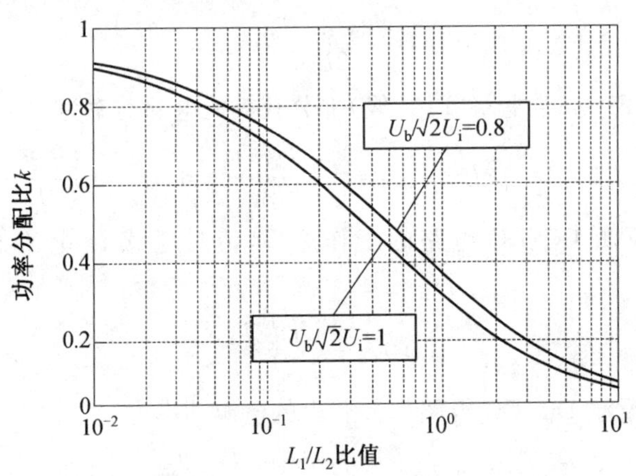

图 2.44 功率分配比 k 随 L_1/L_2 比值变化的曲线

可以发现，当反激 DC/DC 电路部分的输入电压 U_b低于 u_i 的峰值电压时，k 值有所增大，Flyback 电路(PFC 级)部分从电源分得的功率比例将有所增大。同时，在 U_b一定时，随着 L_1/L_2比值的增大，k 值逐渐减小，Flyback 电路(PFC 级)部分从电源分得的功率比例也逐渐减小。当 L_1/L_2 比值为 0.5 时，$k=0.5$，Flyback 电路(PFC 级)部分与反激 DC/DC电路部分功率分配平衡，变换器效率达到最高，但此时输入电流的谐波含量较高，不能满足谐波标准。

为此,对反激并联型单级 APFC 变换器进行改进,其拓扑如图 2.45 所示。通过增加辅助绕组 n_3 和电感 L_s,当 Flyback 电路部分与反激 DC/DC 电路部分功率分配平衡($k=0.5$)时,保证了输入电流满足谐波标准,实现了变换器较高的工作效率,该变换器在中小功率场合具有很好的应用价值。

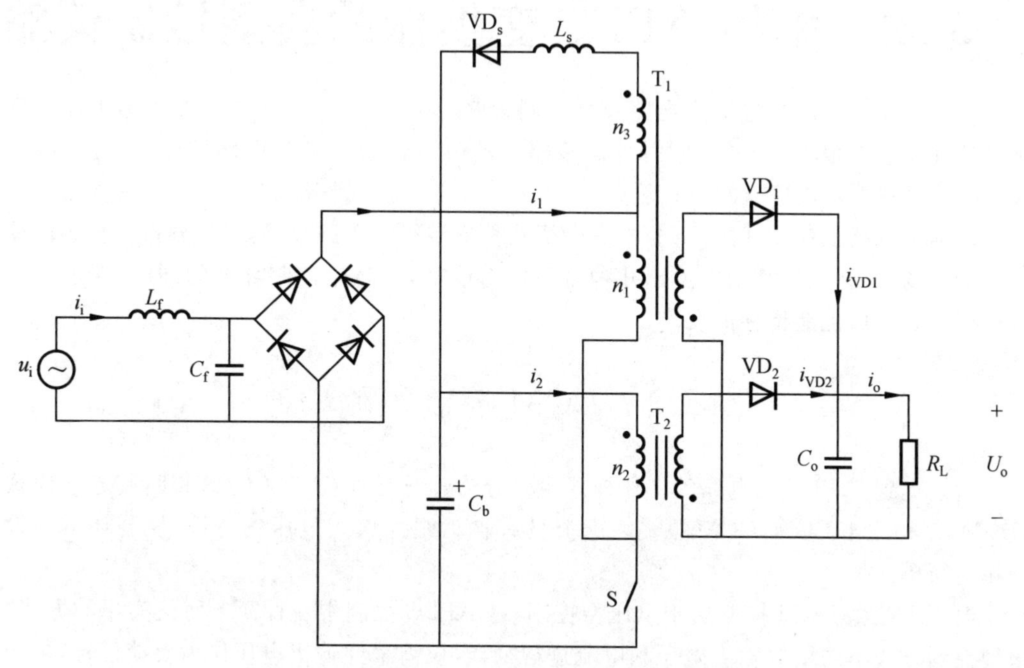

图 2.45　改进型反激并联型单级 APFC 变换器拓扑

第3章　单相APFC变换器的典型控制策略

APFC技术的研究包括主电路及其控制策略，同一主电路在不同控制策略下所展现出来的性能会有很大的不同，同时控制策略上的改进也会弥补主电路性能的缺陷，因而APFC的控制策略是目前的研究热点。

根据主电路工作模式的不同，本章介绍几种最常用的控制策略，对比分析各自的优缺点及适用场合，并在此基础上给出几种新型控制策略，在简化控制环节的同时，保证变换器运行满足各项性能指标的要求。

3.1　DCM控制策略

前面提到，APFC主电路的工作模式主要分为连续导通模式（CCM）和断续导通模式（DCM）。相比于CCM，DCM下输入电流具有自动跟踪输入电压的特性，控制环节的设计相对简单。

电压跟踪型DCM控制属于电压型控制，是APFC控制中一种简单而又实用的方式。该种控制方式不需要对输入电压和电流进行采样，仅需采样输出电压作为反馈信号，来产生控制信号。

以Boost型APFC变换器为例，采用电压跟踪型DCM控制的原理如图3.1所示。

为保证电路工作于DCM，需根据系统占空比的要求对输入电感L的电感值进行设计。电压跟踪型DCM控制的具体过程是：采样输出电压，与参考电压信号u_{ref}进行比较，比较产生的误差信号经过电压调节器（一般采用PI（比例积分）调节）的调节得到调制信号，该信号与载波信号进行比较，进而得到该输出电压下稳定的PWM控制信号，用于控制开关管的导通和关断。该种控制方式下，输出电压能够保持稳定，且输入电流呈正弦规律变化。

采用DCM控制方式，输入电流的电流畸变较小，二极管VD可实现零电流关断（ZCS）且不存在反向恢复的问题，适合在数百瓦小功率场合应用。然而，电压反馈存在相位延迟，会使得该种控制方式的响应速度不够快；同时，断续的输入电流使得输入EMI滤波器以及开关管的电流应力较大。

DCM控制方式可细分为DCM和CRM（临界导通模式）两种工作模式，DCM一般采用恒频（CF）控制，而CRM则采用变频（VF）控制。

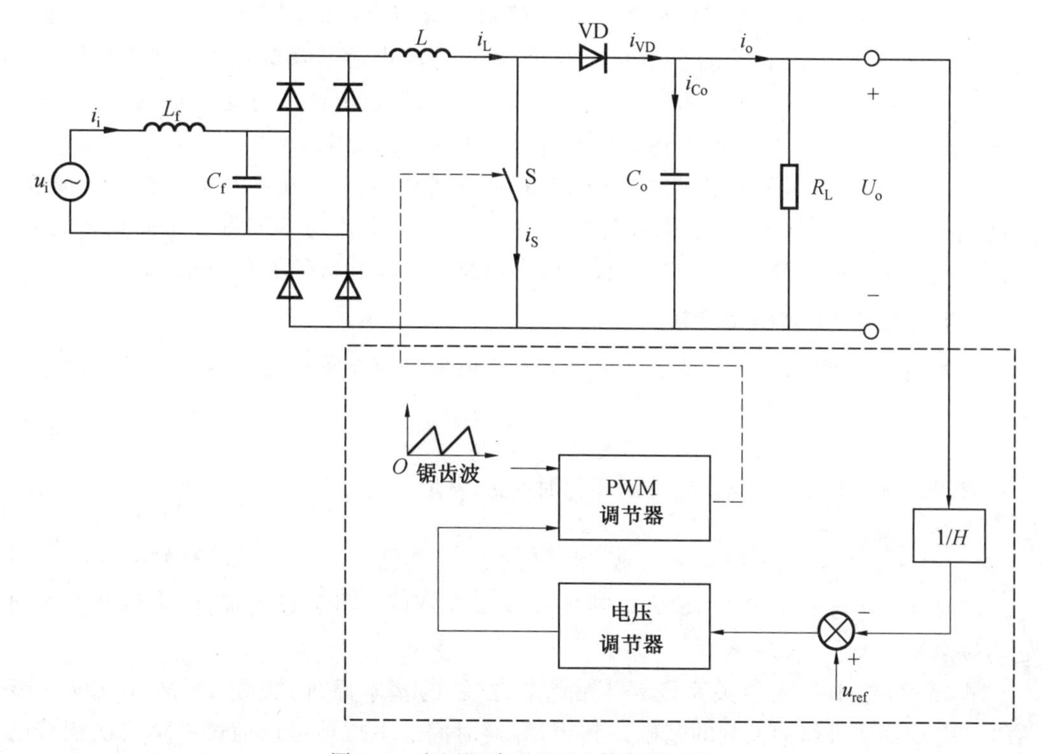

图 3.1　电压跟踪型 DCM 控制的原理

3.1.1　DCM 恒频(CF)控制

1. 定占空比 DCM 恒频控制

恒频控制下开关频率是恒定的，系统占空比与电压调节器产生的调制信号成正比。当输入电压与输出功率达到稳定时，电压调节器产生的调制信号保持恒定，系统占空比也保持恒定，进而实现了定占空比 DCM 恒频控制。

由之前分析可知，定占空比 DCM 恒频控制下 Boost 型 APFC 变换器输入电流的开关周期平均值 $i_{\text{in-avg}}$ 可表示为

$$i_{\text{in-avg}}=\frac{\sqrt{2}U_i d^2 T_c}{2L}\frac{\sin\omega t}{1-\sqrt{2}U_i|\sin\omega t|/U_o} \tag{3.1}$$

从式(3.1)可以看出，定占空比 DCM 恒频控制下的 $i_{\text{in-avg}}$ 并非完全的正弦，其存在一定程度上的畸变，且畸变程度与输出电压 U_o 和输入电压峰值($\sqrt{2}U_i$)的比值有关，该比值越大，$i_{\text{in-avg}}$ 的畸变程度越小。该种控制方式下，输入电流的 THD 可以控制在 10%以内。

由主电路工作原理可知，开关周期内电感电流峰值 $i_{\text{L-peak}}$ 可表示为

$$i_{\text{L-peak}}=\frac{\sqrt{2}U_i d T_c}{L}|\sin\omega t| \tag{3.2}$$

可以发现，由于系统占空比 d 为定值，因此 $i_{\text{L-peak}}$ 呈正弦规律变化，其大小与输入电压有效值 U_i 成正比，由此可知，开关周期内电感电流在开关管导通期间的平均值是呈正弦

规律变化的。然而，开关周期内电感电流从峰值下降至 0 的时间取决于 U_o-u_d 的瞬时值，该值随整流桥输出电压 u_d 的变化而变化，所以电感电流下降至 0 的时间不是恒定不变的，开关周期内电感电流在开关管关断期间的平均值也因此不可能呈正弦规律变化。因此，开关周期内电感电流的平均值也不可能呈正弦规律变化。

由上述分析可知，采用定占空比 DCM 恒频控制时，输入电流必然会存在电流畸变。为此，通常采用变占空比 DCM 恒频控制策略，根据输入电流与系统占空比的具体关系，给出实现单位功率因数的变占空比函数，以有效解决输入电流存在畸变的问题。

2. 变占空比 DCM 恒频控制

由之前分析可知，电感电流的开关周期平均值 $i_{L\text{-avg}}$ 随导通时间 t_{on} 的变化规律为

$$i_{L\text{-avg}}=\frac{1}{2}\frac{u_d}{L}\frac{t_{on}^2U_o}{T_c(U_o-u_d)} \tag{3.3}$$

可以发现，当 T_c 一定时，若控制导通时间 t_{on} 满足

$$t_{on}^2\propto\frac{U_o-u_d}{U_o} \tag{3.4}$$

$i_{L\text{-avg}}$ 就可以保持与 u_d 成正比，输入电流的正弦程度就可以得到显著提升，电流畸变的问题得以解决。

式(3.4)给出的数学关系既是变占空比控制的基本原理，也是 DCM 下 Boost 型 APFC 变换器实现恒频控制的基础。其中，导通时间的平方项可以通过一个二次积分电路得到。

根据上述原理，得到变占空比 DCM 恒频控制的原理，如图 3.2 所示。其中，对导通时间平方项的控制由四个电压控制电流源完成。I_{in} 和 I_{out} 分别受整流桥输出电压 u_d 和输出电压 U_o 控制，它们的互导(g_m)必须相同；I_1 和 I_2 分别受电容 C_2 两端电压 u_{C2} 和输出电压 U_o 控制，互导分别为 g_{m1}、g_{m2}，具体的控制关系为

$$I_d=g_m u_d,\quad I_{out}=g_m U_o,\quad I_1=g_{m1} u_{C2},\quad I_2=g_{m2} U_o \tag{3.5}$$

变占空比 DCM 恒频控制方法中，保留电压外环以实现稳定输出电压，但并未将 PWM 控制器的输出信号(固定占空比)直接用于控制开关管的通断，而是对该输出信号进行处理，将导通时间一定的控制信号转变为导通时间按式(3.4)规律变化的控制信号。

PWM 控制器的输出信号用于控制 K_1、K_2 两开关的通断，占空比调制过程的相关波形如图 3.3 所示。当 PWM 控制器输出高电平时，K_1、K_2 导通，电容 C_1 开始进行恒流充电，而电容 C_2 两端电压保持为 0，电容 C_1 两端电压 u_{C1} 在该段期间的电压变化量 ΔU_{C1} 为

$$\Delta U_{C1}=\frac{T_p(I_{out}-I_d)}{C_1} \tag{3.6}$$

当 PWM 控制器输出低电平时，K_1、K_2 关断，电容 C_2 开始进行恒流充电，而电容 C_1 开始通过二次积分电路进行线性放电，直至电容 C_1 两端电压降至 0，该段时间内 ΔU_{C1} 可表示为

$$\Delta U_{C1}=\frac{1}{C_1}\int_0^{t_{open}}g_{m1}\,u_{C2}\,dt=\frac{g_{m1}}{C_1}\int_0^{t_{open}}\frac{I_2}{C_2}t\,dt=\frac{g_{m1}}{C_1}\frac{I_2}{2C_2}t_{open}^2 \tag{3.7}$$

结合式(3.5)与式(3.7)，得到电容 C_1 的放电时间为

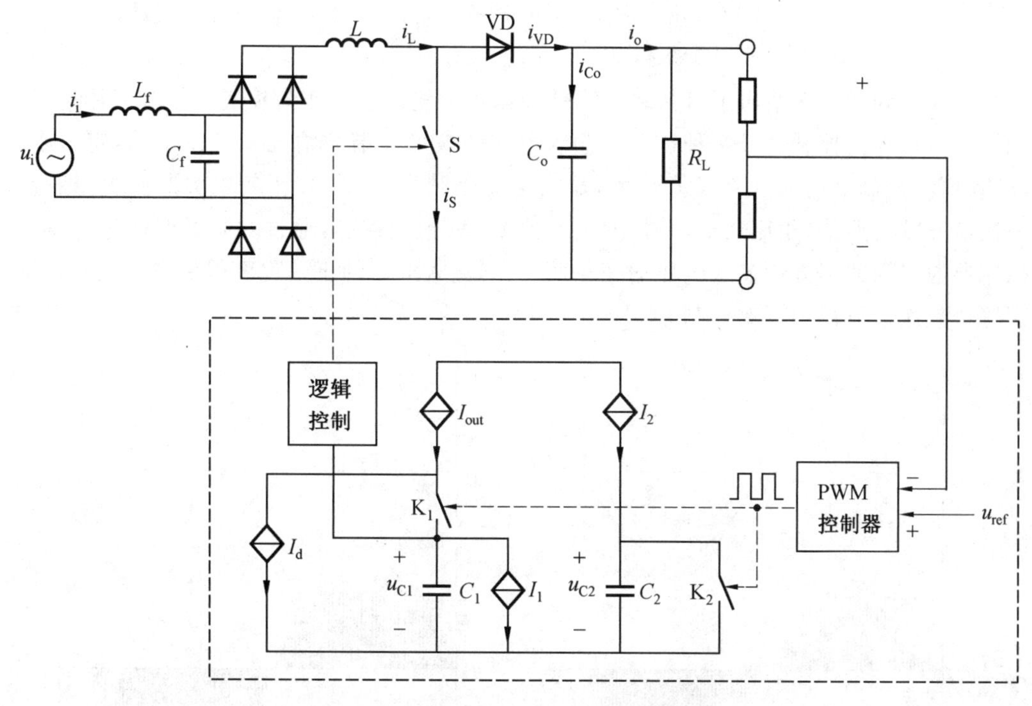

图 3.2　变占空比 DCM 恒频控制的原理

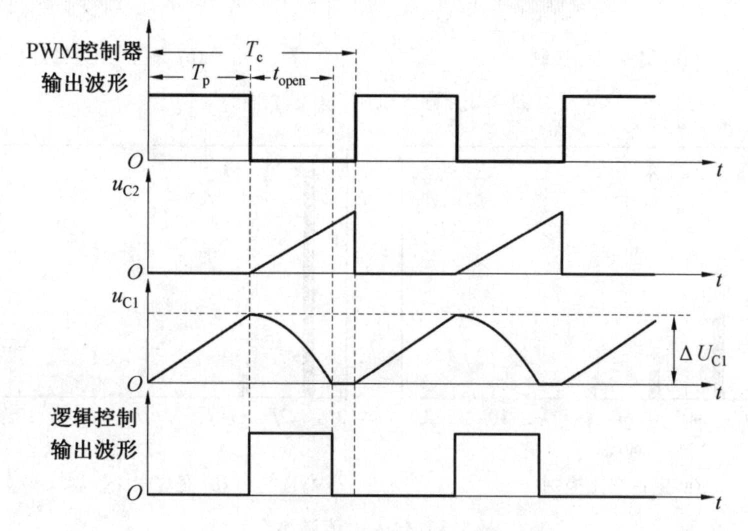

图 3.3　占空比调制过程的相关波形

$$t_{open}^2=\frac{2g_m C_2 T_p}{g_{m1}g_{m2}}\ \frac{U_o-u_d}{U_o} \tag{3.8}$$

观察式(3.8)可以发现，电容 C_1 的放电时间 t_{open} 满足式(3.4)的要求。因此，可以利用一定的逻辑控制将这一时间段检测出来，作为开关管导通时间的控制信号。为了简化数学计算和电路设计，通常将 I_2 的互导 g_{m2} 取为和 I_{in}、I_{out} 的互导 g_m 相同，即 $g_{m2}=g_m$。此时，放电时间 t_{open} 可简化为

$$t_{\text{open}}^{2}=\frac{2C_{2}T_{\text{p}}}{g_{\text{m1}}}\frac{U_{\text{o}}-u_{\text{d}}}{U_{\text{o}}} \tag{3.9}$$

图 3.4 和图 3.5 给出了直接将 PWM 控制器的输出波形作为控制信号和采用逻辑控制输出波形作为控制信号两种控制下输入电流的波形及谐波情况。可以看出，定占空比 DCM 恒频控制下输入电流峰值较大，输入电流正弦程度较差，且奇数次谐波含量较高，三次谐波较为严重；相比之下，采用变占空比 DCM 恒频控制，通过对导通时间进行调制，控制导通时间的平方随输入电压的变化而变化，输入电流的正弦程度得到有效改善，且三次等奇数次谐波得到有效抑制。

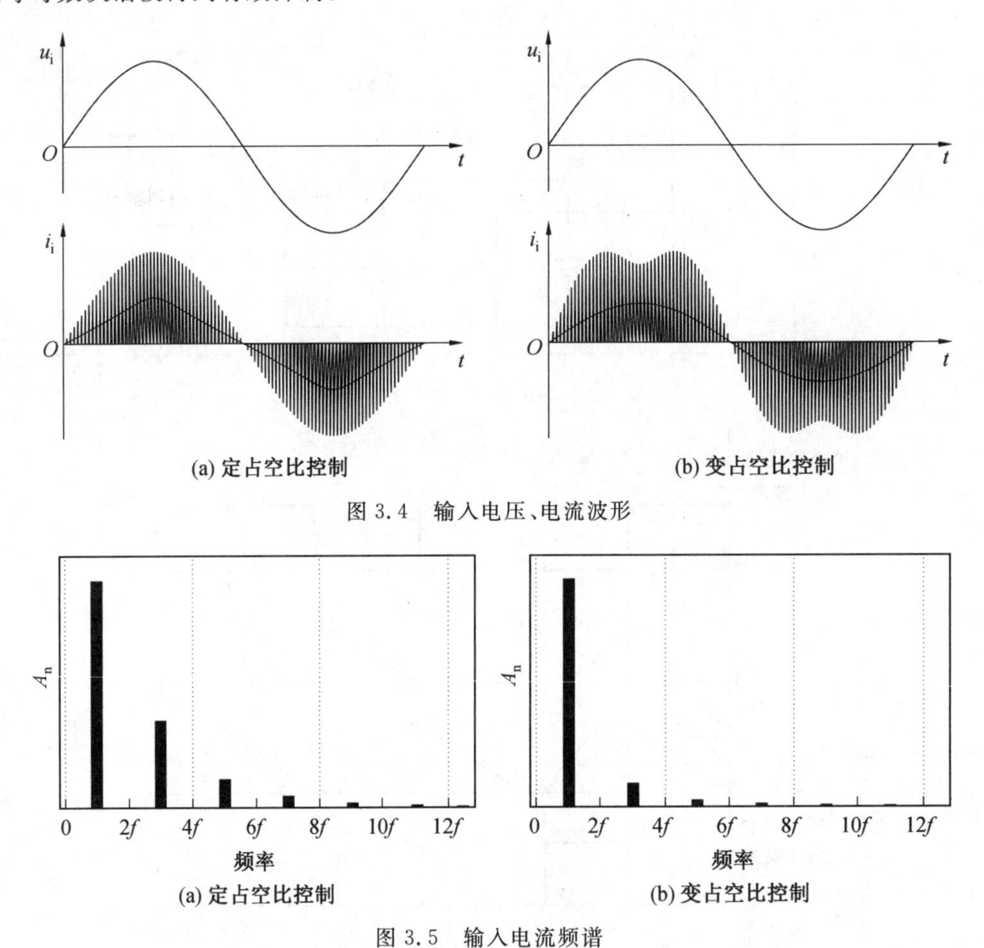

图 3.4 输入电压、电流波形

图 3.5 输入电流频谱

3.1.2 CRM 变频(VF)控制

DCM 恒频控制下 Boost 型 APFC 变换器的输入电流存在畸变的主要原因是开关周期内电感电流存在电流为 0 的阶段。因此，若能保证开关周期内电感电流的上升时间 t_{on} 一定，而下降至 0 的时间决定开关周期 T_{c} 的大小，这样就能够完全消除电感电流为 0 期间所带来的负面影响，进而使得输入电流理论上无畸变，这就是变频控制的原理。

由前面的分析可知，电感电流的开关周期平均值 $i_{\text{L-avg}}$ 可表示为

$$i_{\text{L-avg}}=\frac{u_{\text{d}}dT_{\text{c}}(dT_{\text{c}}+\Delta_1 T_{\text{c}})}{2LT_{\text{c}}}=\frac{u_{\text{d}}t_{\text{on}}(t_{\text{on}}+t_{\text{VDon}})}{2LT_{\text{c}}} \tag{3.10}$$

由变频控制原理可知，若控制导通时间一定（$t_{\text{on}}=T_{\text{on}}$）、开关周期 $T_{\text{c}}=t_{\text{on}}+t_{\text{VDon}}$，则 $i_{\text{L-avg}}$ 可改写为

$$i_{\text{L-avg}}=\frac{u_{\text{d}}T_{\text{on}}}{2L} \tag{3.11}$$

从式(3.11)可以看出，输入电流确实可实现理论上的无畸变。此外，变频控制下的系统占空比 d 与开关周期 T_{c} 均不恒定，但是当输出功率与输入电压有效值恒定时，开关管的导通时间 t_{on} 就是恒定的。

变频控制方式下，输入电感电流工作于临界导通模式（CRM）。由于在开关管导通之前电感电流已经下降至 0，因此开关管实现了零电流导通，同时续流二极管 VD 不存在反向恢复的问题，有效减小了开关损耗。此外，由于不存在输入电感电流为 0 的阶段，开关周期内电感电流呈三角波变化，因此开关周期内电感电流的峰值刚好是其平均值的两倍，开关管及续流二极管的电流应力相比于 DCM 恒频控制方式也有所减小。

1. CRM 开关周期变化的规律

CRM 下，电感电流在每个开关周期内的峰值 $i_{\text{L-peak}}$ 是其平均值 $i_{\text{L-avg}}$ 的两倍，即

$$i_{\text{L-peak}}=2i_{\text{L-avg}} \tag{3.12}$$

由于频率调制比 $m_{\text{f}}=f_{\text{c}}/f$ 足够大，因此电感电流的开关周期平均值 $i_{\text{L-avg}}$ 近似为正弦波，即

$$i_{\text{L-avg}}=\sqrt{2}I_{\text{i}}|\sin\omega t| \tag{3.13}$$

结合式(3.12)与式(3.13)，电感电流的峰值 $i_{\text{L-peak}}$ 可表示为

$$i_{\text{L-peak}}=2\sqrt{2}I_{\text{i}}|\sin\omega t| \tag{3.14}$$

此外，由式(3.2)可知，$i_{\text{L-peak}}$ 还可以表示为

$$i_{\text{L-peak}}=\frac{\sqrt{2}U_{\text{i}}T_{\text{on}}}{L}|\sin\omega t| \tag{3.15}$$

比较式(3.14)与式(3.15)，得到导通时间 T_{on} 的表达式为

$$T_{\text{on}}=\frac{2LI_{\text{i}}}{U_{\text{i}}} \tag{3.16}$$

根据输入－输出功率守恒（$U_{\text{i}}I_{\text{i}}=U_{\text{o}}I_{\text{o}}$），对式(3.16)进行变换可得

$$T_{\text{on}}=\frac{2LU_{\text{o}}I_{\text{o}}}{U_{\text{i}}^2} \tag{3.17}$$

开关周期内，电感电流在 T_{on} 期间和 t_{VDon} 期间变化量相等，可以得到

$$\frac{u_{\text{d}}T_{\text{on}}}{L}=\frac{(U_{\text{o}}-u_{\text{d}})t_{\text{VDon}}}{L} \tag{3.18}$$

由此得到开关周期 T_{c} 的表达式为

$$T_{\text{c}}=T_{\text{on}}+t_{\text{VDon}}=\frac{T_{\text{on}}}{1-\dfrac{\sqrt{2}U_{\text{i}}|\sin\omega t|}{U_{\text{o}}}} \tag{3.19}$$

将式(3.17)代入式(3.19)，得到

$$T_c=\frac{2LU_oI_o}{U_i^2}\frac{1}{1-\frac{\sqrt{2}U_i|\sin\omega t|}{U_o}} \tag{3.20}$$

观察式(3.20)可以发现,在输出电压 U_o、输出功率 P_o 以及输入电感 L 一定的情况下,开关周期 T_c 主要受输入电压波形变化的影响,其变化的规律如图 3.6 所示,其中 $L=100\ \mu H$、输出功率 $P_o=2$ kW、输出直流电压 $U_o=400$ V。

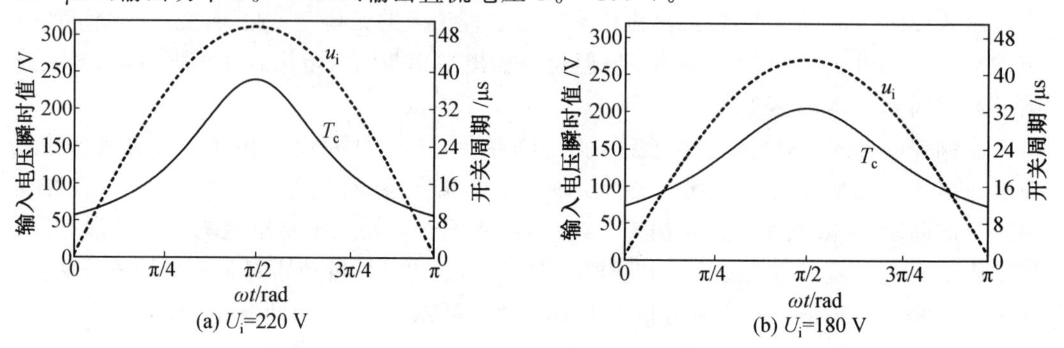

图 3.6 开关周期随输入电压变化的规律

图 3.6 (a)中输入电压有效值为 $U_i=220$ V,输入电压峰值处开关周期约为输入电压过零附近开关周期的 5 倍;图 3.6 (b)中输入电压有效值为 $U_i=180$ V,输入电压峰值处开关周期约为输入电压过零附近开关周期的 3 倍。由此可见,输入电压有效值 U_i 主要影响开关周期 T_c 的变化范围,U_i 越小,T_c 变化范围越窄。同时,随着输入电压瞬时值的增大,开关周期 T_c 随之增大,当输入电压达到峰值时,开关周期 T_c 同时达到最大值,其具体表达式为

$$T_{c\text{-}max}=\frac{2LU_oI_o}{U_i^2}\frac{1}{1-\frac{\sqrt{2}U_i}{U_o}} \tag{3.21}$$

从式(3.21)可以看出,在输出电压 U_o、输出功率 P_o 以及输入电感 L 一定的情况下,开关周期最大值 $T_{c\text{-}max}$ 与输入电压的有效值 U_i 有关。设定在电感为 $L=100\ \mu H$、输出功率为 $P_o=2$ kW、输出直流电压为 $U_o=400$ V、输入电压有效值 U_i 变化范围为 180～270 V的条件下,开关周期最大值 $T_{c\text{-}max}$ 随输入电压有效值 U_i 变化的曲线如图 3.7 所示。

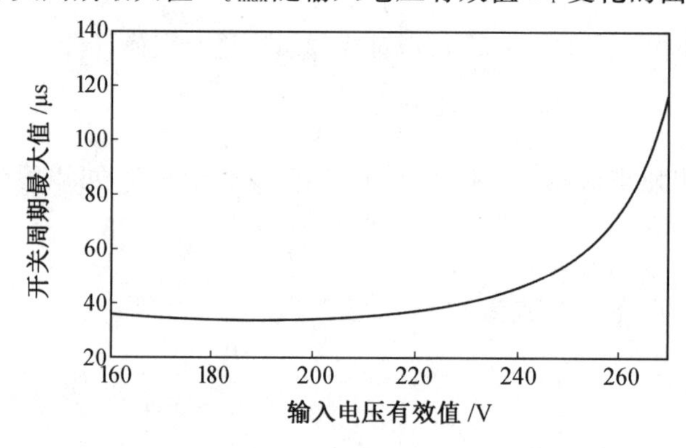

图 3.7 开关周期最大值 $T_{c\text{-}max}$ 随输入电压有效值 U_i 变化的曲线

可以看到，当输入电压在一定范围内变化时，$T_{\text{c-max}}$ 的最大值一般是在输入电压有效值 U_{i} 最大时取得。在实际电路中，为了减小开关损耗，会对开关周期的下限进行限制；而当对开关周期的上限有所限制时，为保证其稳定工作于 CRM，可根据下式对输入电感的电感值 L 进行设计：

$$L \leqslant \frac{T_{\text{c-max}} U_{\text{i-max}}^2}{2U_{\text{o}} I_{\text{o}}} \left(1 - \frac{\sqrt{2} U_{\text{i-max}}}{U_{\text{o}}}\right) \tag{3.22}$$

由之前的分析可知，变频控制下恒定的导通时间 T_{on} 由式(3.17)决定，主要受输出功率 P_{o} 和输入电压有效值 U_{i} 的影响；而变化的开关周期 T_{c} 由式(3.20)决定，主要受输出功率 P_{o} 和输入电压变化的影响。

2. CRM 变频控制方式的实现

恒定的导通时间容易控制，而变化的开关周期却很难把握。结合 CRM 下电感电流在一个开关周期内由 0 开始增大再降至 0 的特点，利用过零检测(ZCD)技术对电感电流进行 ZCD，以实现定导通时间(COT)的 DCM 变频控制，其原理如图 3.8 所示。

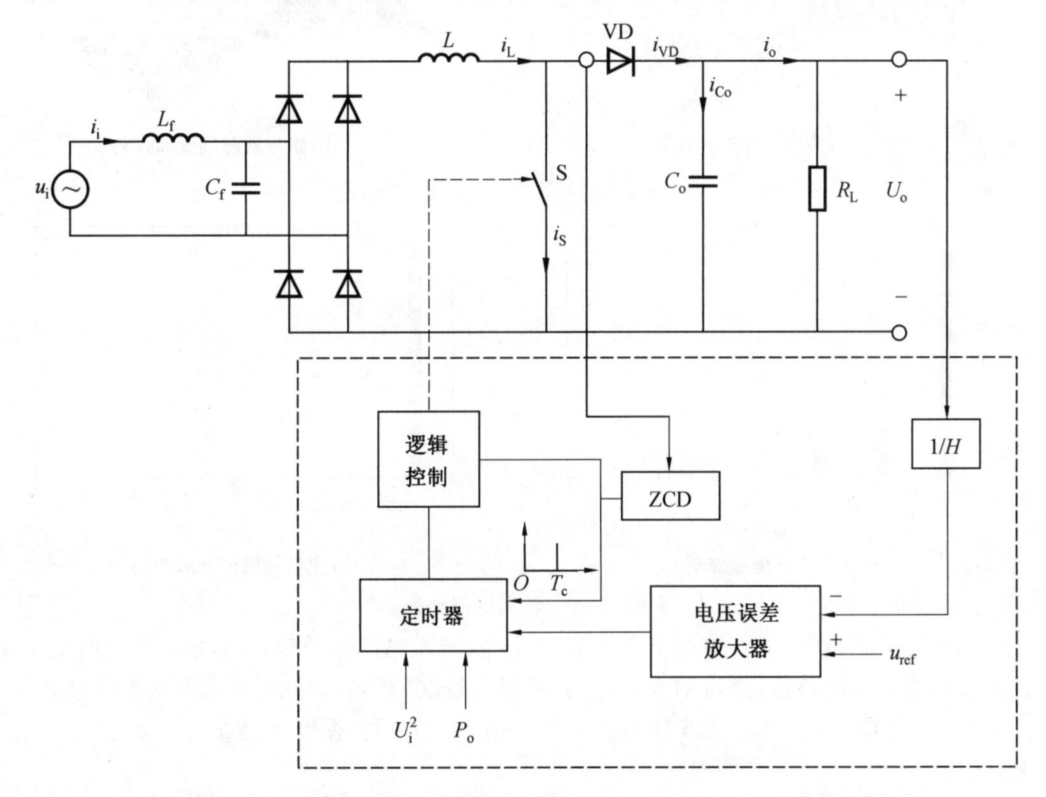

图 3.8　基于定导通时间(COT)控制和过零检测(ZCD)技术的 DCM 变频控制原理

CRM 变频控制方式中，仍保留电压外环以稳定输出电压。相比于电压型恒频控制，该方式引入对续流二极管 VD 电流的检测电路，用于实现电感电流的 ZCD。定时器产生满足式(3.17)的恒定导通时间 T_{on}，其触发信号来自于 ZCD 电路产生的窄脉冲信号。恒定的 T_{on} 信号使得开关管的导通时间一定，开关管关断后，电感电流通过续流二极管 VD 续流，电感电流开始减小，直到电感电流降为 0 时，ZCD 电路检测到电流过零，产生一个窄脉冲信号，该脉冲作用于定时器，启动定时器工作，同时触发逻辑控制电路，使得开关管导通，进而实现了电路的定导通时间变频控制。

图 3.9 和图 3.10 给出了采用定占空比恒频控制和定导通时间变频控制下输入电流波形及其谐波情况。可以看出，采用定导通时间变频控制，开关周期 T_c 随输入电压的增大而增大；输入电流峰值的变化轨迹仍呈正弦规律变化，但电流的峰值有所减小；输入电流的正弦程度得到有效改善，三次等奇数次谐波得到有效抑制。

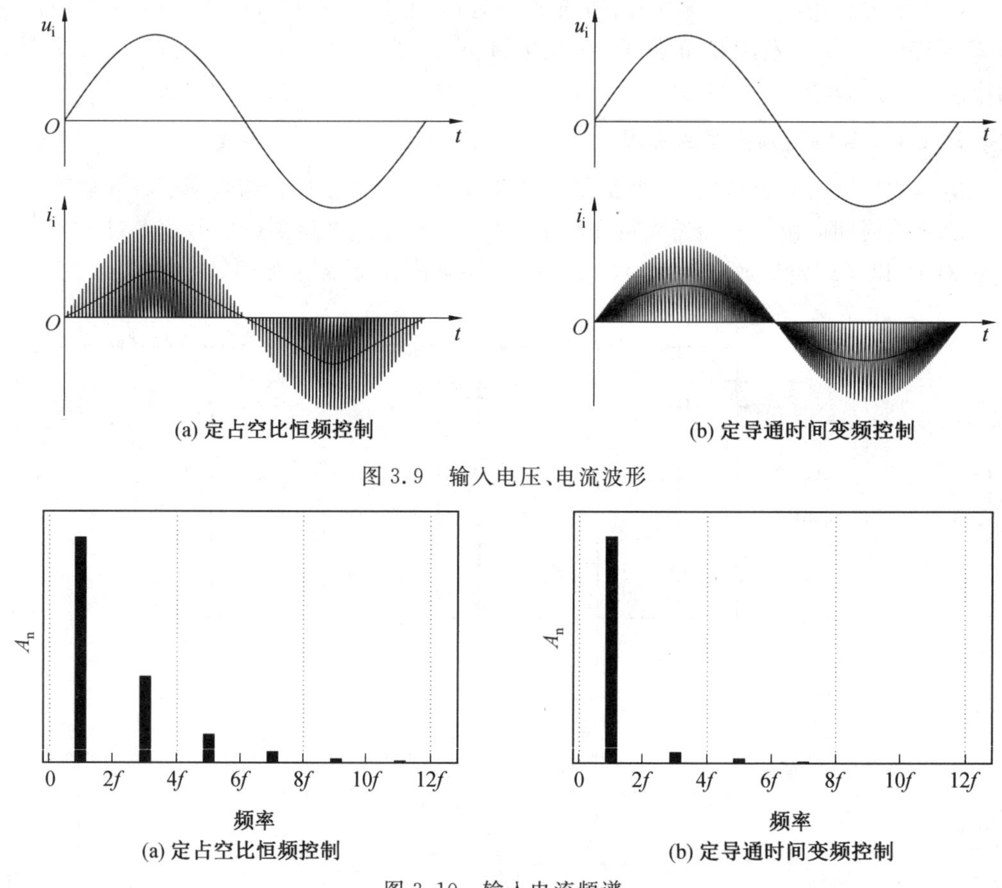

(a) 定占空比恒频控制　　(b) 定导通时间变频控制

图 3.9　输入电压、电流波形

(a) 定占空比恒频控制　　(b) 定导通时间变频控制

图 3.10　输入电流频谱

相比于恒频控制，变频控制下开关周期 T_c 随输入电压以及输出功率的变化而变化，开关频率变化范围较宽，使得输入电流的高频谐波成分较多，因此需根据开关频率变化范围及谐波，对输入侧 EMI 滤波环节进行精心设计，在一定程度上增加了电路设计的复杂性。

3.2　CCM 控制策略

采用 DCM 控制，控制电路简单且不存在二极管的反向恢复问题，但输入电流谐波较大、开关管承受电流应力较大等问题严重限制了该种控制方式在大功率场合下的应用。相比于 DCM 控制，CCM 控制下输入电流谐波较小、开关管的电流应力和通态损耗也较小，使得该种控制方式得到了更多的关注。

CCM 电流控制是目前应用最多的控制方式，根据是否直接选取瞬态电感电流作为反馈量，可分为直接电流控制和间接电流控制两种。间接电流控制是通过控制整流桥输入端电压来间接实现对输入电流的控制，其优点是结构简单、不需要电流传感器；缺点是电流的动态响应缓慢，交流侧电流中含有直流分量，对系统参数的波动较敏感。相对于间接电流控制，直接电流控制将电感电流作为反馈和被控量，需要检测瞬态电流，控制电路稍显复杂，但也使其具有较好的瞬态特性以及过电流保护能力。此外，对于系统性能要求较高的中大功率场合，通常采用电流闭环控制，使得输入电流的动态、静态性能都能得到显著提高，也使得直接电流控制对系统参数波动不敏感，从而增强了该控制系统的鲁棒性，拓宽了其适用场合。

根据控制方式的不同，直接电流控制又可分为传统线性控制（峰值电流控制、平均电流控制等）和新型非线性控制（单周期控制、预测电流控制等）。由于峰值电流控制存在次谐波振荡、对噪声敏感等问题，在 CCM 控制中已逐渐被淘汰，因此本节将对其他两种常见的线性控制（平均电流控制、滞环电流控制）进行重点介绍。

3.2.1　平均电流控制

平均电流控制（ACMC）是目前 APFC 领域应用最为广泛的一种控制方式。该种控制方式下，电感电流能够高度精确地跟踪电流给定信号，进而使得输入电流基本无畸变，容易实现接近于 1 的功率因数；同时，该种方式抗噪声性能优越、稳定性高、适用于任何主电路拓扑且易实现均流。

1. 平均电流控制基本原理

以 Boost 型 APFC 变换器为例，采用平均电流控制的原理如图 3.11 所示。

采用电压一电流双闭环控制系统，平均电流控制下电感电流的变化波形如图 3.12 所示。其中，电压外环决定系统的动态特性，用于稳定输出电压，其带宽一般设计得较低，系统稳定工作时可认为电压环的输出信号保持恒定；电流内环决定系统的稳定特性，用于灵活调节输入电流，使电感电流对电流给定信号 i_{ref} 具有良好的跟踪性能，其带宽一般设计得足够宽。i_{ref} 一般通过乘法器得到，波形与整流桥输出电压同相位，大小由电压环输出信号决定。电流内环是影响输入电流畸变的主要因素，所以电流内环设计的好坏将直接影响输入电流的畸变程度和总谐波含量。

平均电流控制的具体过程是：采样负载侧输出电压的瞬时值与给定电压 u_{ref} 进行比较，将比较后的误差信号送入低带宽的电压调节器，系统稳定工作时输出恒定值 U_v 用于确定电流给定信号 i_{ref} 的大小。采样电感电流的瞬时值与 i_{ref} 进行比较，产生的误差信号经电流调节器送到 PWM 调节器的输入端，与载波信号（锯齿波）进行比较，进而产生 PWM 信号来控制开关管的导通和关断，使得电感电流的开关周期平均值能够跟踪电流给定信号 i_{ref}。该种控制策略中，电流误差信号中的高频分量经过电流调节器被平均化处理，使得电感电流能够逼近电感电流的开关周期平均值，因此电感电流能够跟踪电流给定信号 i_{ref}，输入电流的正弦程度得到显著改善。

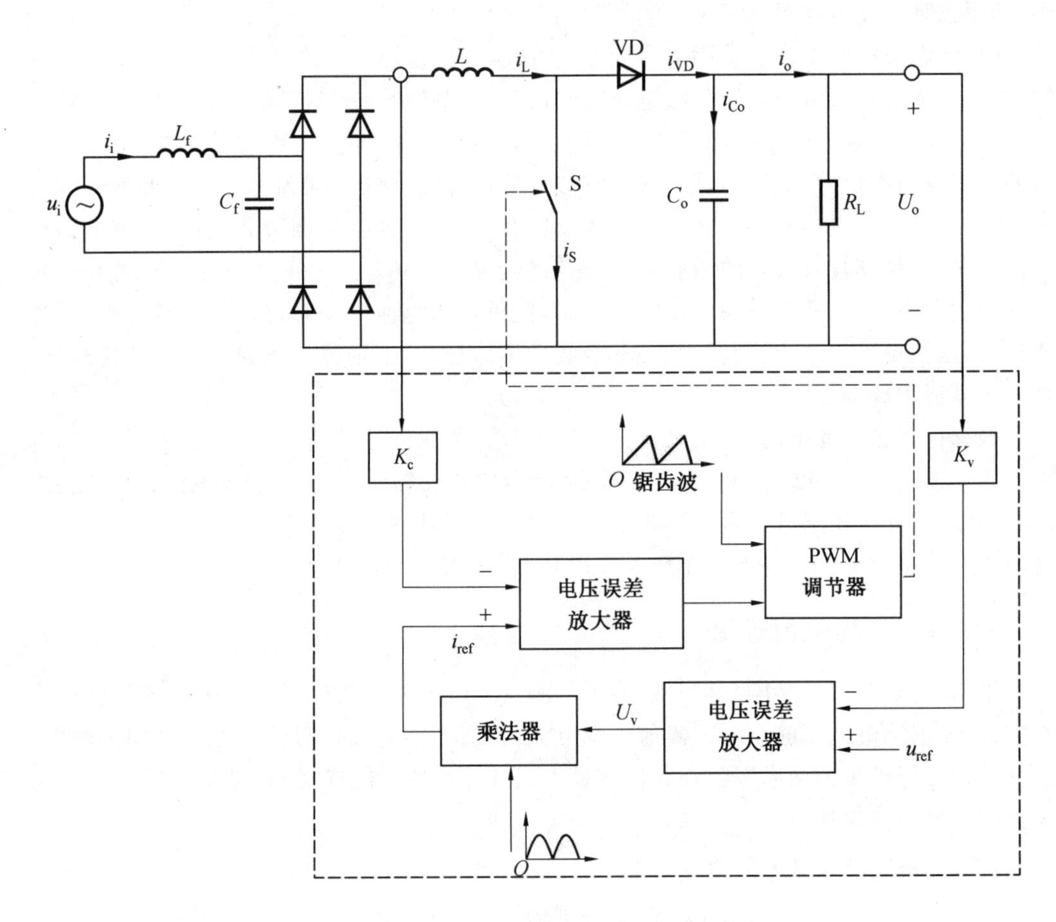

图 3.11　平均电流控制的原理

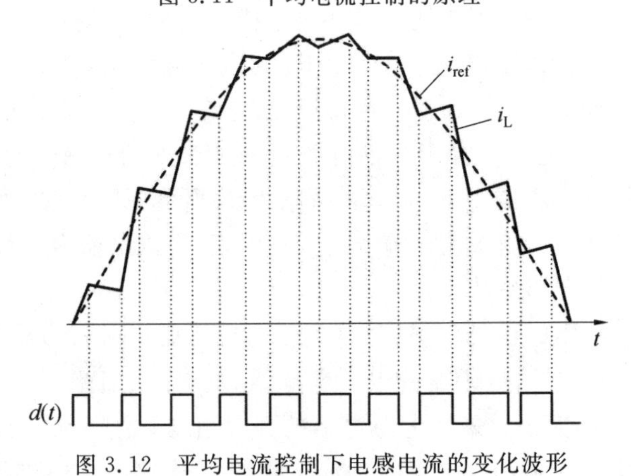

图 3.12　平均电流控制下电感电流的变化波形

2. 引入输入电压前馈的平均电流控制

平均电流控制以电感电流的开关周期平均值作为被控对象，使其严格跟踪电流给定信号。其中，电流环的电流给定信号 i_{ref} 由整流桥输出电压与电压环输出恒值 U_v 的乘积得到，整流桥输出电压决定 i_{ref} 的波形，电压环输出信号决定 i_{ref} 的幅值，i_{ref} 的具体表达

式为

$$i_{ref}=K_m U_v u_d=\sqrt{2}K_m U_i U_v|\sin\omega t| \tag{3.23}$$

式中，K_m是电流给定比例系数。

系统稳定工作时，电感电流能够准确跟踪电流给定信号 i_{ref}。忽略输入电流的高频分量，输入电流可表示为

$$i_i=\frac{\sqrt{2}K_m U_i U_v}{K_c}\sin\omega t \tag{3.24}$$

可以看出，由于U_v为恒值，K_c表示电感电流采样系数，也为恒值，因此在负载不变时，输入电流主要受输入电压的影响。若输入电压存在波动，那么输入电流必然会随着输入电压的波动而同方向成比例变化，导致输入功率也会随之同方向变化，为了维持输入一输出功率平衡，输出电压必会发生剧烈波动。

为了解决上述问题，采用输入电压前馈的方式来对 i_{ref}进行改进，以解决输入电压波动对输入功率的影响。在未加入输入电压前馈时，输入功率可表示为

$$P_i(t)=u_i(t)i_i(t)=\frac{K_m U_i^2 U_v}{K_c}\sin^2\omega t=\frac{K_m U_i^2 U_v}{K_c}-\frac{K_m U_i^2 U_v}{K_c}\cos 2\omega t \tag{3.25}$$

从式(3.25)可以看出，输入功率主要包括有功功率和二次无功功率，有功功率直接影响输出电压的大小，而二次无功功率会造成输出电压的二次纹波。有功功率与输入电压有效值的平方成正比，因此输入电压的微小波动也会使得输出电压产生剧烈波动。

为此，引入输入电压前馈，前馈量U_{ff}是一个与输入电压有效值 U_i 成正比的量，一般选择整流桥输出电压 u_d 的平均值来充当。于是有

$$i_{ref}^*=\frac{K_m U_v}{U_{ff}^2}u_d=\frac{\sqrt{2}K_m U_i U_v}{U_{ff}^2}|\sin\omega t| \tag{3.26}$$

此时，输入功率表示为

$$P_i^*(t)=u_i(t)i_i(t)=\frac{K_m U_i^2 U_v}{K_c U_{ff}^2}\sin^2\omega t=\frac{K_m U_v}{K_c K_{ff}^2}\sin^2\omega t \tag{3.27}$$

式中，K_{ff}是整流桥输出电压 u_d 峰值与平均值的比值，为一常值。

观察式(3.27)可以发现，引入输入电压前馈后，输入功率不会受输入电压波动的影响，提高了系统运行的稳定性。前馈量 U_{ff}的获取，在模拟控制中，可通过对整流桥输出电压进行二阶低通滤波得到，但其中含有二次工频纹波，一定程度上会影响功率因数校正效果；而在数字控制中，利用数字方法计算 U_{ff}，可防止将二次纹波引入前馈电压中，U_{ff}能够实时、方便地得到。由此，得到引入输入电压前馈的平均电流控制的原理如图 3.13 所示。

引入输入电压前馈后，输入电压、电流以及输出电压波形的变化情况如图 3.14 所示。可以看出，采用传统平均电流控制，当输入电压产生波动（如突增）时，输入电流会随之同方向变化，输出电压产生剧烈波动，系统的输出特性较差；引入输入电压前馈后，当输入电压产生波动（如突增）时，输入电流将会反方向变化，输入功率得以保持稳定，输出电压也能够保持稳定，系统的输出特性得到显著改善。

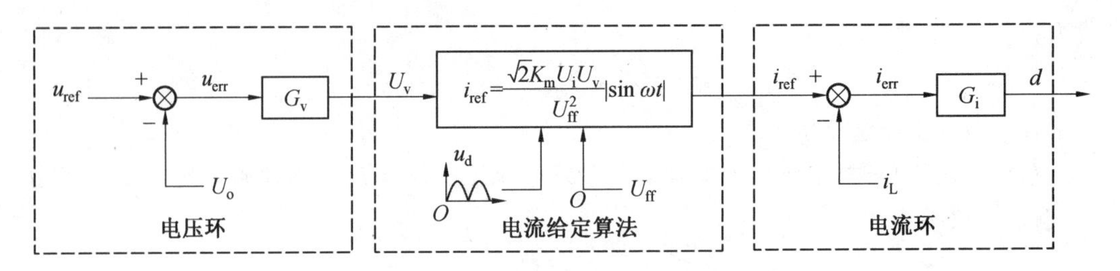

图 3.13　引入输入电压前馈的平均电流控制的原理

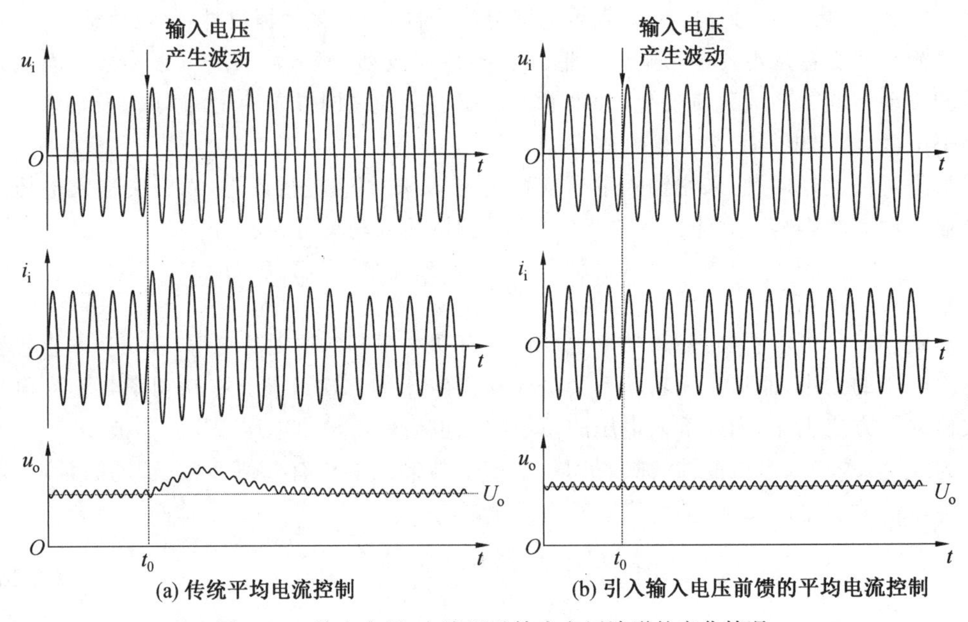

图 3.14　输入电压、电流以及输出电压波形的变化情况

3.2.2　滞环电流控制

对峰值电流控制进行改进，增加一条限制电流衰减的下限，即得到滞环电流控制(HCC)，最初用于控制电压型逆变器的输出电流。由于没有外加调制信号，电流反馈与调制集于一体，因此滞环电流控制具有很宽的电流频带宽度。以 Boost 型 APFC 变换器为例，滞环电流控制的原理如图 3.15 所示。

与其他电流型控制相比，滞环电流控制具有一个滞环逻辑控制器，控制器内部有一个由比较器构成的电流滞环带，会产生两个给定电流阈值，即上限阈值 $i_{ref\text{-}max}$ 和下限阈值 $i_{ref\text{-}min}$。两个阈值之间的差值(即电流滞环宽度)决定了被控电流的纹波大小，滞环宽度可以为固定值，也可以与被控电流的瞬时值成比例。

滞环电流控制下电感电流 i_L 的变化波形如图 3.16 所示，可以看出，当 i_L 降到给定下限阈值 $i_{ref\text{-}min}$ 时，触发开关管导通，电感电流开始上升；当 i_L 升到给定上限阈值 $i_{ref\text{-}max}$ 时，触发开关管关断，电感电流开始下降，如此循环反复，使得电感电流 i_L 在给定曲线 i_{ref} 附近做锯齿状变化，且与给定值 i_{ref} 之间保持在一定的偏差范围内，该偏差大小由给定的电流滞环宽度决定。

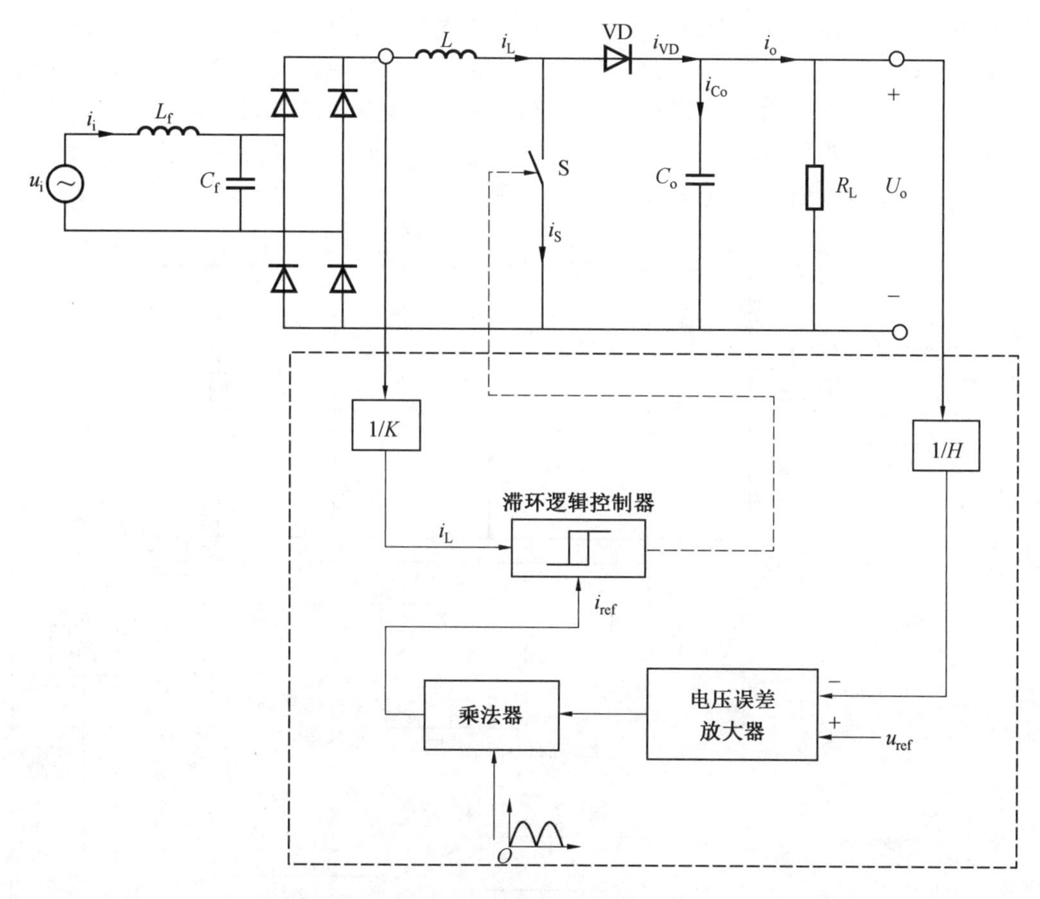

图 3.15　滞环电流控制的原理

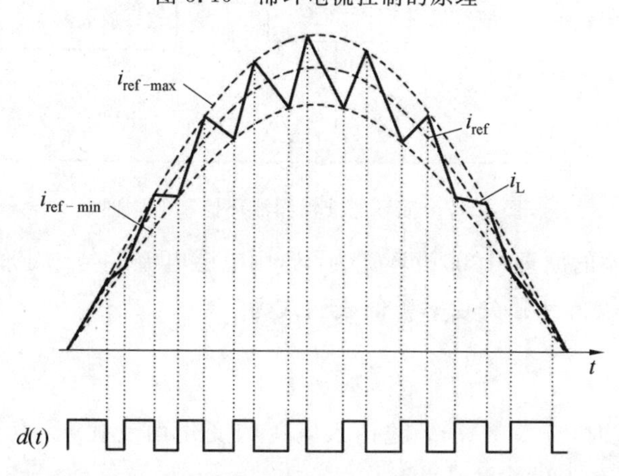

图 3.16　滞环电流控制下电感电流 i_L 的变化波形

滞环电流控制的优点是结构简单、电流动态响应快速、具有很强的鲁棒性和内在的电流限制能力；缺点是开关频率不恒定，负载变化较大时会出现电流过零点的死区和 EMI 问题，因此需要对电感电流进行全周期的检测和控制，同时输入滤波环节的设计难度也会有所增加。此外，电流滞环宽度对开关频率和系统性能具有较大影响，需合理选取。

滞环电流控制中不恒定的开关频率使得输入电流谐波频率分布广泛，难以通过滤波器滤除，这给系统的EMI设计带来了困难，限制了该种控制方式在实际中的具体应用。为此，给出一种变环宽准恒频滞环控制策略，根据输入电压的变化对滞环环宽进行调整，进而控制开关频率为恒定的设定值，该策略不仅保留了滞环电流控制的优点，还克服了其开关频率不恒定的缺点，其原理如图3.17所示。

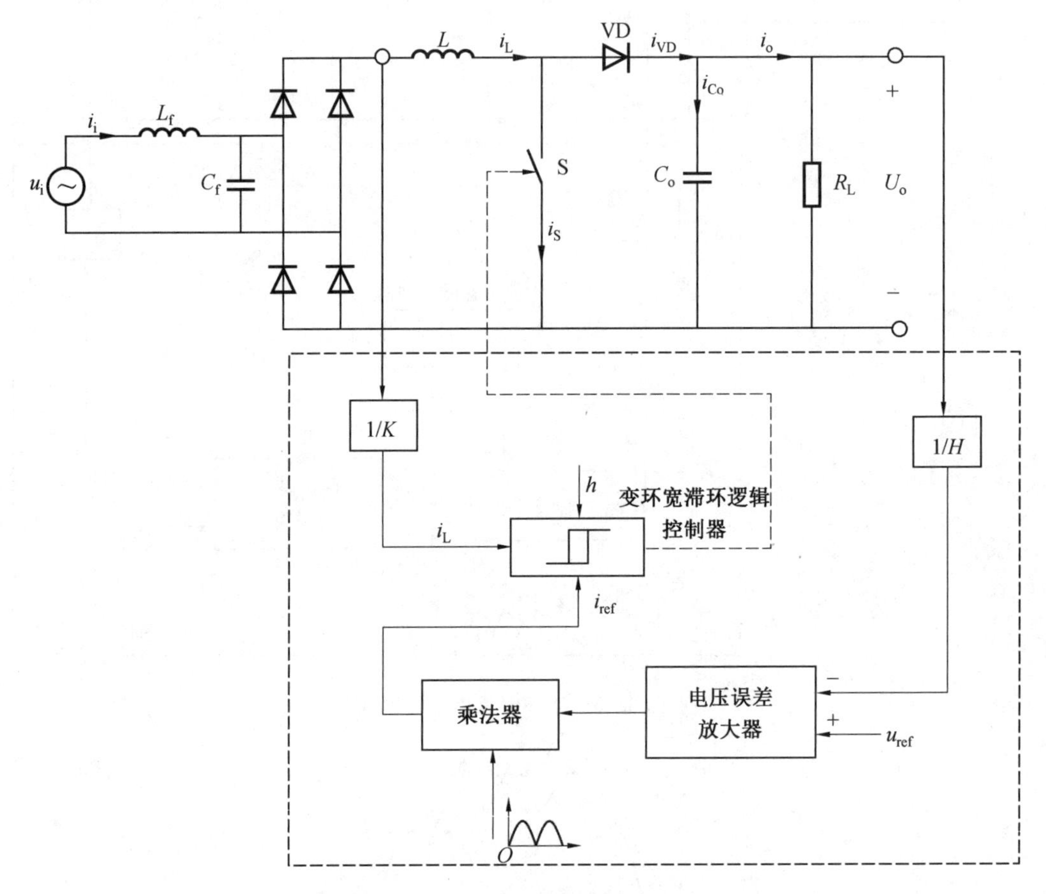

图3.17　变环宽准恒频滞环控制的原理

由滞环电流控制的原理可知，设环宽为$2h$，则电感电流i_L与给定值i_{ref}之间的偏差Δ_i满足$\Delta_i \leqslant h$，由此可以得到开关频率f的表达式为

$$f=\frac{u_d(U_o-u_d)}{2hLU_o} \tag{3.28}$$

可见，当h一定时，开关频率f随输入电压的变化而变化，且变化范围较宽。对式(3.28)进行变形，得到h的表达式为

$$h=\frac{u_d(U_o-u_d)}{2fLU_o} \tag{3.29}$$

式(3.29)给出的计算方式就是实现变环宽准恒频的基本原理，即通过实时采样输入电压来对h进行推算，以达到开关频率基本恒定的目的，进而有效解决开关频率变化范围较大的问题，拓宽了滞环电流控制的适用领域。

3.3　单周期控制策略及其应用

为了寻求更为简单的控制策略、降低 PFC 成本、减小输入侧 THD 和 EMI、降低开关管的应力以及提高系统效率，一些新型非线性电流型控制策略被相继提出，如单周期控制、滑模变结构控制、预测电流控制等。其中，由于单周期控制具有控制简单、响应速度快、稳定性好，以及高精度、高速度和高抗干扰能力等特点，因此发展迅速且遍及各个领域。

单周期控制技术(OCC)同时具备调制和控制的双重功能，取消了传统控制方式中的乘法器，使整个控制电路的复杂程度降低，通过复位开关、积分器、触发电路以及比较器达到跟踪指令信号的目的。该种控制方式不仅具有传统电压反馈控制和电流反馈控制的优点(具有误差校正功能等)，还具有传统控制方式不具备的优点，具体如下。

(1) 电路实现简单。

(2) 更好的动态响应和稳定的控制环。

(3) 控制环对噪声不敏感。

(4) 控制环跟随性强、鲁棒性好且适应性强。

3.3.1　单周期控制基本原理

单周期控制的核心理念是在每个开关周期内使得受控量的平均值严格等于给定量，这种理念可以应用到多种形式的开关(恒频开关、定导通时间开关、变导通时间开关等)，以最常用的恒频开关为例，单周期控制的原理如图 3.18 所示。

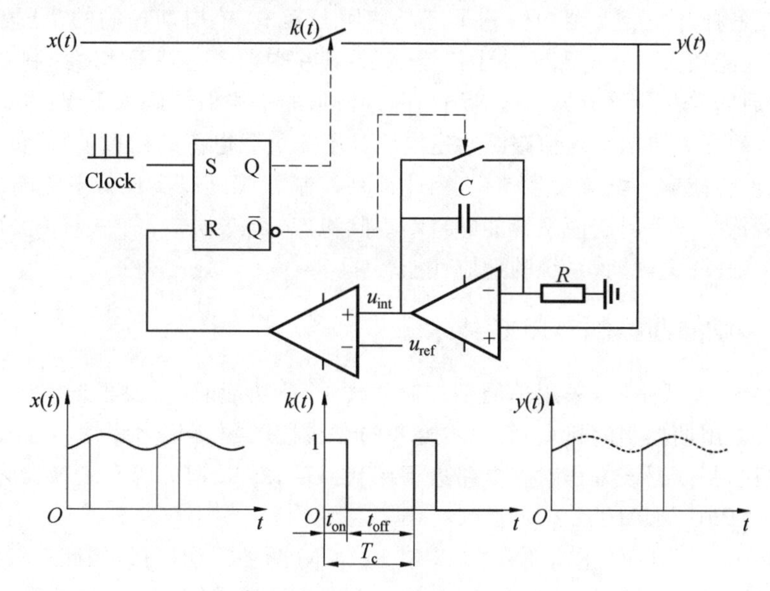

图 3.18　单周期控制的原理

设开关频率 f_c 一定，$f_c=1/T_c$，$k(t)$为开关信号，具体可表示为

$$k(t)=\begin{cases}1 & (0<t<t_{on})\\ 0 & (t_{on}<t<T_c)\end{cases} \tag{3.30}$$

输入信号 $x(t)$经开关信号 $k(t)$的斩波，得到开关输出信号 $y(t)$，$y(t)$的频率和脉宽与 $k(t)$相同，而其包络线与 $x(t)$相同，具体可表示为

$$y(t)=k(t)x(t) \tag{3.31}$$

考虑到开关频率远高于工频，可认为 $x(t)$在开关周期内是不变的。在每个开关周期内，$y(t)$经过复位积分器的积分得到输出信号 u_{int}，其具体表达式为

$$u_{int}=\frac{1}{T_c}\int_0^{t_{on}}x(t)\mathrm{d}t=x(t)d(t) \tag{3.32}$$

式中，$d(t)$表示开关信号 $k(t)$的占空比，即 $d(t)=t_{on}/T_c$。在每个开关周期内，随着 t_{on}的增大，输出 u_{int}不断增大，直到 u_{int}的值等于给定值 u_{ref}时，比较器将高电平信号送到 RS 触发器的 R 端，$k(t)=0$，开关关断，与此同时利用触发器的 $\bar{Q}$ 端导通复位积分器的复位开关，积分器快速复位，使得前一开关周期的误差不会带到后一个开关周期。该种控制方式下，每个开关周期内开关输出信号 $y(t)$的平均值可表示为

$$\bar{y}(t)=\frac{1}{T_c}\int_0^{T_c}y(t)\mathrm{d}t=\frac{1}{T_c}\int_0^{t_{on}}x(t)\mathrm{d}t=x(t)d(t)=u_{ref} \tag{3.33}$$

由式(3.33)可知，$y(t)$在开关周期内的平均值严格跟踪给定信号 u_{ref}，输出信号能被及时控制。根据这个理念来控制开关的技术被定义为单周期控制技术，此时开关的有效输出信号为

$$\bar{y}(t)=u_{ref} \tag{3.34}$$

单周期控制是非线性控制和开关电路的结合，并在每个开关周期内能够抑制输入信号的扰动，在各种开关变换器中得到了广泛使用。其中，单周期控制的 APFC 技术因其较好的动态性能在大多数电路拓扑中广泛使用，其基本理念是基于实时控制系统占空比，使每个开关周期内开关整流器二极管输出脉冲波形的平均值恰好等于或正比于控制给定量，输入电流的开关周期平均值跟踪给定电流且不受负载电流的约束，即使负载电流有较大的谐波也不会使输入电流发生畸变，因此该种控制方式可以实现低电流畸变和高功率因数。此外，每个开关周期内系统能够自动消除稳态、瞬态误差，前一个开关周期的误差不会带到下一个开关周期，系统的适应性能较强。

3.3.2　单周期控制 APFC 技术

与其他控制方式不同，采用单周期控制实现 PFC 功能时，需要根据不同主电路的工作原理，结合单周期控制的特点，将原本复杂的非线性问题转化为线性问题，进而得到单周期控制方程，并依据该方程对主电路进行控制。以 Boost 型 APFC 变换器为例，介绍单周期控制在 APFC 领域的具体应用。

由于 Boost 型 APFC 主电路存在 CCM 和 DCM 两种工作模式，因此针对两种不同的工作模式有着不同的单周期控制方程，其控制电路也有所不同。

1. CCM 单周期控制

CCM 下的单周期控制通常分为前沿调制和后沿调制两种。电路进入稳态时，由电路

原理可得

$$\frac{U_o}{u_d}=\frac{1}{1-d} \tag{3.35}$$

功率因数校正的目的是使输入电流跟踪输入电压，且二者无相位差，也就是变换器相对于电网呈电阻性，即满足

$$i_{L\text{-avg}}=\frac{u_d}{r_e} \tag{3.36}$$

结合式(3.35)与式(3.36)，可以得到

$$r_e i_{L\text{-avg}}=U_o(1-d) \tag{3.37}$$

在式(3.37)两边同时乘 R_s 可得

$$R_s i_{L\text{-avg}}=\frac{R_s}{r_e}U_o(1-d) \tag{3.38}$$

式中，R_s 为电感电流等效采样电阻。令

$$U_m=\frac{R_s}{r_e}U_o \tag{3.39}$$

式(3.38)可整理为

$$R_s i_{L\text{-avg}}=U_m(1-d) \tag{3.40}$$

式(3.40)变形可得

$$U_m-R_s i_{L\text{-avg}}=U_m d \tag{3.41}$$

式(3.40)和式(3.41)即为 CCM 下的单周期控制方程，其中式(3.40)为前沿调制的单周期控制方程，式(3.41)为后沿调制的单周期控制方程。由此可知，两种调制方式的实质是根据同一控制方程而来，原理相同，只是控制环的结构稍有变化。CCM 下采用前沿调制方式和后沿调制方式的单周期控制原理如图 3.19 所示。

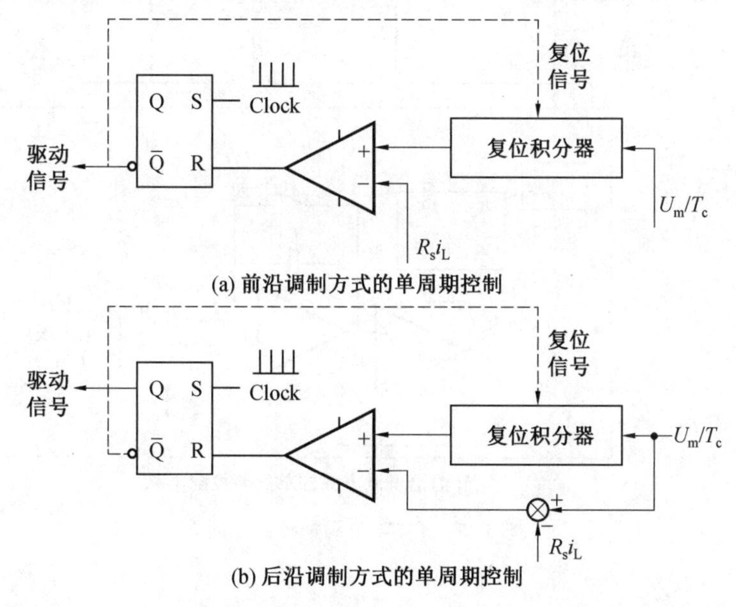

图 3.19　CCM 下采用前沿调制方式和后沿调制方式的单周期控制原理

前沿调制方式的单周期控制为定时关断，控制导通。每一个时钟信号到来时开关管关断，同时复位积分器对关断时间开始积分，当积分器的输出满足式(3.40)所示的单周期控制方程时，比较器翻转，触发器输出高电平驱动开关管导通，同时对积分器进行复位操作，该种调制方式是通过控制关断时间来实现对系统占空比的控制。与之类似，后沿调制方式的单周期控制为定时导通，控制关断。每一个时钟信号到来时开关管导通，同时复位积分器对导通时间开始积分，当积分器的输出满足式(3.41)所示的单周期控制方程时，比较器翻转，开关管关断，从而实现了对系统占空比的控制。

由上述分析可知，U_m作为单周期控制的输入信号，通常称其为调制电压。系统稳态工作时，输出电压U_o基本保持不变，由式(3.39)可知，改变调制电压U_m就会影响输入等效电阻r_e，进而实现对输入功率的控制。由此，为了稳定输出电压，通常保留电压外环并令其输出信号作为调制电压U_m，当负载和输入电压稳定时，可保证调制电压U_m恒定，占空比d能够按单周期控制方程确定的规律变化，具体的控制电路如图3.20所示。

2. DCM 单周期控制

DCM下，电感电流存在电流为0的阶段，电感电流的变化波形如图2.7所示，通过波形图可以推导出电感电流在每个开关周期内的平均值为

$$i_{L\text{-avg}}=\frac{1}{2}(d+\Delta_1)i_{L\text{-peak}} \tag{3.42}$$

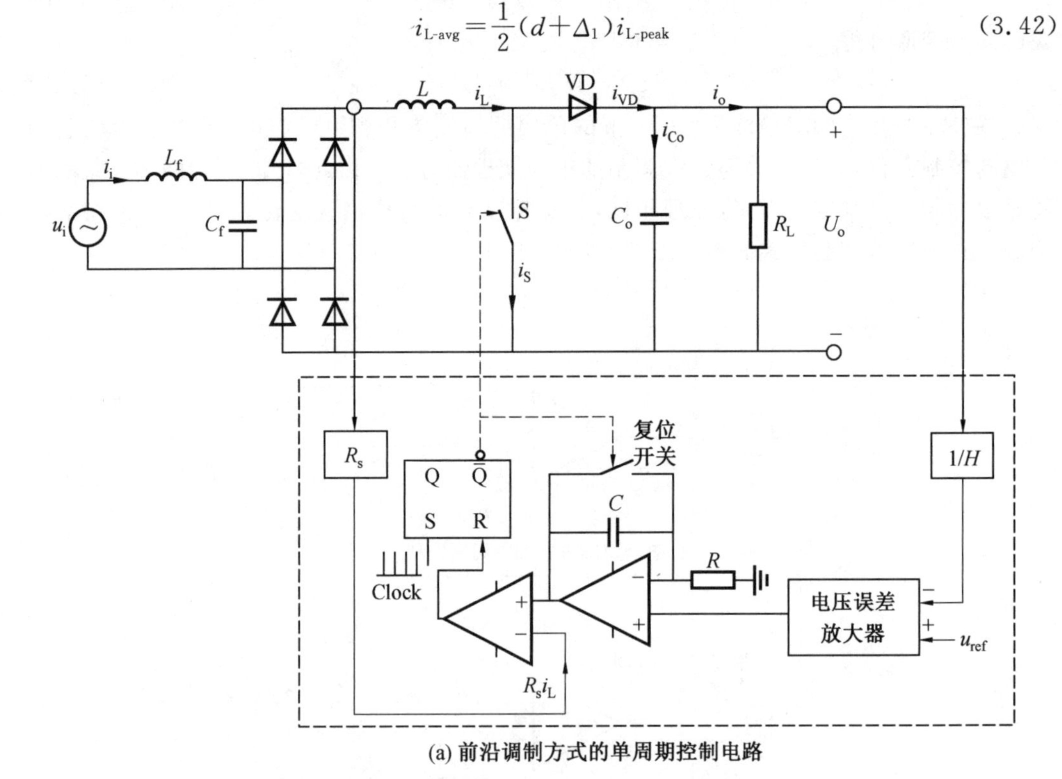

(a) 前沿调制方式的单周期控制电路

图3.20　CCM单周期控制电路

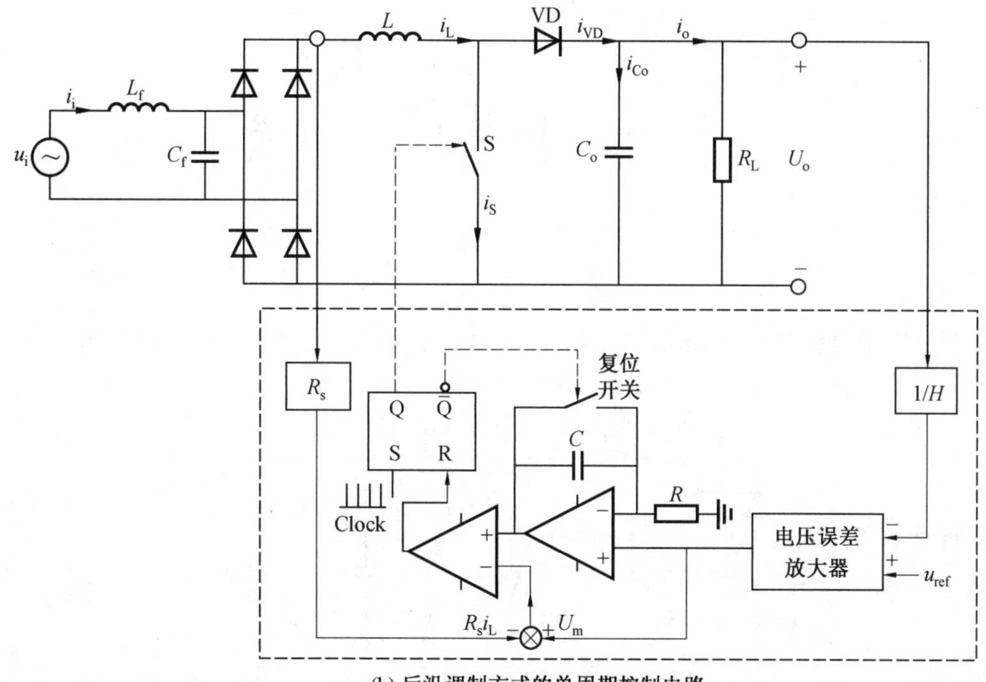

(b) 后沿调制方式的单周期控制电路

续图 3.20

将式(2.15)与式(2.16)代入式(3.42),可得

$$i_{L\text{-avg}}=\frac{U_o u_d}{2L(U_o-u_d)}d^2 T_c \tag{3.43}$$

结合式(3.36)与式(3.43),得到 DCM 下占空比 d 的表达式为

$$d^2=\frac{2L}{r_e T_c}\frac{U_o-u_d}{U_o} \tag{3.44}$$

令 $U_p=U_o\frac{r_e T_c}{2L}$,式(3.44)可化简为

$$U_p d^2=U_o-u_d \tag{3.45}$$

式(3.45)即为 DCM 下的单周期控制方程,可以发现,与 CCM 不同,DCM 下占空比 d 与整流桥输出电压 u_d 及输出电压 U_o 有关,而不受电感电流 i_L 的影响,因此 DCM 下的单周期控制不需要进行电流采样。

DCM 单周期控制方程中存在占空比 d 的平方运算,可利用两个复位积分器得以实现,其原理如图 3.21 所示。

DCM 单周期控制与 CCM 单周期控制的后沿调制方式类似,为定时导通,控制关断。每一个时钟信号到来时开关管导通,同时两个复位积分器开始积分,积分器 1 对导通时间积分,得到 $U_p d$;积分器 2 对 $U_p d$ 进行积分,得到 $U_p d^2$。当积分器 2 的输出 $U_p d^2$ 达到 U_o-u_d,即满足式(3.45)所示的单周期控制方程时,比较器翻转,开关管关断,从而实现了对系统占空比的控制。

DCM 单周期控制可采用图 3.22 所示的控制电路得以实现,通过两个复位积分器在

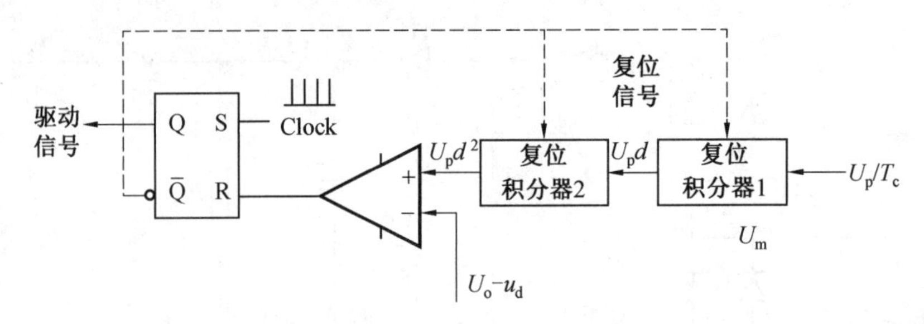

图 3.21　DCM 单周期控制的原理

每个开关周期的积分作用，得到 U_pd^2，再经过比较器和 RS 触发器，就能得到满足式(3.45)所示的占空比信号，用于控制开关管的通断。

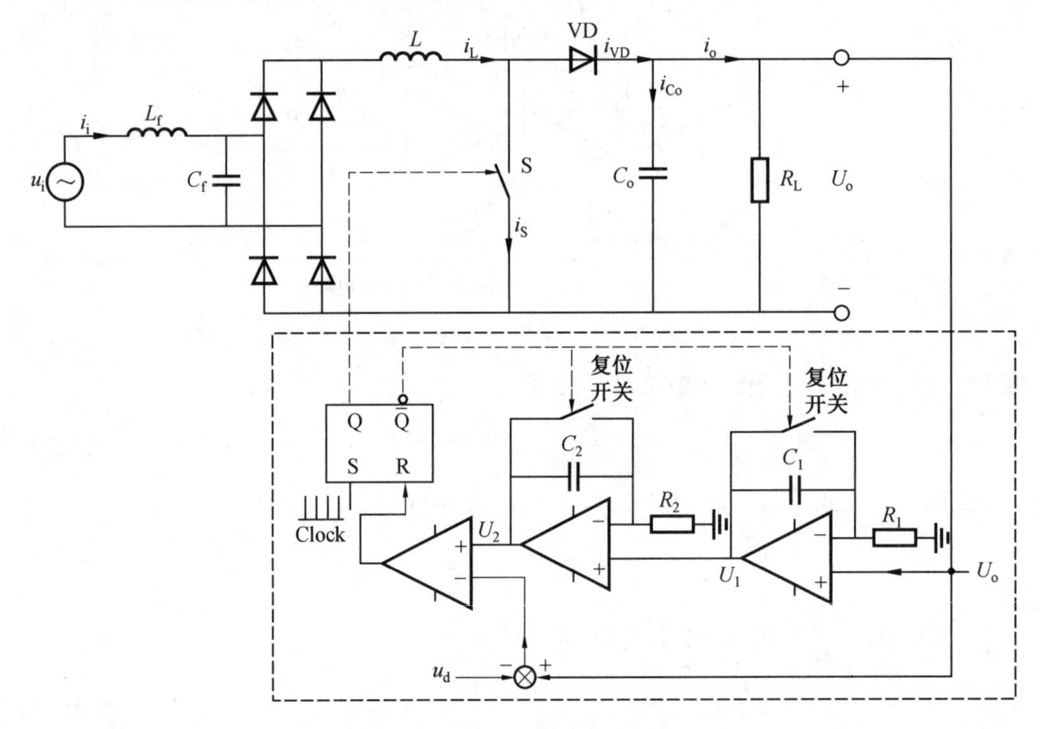

图 3.22　DCM 单周期控制电路

由控制电路可知，两个积分器的输出信号 U_1、U_2 可分别表示为

$$U_1=\frac{U_o}{R_1C_1}t \tag{3.46}$$

$$U_2=\frac{U_o}{2R_1C_1R_2C_2}t^2 \tag{3.47}$$

为了获得 U_pd^2，U_2 需满足

$$U_2=U_pd^2=U_o\ \frac{r_eT_c}{2L}\left(\frac{t_{on}}{T_c}\right)^2 \tag{3.48}$$

由此得到两个积分器参数所需满足的表达式为

$$R_1C_1R_2C_2=\frac{LT_c}{r_e} \tag{3.49}$$

由 DCM 单周期控制电路可知，在没有电压环的情况下，DCM 单周期控制仍然可以维持输出电压 U_o 的稳定，然而此时输出电压纹波会进入控制环中，通过两次积分器后该纹波信号会被放大，进而使得输入电流的谐波含量增大。为此，引入带宽较低电压环，并令 kU_v（U_v为电压环输出、k 为调制系数）替代控制方程中的 U_o，以消除输出电压纹波对控制环的影响；单周期控制原理不变，当负载和输入电压稳定时，占空比 d 仍然能够按照式(3.45)所示的单周期控制方程所确定的规律变化，引入电压环的 DCM 单周期控制电路如图 3.23 所示。

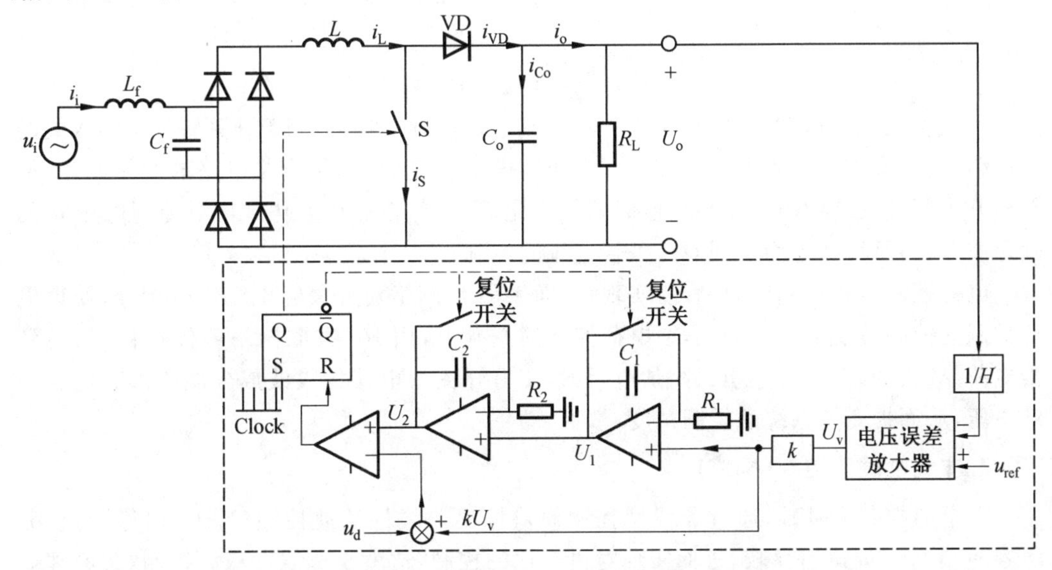

图 3.23　引入电压环的 DCM 单周期控制电路

3.3.3　单周期控制原理在其他新型控制技术上的应用

将单周期控制基本原理应用到其他电流型控制策略，从而衍生出电荷控制(CC)、准电荷控制(QCC)、非线性载波控制(NLC)以及输入电流整形控制(ICC)等用于功率因数校正的新型控制策略。

1. 电荷控制(CC)与准电荷控制(QCC)

电荷控制即在每个开关周期内对流过开关管电流的检测信号进行积分，得到表征输入总电荷量的电压信号，通过控制这一电压去控制输入的总电荷量，进而控制开关管电流，其原理如图 3.24 所示。

与 CCM 单周期控制的后沿调制方式类似，电荷控制仍为定时导通，控制关断。恒频时钟导通功率开关管 S，利用电容 C 对开关管电流 i_S 进行积分，当积分电容两端电压 u_C 达到控制电压 u_t 时，比较器翻转，开关管关断，同时导通辅助开关，使得积分电容 C 能够快速放电，保证在下一个时钟信号到来之前电容两端电压 u_C 降为 0。

u_C 表征了一个开关周期内流过开关管的总电荷量，与开关管电流的开关周期平均值成比例，其变化规律受控制电压 u_t 的调制。那么，给定控制电压 u_t 的变化波形，就可以对开关管开关周期内流过的总电荷进行控制，进而实现对开关管电流的控制。

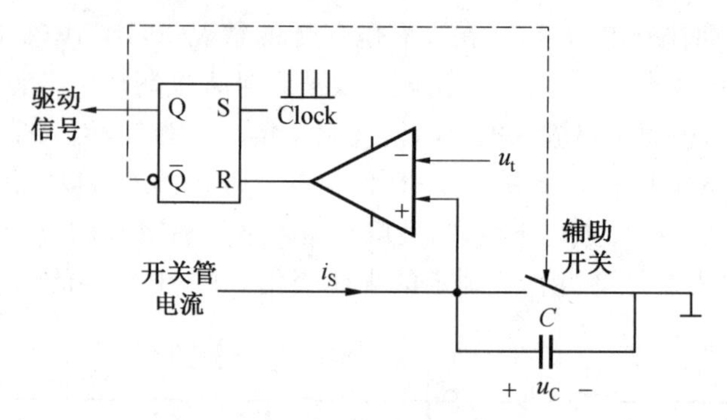

图 3.24 电荷控制原理

可以发现,电荷控制主要是对开关管电流进行控制,因此适用于开关管位于输入侧的主电路,进而实现对输入电流的控制。在使用电荷控制时,需结合主电路的工作原理,推导出开关管开关周期内电流平均值的期望变化规律,并根据该变化规律对控制电压 u_t 的给定波形进行设计,进而实现对开关管电流的控制。

电荷控制方式控制简单、容易实现,然而采用 C 网络对开关管电流进行积分,使得电荷控制的控制精度不高。为此,在电荷控制的基础上,用 RC 并联网络替代 C 网络,得到准电荷控制(QCC)。通过引入附加电阻 R,使得开关管电流的纹波成分能够影响电容两端电压,从而提高了系统的控制精度。

2. 非线性载波控制(NLC)

以电荷控制为基础,通过非线性控制模块输出非线性载波控制(NLC)信号,与积分电容两端电压 u_C 进行比较,进而实现对占空比的控制,这就是非线性载波控制,其原理如图 3.25 所示。

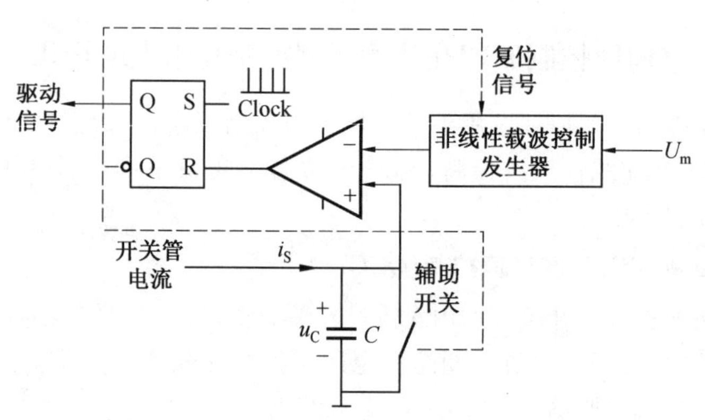

图 3.25 非线性载波控制原理

以 CCM 下 Boost 型 APFC 变换器为例进行具体说明。开关周期内,流经开关管 S 的电流可表示为

$$i_S=\begin{cases}i_{L\text{-avg}} & (0\leqslant\tau<dT_c)\\0 & (dT_c\leqslant\tau<T_c)\end{cases}\tag{3.50}$$

由此得到开关管开关周期内电流平均值 $i_{S\text{-avg}}$ 的表达式为

$$i_{\text{S-avg}}=\frac{1}{T_c}\int_0^{T_c} i_S(\tau)\mathrm{d}\tau = d i_{\text{L-avg}} \tag{3.51}$$

结合式(3.35)、式(3.36)以及式(3.51)，可以得到

$$i_{\text{S-avg}}=\frac{U_o}{r_e}d(1-d) \tag{3.52}$$

在式(3.52)两边同时乘 R_s 可得

$$R_s i_{\text{S-avg}}=\frac{R_s}{r_e}U_o d(1-d) \tag{3.53}$$

式中，R_s 为电感电流等效采样电阻。令

$$U_m=\frac{R_s}{r_e}U_o \tag{3.54}$$

式(3.54)可整理为

$$R_s i_{\text{S-avg}}=U_m d(1-d) \tag{3.55}$$

式(3.55)即为非线性载波控制的控制方程，式中存在平方项，可利用两个复位积分器得以实现。此外，为了稳定输出电压，仍保留电压外环并将其输出信号作为调制电压 U_m，非线性载波控制电路如图 3.26 所示。

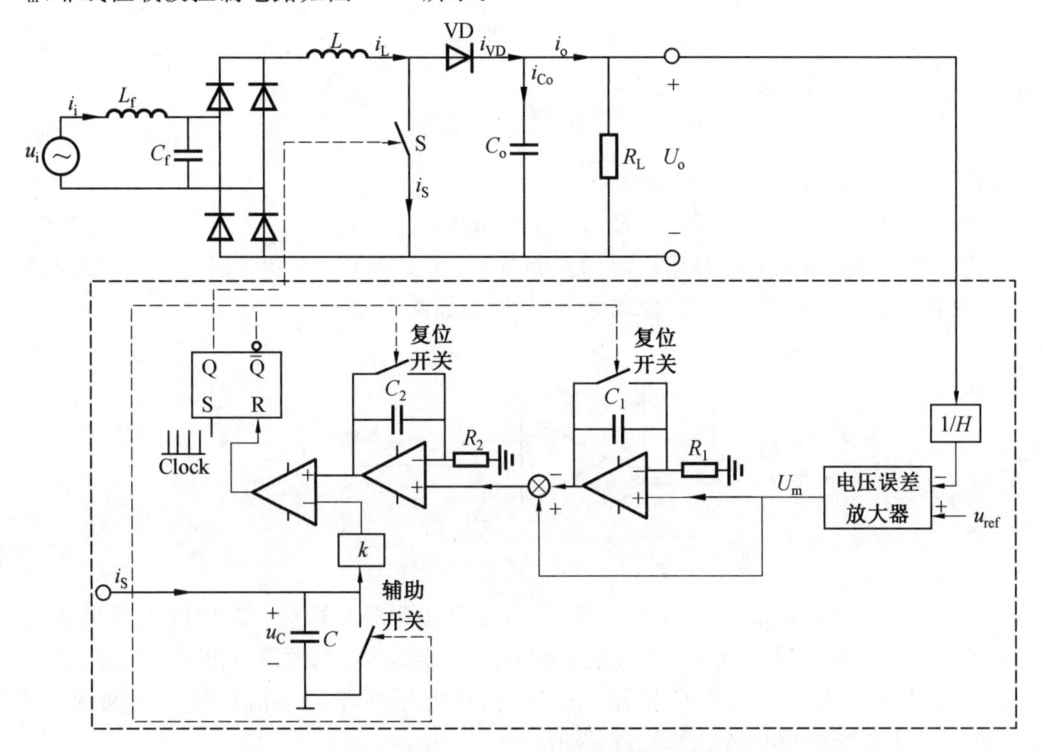

图 3.26　非线性载波控制电路

除了具备电荷控制的优势外，非线性载波控制还能在单周期内消除扰动，具有较强的抗干扰性；外加非线性补偿，系统稳定性较好。此外，非线性载波控制的控制理念对其他非线性控制也具有一定的参考价值。

3. 输入电流整形控制(ICC)

与之前提到的控制策略不同,输入电流整形控制是以脉冲前沿调制为基础,通过采样输出侧二极管电流和输出电压实现输入侧的功率因数校正,以 CCM 下 Boost 型 APFC 变换器为例进行具体说明。

根据输入一输出功率守恒,得到开关周期内电感电流平均值 $i_{\text{L-avg}}$ 与二极管电流平均值 $i_{\text{VD-avg}}$ 之间的关系式为

$$u_{\text{d}} i_{\text{L-avg}} = U_{\text{o}} i_{\text{VD-avg}} \tag{3.56}$$

结合式(3.35)、式(3.36)以及式(3.56),可以得到

$$i_{\text{VD-avg}} = \frac{u_{\text{d}} i_{\text{L-avg}}}{U_{\text{o}}} = \frac{(1-d)U_{\text{o}} i_{\text{L-avg}}}{U_{\text{o}}} = \frac{(1-d)u_{\text{d}}}{r_{\text{e}}} = \frac{(1-d)^2 U_{\text{o}}}{r_{\text{e}}} \tag{3.57}$$

开关管关断期间,流经二极管 VD 的电流为电感电流,开关周期内可将其视为定值,可以得到

$$i_{\text{VD-avg}} = \frac{1}{T_{\text{c}}} \int_0^{t_{\text{off}}} i_{\text{VD}}(\tau) \mathrm{d}\tau = (1-d) i_{\text{VD}} \tag{3.58}$$

由此得到二极管电流 i_{VD} 的表达式为

$$i_{\text{VD}} = \frac{(1-d)U_{\text{o}}}{r_{\text{e}}} \tag{3.59}$$

对式(3.59)进行整理可得

$$r_{\text{e}} i_{\text{VD}} = (1-d)U_{\text{o}} \tag{3.60}$$

在式(3.60)两边同时乘 R_{s},并结合式(3.54)可得

$$R_{\text{s}} i_{\text{VD}} = (1-d)U_{\text{m}} \tag{3.61}$$

式(3.61)即为输入电流整形控制的控制方程,类似于 CCM 单周期控制的前沿调制方式,该种控制方式为定时关断,控制导通,其原理如图 3.27 所示。

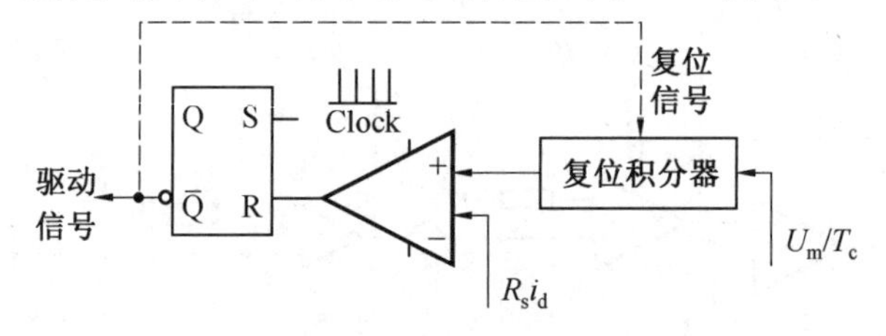

图 3.27　输入电流整形控制原理

每一个时钟信号到来时,开关管关断,同时复位积分器开始对关断时间进行积分,当积分器的输出满足式(3.61)所示的控制方程时,比较器翻转,触发器输出高电平驱动开关管导通,同时对积分器进行复位操作。此外,仍将电压外环的输出信号作为调制电压 U_{m},输入电流整形控制电路如图 3.28 所示。

输入电流整形控制是将输出侧二极管电流作为被控对象,进而实现对输入电流的校正,该种控制方式对输出侧具有很好的动态响应,抗负载扰动能力也较强,以最简化的方式实现了中小功率开关电源“绿色”供电的目标。

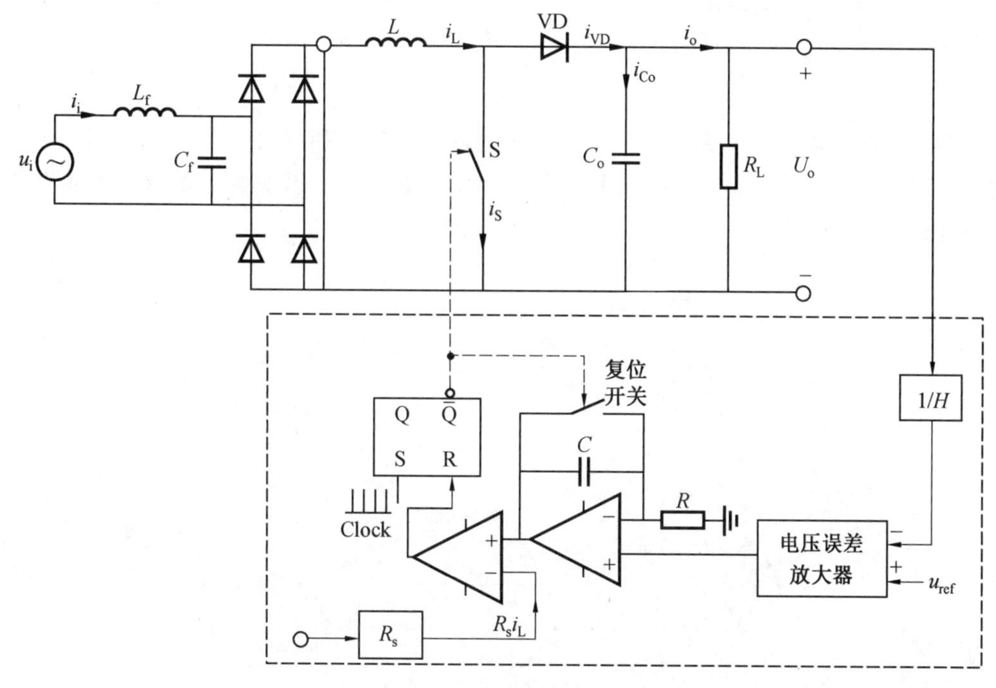

图 3.28 输入电流整形控制电路

3.4 其他新型控制策略

考虑到变换器运行的各种不确定性(参数的未知性、时变性)、非线性及变量间的关联性等,对其控制系统的设计,已不能采用单一基于定量数学模型的传统控制理论和控制技术,必须进一步开发新型的控制策略。除了前面提到的单周期控制策略外,其他新型控制策略也被陆续提出。本节将对目前应用较多、控制效果较好的窗口控制、滑模变结构控制及预测电流控制进行介绍。

3.4.1 窗口控制

在硬开关电路中,开关损耗与开关频率成正比,较高的开关频率会使得开关损耗占据全部损耗较大的比例,严重降低系统效率。这种情况下,通常采用较低的开关频率以降低开关损耗,但与此同时会带来主电路电感较大、输出电压波动范围较大等问题。为此,给出一种窗口控制方式,在选定窗口处适当降低开关频率,从而在不增大电感体积的条件下有效提高系统的效率,同时获得稳定的输出电压和良好的 PFC 效果。

输入侧电压、电流呈同相位的正弦波变化,则瞬时输入功率可表示为

$$P_i(t)=u_i(t)i_i(t)=2U_iI_i\sin^2\omega t=P_o(1-\cos 2\omega t) \tag{3.62}$$

由式(3.62)可知,瞬时输入功率 P_i 不是恒定不变的,而是以二倍工频脉动,其变化波形如图 3.29 所示,其中主要的功率传递区域集中在图中的阴影部分,该区域所传递的功率为

$$P_{\text{shadow}}(t)=\frac{1}{\pi}\int_{\frac{\pi}{4}}^{\frac{3\pi}{4}}P_{\text{i}}(\omega t)\text{d}(\omega t)=\frac{1}{\pi}\int_{\frac{\pi}{4}}^{\frac{3\pi}{4}}P_{\text{o}}(1-\cos 2\omega t)\text{d}(\omega t)=81.8\%P_{\text{o}} \tag{3.63}$$

可见，大部分输入功率集中在该阴影区域内向输出侧传递，与此同时，变换器功率损耗的大部分也产生于该阴影区域。因此，降低该阴影区域处的开关频率能够有效地降低开关损耗，提高系统效率。

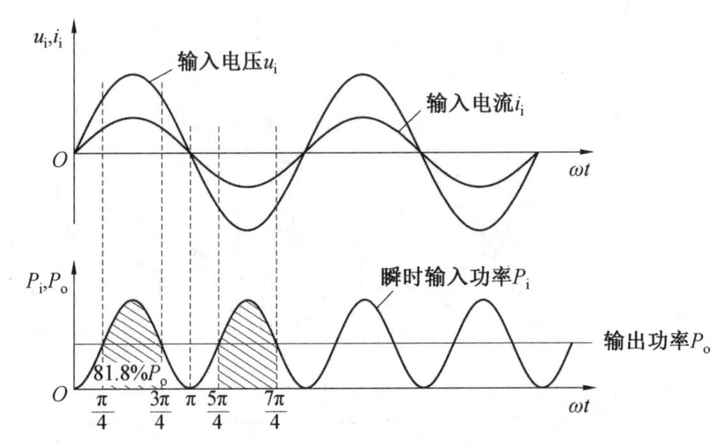

图 3.29　输入侧电压、电流以及输入功率的变化波形

基于变换器输入功率的传递特点，给出一种窗口控制策略，其基本原理如图 3.30 所示，其中 T_i 为工频周期，W 为窗口区域宽度。窗口区域采用开关频率较低的控制信号($u_{g3}\cap u_{g4}$)，而非窗口区域采用开关频率较高的控制信号($u_{g1}\cap u_{g2}$)。

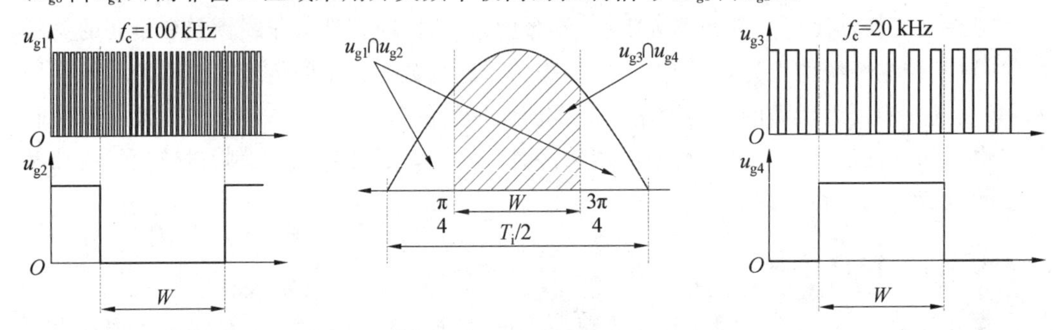

图 3.30　窗口控制基本原理

在半个工频周期内，输入功率主要在输入电压峰值附近区域(图 3.30 所示的阴影部分)进行传递，这一区域内开关管损耗占据了全部损耗较大的比例，因此需降低这一区域的开关频率以有效降低该区域内的开关损耗。为防止形成音频噪声，要求最低开关频率不能低于 20 kHz。而在输入电压半波的两侧区域，传递的输入功率较少，开关管的损耗也较少，此时较低的开关频率难以很好地跟踪给定正弦信号，且输入电流容易出现过零畸变的现象，严重影响了输入侧的 PFC 效果，因此在该区域内应采用较高的开关频率(图示为 100 kHz)，以获得较高的功率因数。此外，开关频率的具体设计还需要考虑电感体积及 EMI 滤波器等影响因素。

窗口区域宽度 W 是窗口控制中尤为重要的参数，W 选取的大小将直接影响系统效率与输入侧功率因数。W 增大，系统的效率会随之增大，但与此同时输入电流的谐波变大，输入侧功率因数会有所下降。实际电路中往往对功率因数的大小有着不同的要求，因此可以根据具体功率因数的要求对 W 的上限进行限制。

图 3.31 所示为窗口控制实现电路，通过检测整流桥输出电压 u_d，并将 u_d 与其滤波后的直流成分进行比较，进而获得控制窗口宽度 W 的控制信号，该信号不受输入电压幅值的影响。PFC 控制芯片采用 UC3854，开关频率 f_c 由外接振荡电容 C_t 和电阻 R_{set} 决定，一般通过切换 C_t 的大小实现窗口频率的切换。

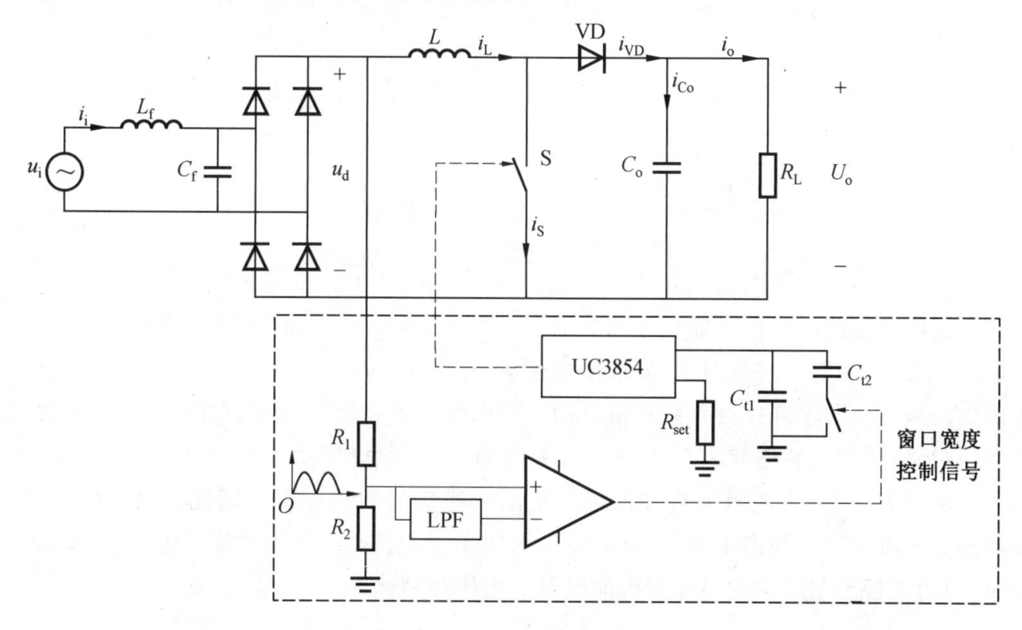

图 3.31　窗口控制实现电路

3.4.2　滑模变结构控制

在功率因数校正系统中，输入电流的稳态特性和输出电压的暂态特性之间存在着矛盾关系，应用滑模变结构控制，可以使系统在输入电流稳态特性和输出电压暂态特性之间进行协调，在输入电流满足相关标准的条件下，尽可能地提高输出电压的动态响应。

滑模变结构控制是一种高速切换的非线性、不连续的开关反馈控制，通过控制量的不断切换，使系统状态在较短时间内进入预先设定的滑模面滑动，当遇到参数扰动与外部干扰时，系统状态仍能保持不变，系统的动态品质仅取决于滑模面的参数和控制规律。为了充分展现滑模控制的优势，设计时需重点考虑以下两个方面。

(1) 寻求滑模面函数，使被控系统在滑模面上的运动渐近稳定且品质良好。

(2) 设计相应的变结构控制，使滑模面满足到达条件。

设描述开关变换器的状态方程为

$$\dot{\boldsymbol{x}}(t)=\boldsymbol{A}(t)\boldsymbol{x}(t)+\boldsymbol{B}(t)u \tag{3.64}$$

式中，$\boldsymbol{x}(t)$ 为 n 维状态变量，$\boldsymbol{x}(t)=[x_1(t),x_2(t),\cdots,x_n(t)]^{\mathrm{T}}$；$u$ 为变结构控制律，其取值为 $\{0,1\}$；$\boldsymbol{A}(t)$、$\boldsymbol{B}(t)$ 为变换器系数矩阵。

相对于高频切换的开关变换器网络，$\boldsymbol{A}(t)$和$\boldsymbol{B}(t)$具有较慢的变化速度，因此可将$\boldsymbol{A}(t)$和$\boldsymbol{B}(t)$作为常量处理。系统稳态平衡点$\boldsymbol{x}^*(t)=[x_1^*(t),x_2^*(t),\cdots,x_n^*(t)]^{\mathrm{T}}$，选取合适的状态变量$x_i(t)$作为直接控制对象，则其稳态值$\boldsymbol{x}_j^*(t)=[x_i^*(t)\boldsymbol{A}(t),\boldsymbol{B}(t)]$ $(j\neq i$，$x_j(t)$为间接控制对象)。设时变滑模面$S=x_i(t)-x_i^*(t)=0$，到达条件可表示为

$$S\dot{S}<0 \tag{3.65}$$

根据式(3.65)，对控制律u进行设计。可以发现，由于滑模面的设计是根据$\boldsymbol{A}(t)$和$\boldsymbol{B}(t)$的变化而不断修正的，因此可以较好地实现变换器闭环控制系统对参数扰动的鲁棒性。

结合Boost型APFC变换器，对滑模控制的实现进行具体介绍。稳态时，变换器的状态方程为

$$\begin{bmatrix}\dot{i}_{\mathrm{L}}(t)\\ \dot{u}_{\mathrm{o}}(t)\end{bmatrix}=\begin{bmatrix}0 & -\dfrac{1}{L}\\ \dfrac{1}{C_{\mathrm{o}}} & -\dfrac{1}{R_{\mathrm{L}}(t)C_{\mathrm{o}}}\end{bmatrix}\begin{bmatrix}i_{\mathrm{L}}(t)\\ u_{\mathrm{o}}(t)\end{bmatrix}+\begin{bmatrix}\dfrac{u_{\mathrm{o}}(t)}{L}\\ -\dfrac{i_{\mathrm{L}}(t)}{C_{\mathrm{o}}}\end{bmatrix}u+\begin{bmatrix}\dfrac{u_{\mathrm{d}}(t)}{L}\\ 0\end{bmatrix} \tag{3.66}$$

该变换器的控制目标主要包含两个指标，即输出电压$u_{\mathrm{o}}(t)$和电感电流$i_{\mathrm{L}}(t)$。取输出电压$u_{\mathrm{o}}(t)$作为直接控制对象(即取滑模面$S=u_{\mathrm{o}}(t)-u_{\mathrm{o}}^*(t)=0$，其中$u_{\mathrm{o}}^*(t)$为输出给定电压)时，变换器闭环控制系统在滑模面上的运动是不稳定的，因而只能令$u_{\mathrm{o}}(t)$作为间接控制对象；而取电感电流$i_{\mathrm{L}}(t)$作为直接控制对象(即取滑模面$S=i_{\mathrm{L}}(t)-i_{\mathrm{L}}^*(t)=0$，其中$i_{\mathrm{L}}^*(t)$为时变的给定电感电流)时，可产生渐近稳定的滑模运动。因此，可根据变换器的状态方程求出系统稳态平衡点，进而设计出以电感电流$i_{\mathrm{L}}(t)$为直接控制对象、输出电压$u_{\mathrm{o}}(t)$为间接控制对象的时变滑模面以及变结构控制律u。

$$\begin{cases}\dot{i}_{\mathrm{L}}(t)=0\\ \dot{u}_{\mathrm{o}}(t)=0\end{cases} \tag{3.67}$$

结合式(3.66)，得到电路稳定时的平衡点为

$$\begin{bmatrix}i_{\mathrm{L}}^*(t)\\ u_{\mathrm{o}}^*(t)\end{bmatrix}=\begin{bmatrix}\dfrac{(u_{\mathrm{o}}^*)^2}{u_{\mathrm{i}}(t)R(t)}\\ u_{\mathrm{o}}^*\end{bmatrix} \tag{3.68}$$

$u_{\mathrm{i}}(t)$和$R(t)$变化较缓慢，可将其当作常量处理。电感电流$i_{\mathrm{L}}(t)$为直接控制对象，由此设定滑模面为

$$S=i_{\mathrm{L}}(t)-\frac{(u_{\mathrm{o}}^*)^2}{u_{\mathrm{i}}(t)R(t)}=0 \tag{3.69}$$

其相应满足到达条件式(3.65)的变结构控制律为

$$u=\begin{cases}1 & (S<0)\\ 0 & (S>0)\end{cases} \tag{3.70}$$

由式(3.69)可知，滑模面中引入了输入电压和负载作为参量，使得闭环控制系统具有较好的抗输入干扰和抗负载扰动的能力。令$\dot{S}=0$，并代入式(3.66)可得滑模面上运动的等效控制$u_{\mathrm{eq}}=1-u_{\mathrm{d}}(t)/u_{\mathrm{o}}(t)$，将$u_{\mathrm{eq}}$和滑模面表达式代入电流状态方程，得到变换器滑

模面上的运动方程为

$$\begin{cases}\dfrac{du_o^2(t)}{dt}=-\dfrac{2}{R(t)C_o}u_o^2(t)+\dfrac{2\,(u_o^*)^2}{R(t)C_o}\\ i_L(t)=\dfrac{(u_o^*)^2}{u_d(t)R(t)}\end{cases} \tag{3.71}$$

理论上,闭环滑模控制系统具有无限高的开关频率,然而在具体实现时是无法做到的,因此需采取相应的开关频率降低方法,如延迟法,即修改变结构控制律为

$$u=\begin{cases}1 & (S<-\delta)\\ 0 & (S>+\delta)\end{cases} \tag{3.72}$$

式中,δ 为控制延迟量,可利用滞回比较器得以实现。

滑模变结构控制对被控对象数学模型的要求不高,同时可使系统具有良好的瞬态响应、对参数扰动和外界干扰表现出强鲁棒性、总谐波失真较小、易于数字化实现等特点。然而,该种控制方式存在固有的抖振现象,使得变换器的控制精度和稳定性受到影响。此外,滑模变结构控制的开关频率不易确定,使得滤波器的选择就相对困难,因此无法从根本上解决高频抖动的问题。考虑到传统 PI 控制具有稳态特性好、精度高的特点,可采用 PI 控制与滑模变结构控制相结合的方式实现对 APFC 变换器的精确控制,当输出误差较小时采用 PI 控制,当输出误差较大时采用滑模变结构控制。在这种控制方式下,系统仍具有快速性和鲁棒性,同时 PI 控制的作用可有效消除固有的滑模面附近高频抖动以及滑动模态误差问题。

3.4.3　预测电流控制

随着电力电子器件高频化和数字信号处理技术的日趋完善,数字控制在功率因数校正技术领域的应用越来越广泛,但是考虑到其运算速度有限,大量的采样计算及处理工作会使得 APFC 变换器的开关频率受到一定的限制。在这种情况下,使用预测电流控制可以有效解决开关频率与运算速度之间的矛盾,并充分展现数字控制的优势。该种控制方式下,当前开关周期内的所有占空比都将由预测电流控制策略在前一个开关周期内预先产生,没有电流环和电流采样,所以在每个开关周期中需要完成的工作量很少。

与一般的控制方式不同,预测电流控制不用对电感电流进行采样,同时,电流参考值的正弦波形可利用数字控制器中建立的正弦表获得,进而使输入电流实现标准正弦调制,从而不受输入电压谐波的影响。

预测电流控制本质上是一种基于精确数学模型的控制算法,其控制效果依赖于被控模型参数的准确性,因此该种控制对变换器参数的变化较敏感。以 Boost 型 APFC 变换器为例,预测电流控制原理如图 3.32 所示。

对主电路的状态方程进行平均化处理,可得

$$L\frac{di_{L\text{-}avg}}{dt}=u_d-(1-d)U_o \tag{3.73}$$

由于系统开关频率较高,因此可认为

$$\frac{di_{L\text{-}avg}}{dt}=\frac{i_L(t+T_c)-i_L(t)}{T_c} \tag{3.74}$$

结合式(3.73)与式(3.74)可知,第 $k+1$ 时刻的电感电流为

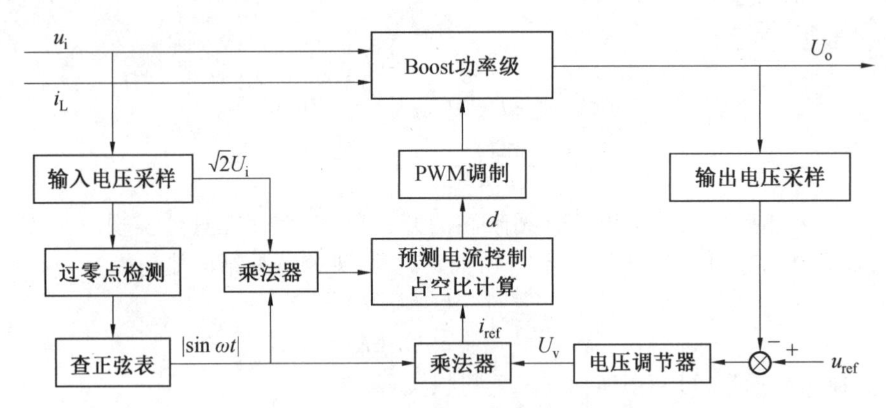

图 3.32　预测电流控制原理

$$i_L(k+1)=i_L(k)+\frac{u_d(k)T_c}{L}-\frac{U_o[1-d(k+1)]T_c}{L} \tag{3.75}$$

对式(3.75)进行变形,可以得到第 $k+1$ 时刻占空比 d 的表达式为

$$d(k+1)=1-\frac{u_d(k)}{U_o}+L\frac{i_L(k+1)-i_L(k)}{U_oT_c} \tag{3.76}$$

由于没有对电感电流进行采样,因此需要根据预先设定好的与输入电压同步的正弦表查表得到式(3.76)中的电感电流,即

$$\begin{cases} i_L(k)=i_{ref}(k)=U_v|\sin \omega t_k| \\ i_L(k+1)=i_{ref}(k+1)=U_v|\sin \omega t_{k+1}| \end{cases} \tag{3.77}$$

式中,U_v 为电压环的输出值,用来调节输入电流的峰值大小。

再根据 $u_d(k+1)=\sqrt{2}U_i|\sin \omega t_{k+1}|$,$U_o=u_{ref}$,得到预测电流控制在第 $k+1$ 个开关周期的占空比,即占空比控制方程为

$$d(k+1)=1-\frac{\sqrt{2}U_i|\sin \omega t_{k+1}|}{u_{ref}}+\frac{LU_v}{u_{ref}T_c}(|\sin \omega t_{k+1}|-|\sin \omega t_k|) \tag{3.78}$$

预测电流控制方式是以去掉电感电流检测的方式来提高开关频率的。然而,在没有电流内环的情况下很难得到低谐波输入电流,因此为了使输入电感电流呈正弦,需在该种控制策略中加入大量的辅助计算。为此,对上述传统预测电流控制进行改进,通过引入电感电流的采样,得到 $i_L(k)$,并以此取代式(3.77)中的 $i_{ref}(k)$,避免了常规控制算法在每个开关周期中复杂的占空比运算,有效地提高了控制系统的运行效率。

预测电流控制具有高动态响应、清晰的物理概念等技术优势,受到了越来越多的研究关注。但是,该种控制方式存在对变换器参数变化,以及内、外部扰动敏感的不足,当实际参数与计算模型之间存在较大偏差时,若仍然按照预先确定的数学模型进行控制,输入电流将会发生畸变,严重时会使系统不稳定。为了克服预测电流控制策略对系统参数的依赖,可结合其他模型控制的特点,对预测控制进行改进,例如基于变换器统一的超局部模型,建立了无模型预测电流控制器,在兼具预测电流控制优良的动静态控制性能的同时,提升了控制系统对变换器参数不确定性及非线性的鲁棒性。

第 4 章　典型单相 APFC 变换器的改进

Boost 型 APFC 变换器因结构简单、控制方法成熟、功率因数高等优点，在工业界应用最为广泛，成为典型 APFC 变换器结构。为适应电力电子设备小型化、紧凑化发展趋势，降低 PFC 电路的损耗、提高电路的效率和功率密度一直是 APFC 领域的研究重点。对典型单相 APFC 变换器硬件电路的改进，主要包括电路结构和功率器件两个方面，在电路结构方面采用无桥 APFC、交错并联 APFC 及软开关技术，在功率器件方面则采用宽禁带器件，如碳化硅(SiC)和氮化镓(GaN)等新型器件。

4.1　无桥 Boost APFC 变换器的结构与工作原理

4.1.1　基本型无桥 Boost APFC 电路的工作原理

能实现 APFC 的电路拓扑结构有多种，如 Buck、Boost、Buck-Boost、Fly-back 等，其中图 4.1 所示为传统 Boost 型 APFC 电路，该电路适用输入电压范围为 85～265 V，在中大功率场合应用最为广泛。APFC 电路工作过程中的损耗主要由两部分组成，即整流桥二极管的通态损耗，Boost 变换器中功率开关管及续流二极管的通态损耗和开关损耗。随着功率等级的提高和电流的增大，整流桥中的损耗将占整个变换器损耗的很大一部分。针对这一问题，1983 年，罗克韦尔公司(Rockwell corp)率先提出了无桥 Boost APFC 拓扑结构，由于这种 Boost 形式的无桥电路最先被提出，因此通常称它为基本型无桥 Boost APFC 电路，如图 4.2 所示。

表 4.1 所示为基本型无桥 Boost APFC 与传统 Boost 型 APFC 所用器件对比表，从表中可以看出，基本型无桥 Boost APFC 在工作过程中，在电流流通路径上只有两个半导体器件，而在传统 Boost 型 APFC 电路中每个工作时刻则有三个半导体器件，因此无桥 Boost APFC 省略整流桥后，不仅所用的半导体器件总量变少，同时由于工作过程中电流流通路径上的半导体器件数量减少了一个，因此它具有通态损耗低、效率高的优势。

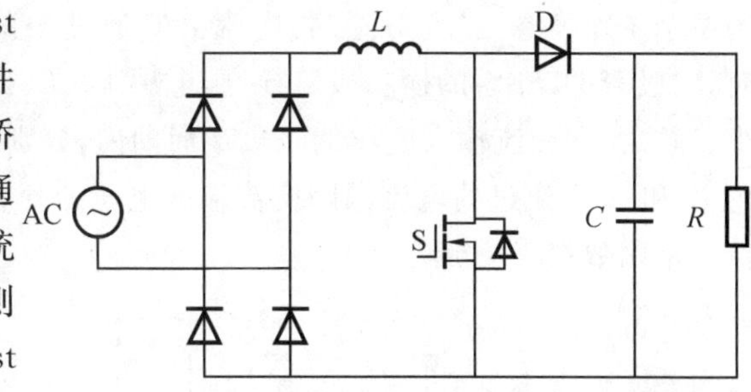

图 4.1　传统 Boost 型 APFC 电路

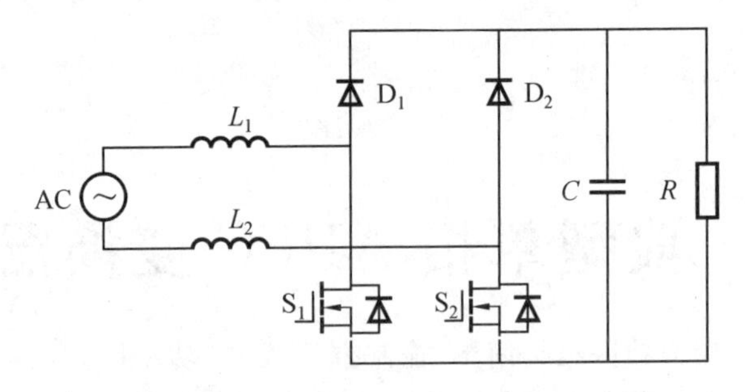

图 4.2 基本型无桥 Boost APFC 电路

表 4.1 基本型无桥 Boost APFC 与传统 Boost 型 APFC 所用器件对比表

电路	低速二极管	高速二极管	开关管	导通路径(通/断)
传统 APFC	4	1	1	2 个低速二极管、1 个开关管/(2 个低速二极管、1 个高速二极管)
无桥 APFC	0	2	2	1 个开关管体二极管、1 个开关管/(1 个开关管体二极管、1 个二极管)

图 4.2 所示基本型无桥 Boost APFC 电路省略了传统 Boost 型 APFC 电路中的整流桥，电路由两个高速二极管(D_1、D_2)、两个开关管(S_1、S_2)、两个电感(L_1、L_2)、输出母线电容(C)和负载(R)组成。开关管 S_1 和 S_2 的源极电位相同，因此电路工作过程中可用同一个驱动信号。为了分析稳态特性，假设开关管、二极管均为理想器件。

对于工频交流输入的正负半周期而言，基本型无桥 Boost APFC 电路可以等效为两个电源电压相反的 Boost 型 APFC 电路的组合。当输入电压为正半周期时(图 4.3(a))，电感电流为正，该阶段可以分为两个工作模态：当 S_1 导通时，电流由 S_1 通过 S_2 的体二极管给电感 L_1、L_2 储能；当 S_1 关断时，二极管 D_1 与 S_2 的体二极管导通，电感 L_1、L_2 和输入电源共同给负载供电，电感储能减少。同样，当输入电压为负半周期时(图 4.3(b))，电路也分为两个工作模态：当 S_2 导通时，电流由 S_2 通过 S_1 的体二极管给电感 L_2、L_1 储能；当 S_2 关断时，二极管 D_2 与 S_1 的体二极管导通，电感 L_2、L_1 和输入电源共同给负载供电，电感储能减少。总之，在交流输入电压的正负半周期内，分别控制开关管 S_1 和 S_2 的导通与关断，使电感 L_1 和 L_2 中流过的电流跟踪交流输入电压的变化，电压和电流相位差趋近于零，实现单位功率因数校正功能。

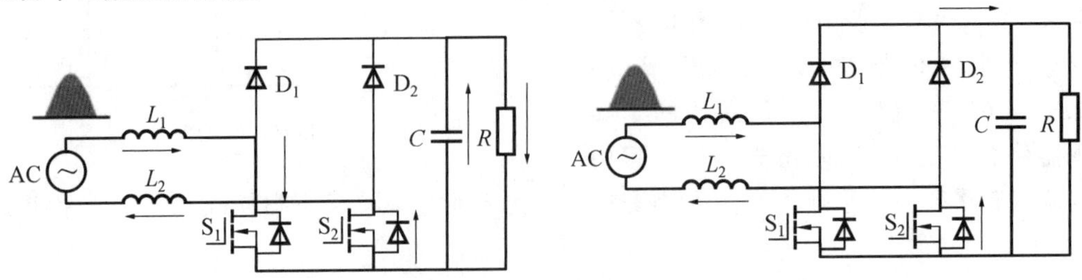

(a) 输入电压为正半周期时的工作模态

图 4.3 基本型无桥 Boost APFC 的工作模态

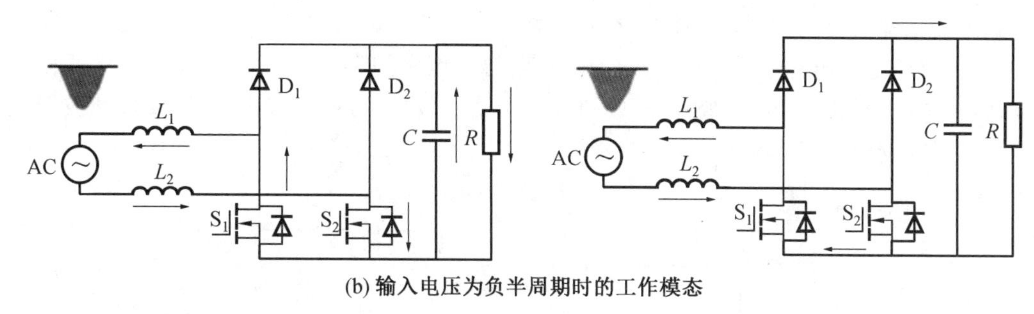

(b) 输入电压为负半周期时的工作模态

续图 4.3

4.1.2　无桥 Boost APFC 的 EMI 分析和抑制方法

无桥 Boost APFC 作为一种开关变换器，其电磁干扰(EMI)分为传导干扰和辐射干扰两种，当电路的谐波电平在高频段(频率范围为 30 MHz 以上)时表现为辐射干扰，而当电路的谐波电平在低频段(频率范围为 0.15～30 MHz)时表现为传导干扰。对于开关频率为几十千赫兹到几百千赫兹的 APFC 变换器，电路中的 EMI 主要表现为传导干扰，传导干扰电流按照其流通路径分为两类：一类是差模干扰电流，另一类是共模干扰电流。

在两种传导干扰类型中，由于共模干扰耦合路径多，分析复杂，是很多文献研究的重点。对于共模干扰的分析，一种采用相对电位分析法，将电路中各点与输入电源 N 线之间的相对电位画出来，通过分析电路中各点电位是否稳定来直观判断电路中电磁干扰的强弱，这种方法适用于对多种电路拓扑结构进行对比分析；另一种分析方法是模型分析法，该方法将电路中各点的对地寄生电容表示出来，经过推导得出电路的高频干扰模型，从而分析和评估各参数对共模干扰的影响程度。

传统抑制电磁干扰的方法主要有接地、隔离、屏蔽、滤波、印制电路板(PCB)优化技术等。恰当的接地方式可以给高频干扰信号形成低阻抗通路，从而抑制高频信号对其他电子设备的干扰。屏蔽是通过屏蔽材料吸收和反射电磁干扰信号，以防止互相干扰，屏蔽对辐射干扰有良好的抑制效果，而且对静电干扰和干扰的电容性耦合、电感性耦合均有明显的抑制作用。滤波是消除信号回路干扰频谱的一种有效方法，EMI 滤波器可以将频谱不同于信号频谱的干扰信号滤除，从而降低传导干扰。除了以上方式，目前关于电磁干扰的抑制方法还有很多，如峰值电流控制法、混沌开关调制技术、谐振技术、频率抖动技术、扩频技术等，它们从控制的角度来主动降低电磁干扰。还有一种抑制电磁干扰的方法是从硬件设计方面寻求解决方案，如提供低阻抗导通路径、反向抵消或平衡技术。

1. 相对电位分析法

相对电位分析法是通过画出电路中各点与输入电源 N 线之间的相对电位，分析电路中各电位的稳定程度或波动大小来直观判断电路电磁干扰强弱的方法。图 4.4 所示为传统 Boost 型 APFC 及电路各点与输入电源 N 线之间的相对电位波形，对图 4.4 (a)所示电路中 A、U+、U－各点与输入电源 N 线之间的电位变化进行分析可得图 4.4 (b)所示波形，其中 U_{bus} 为输出母线电压，U_{line} 为输入电压瞬时值中的最大值。从图中可以看出，输出母线电压的正负两端与输入电源 N 线之间的电位基本稳定，在一个工频周期内有低频变化却没有高频波动，电路中 A 点的相对电位 U_{A-N} 以较大幅值与开关频率同步变化，因此 A 点的电位变化(du/dt)会在 A 点与大地之间存在的寄生电容内形成共模电流，但总体来说，传统 Boost 型 APFC 的共模干扰比较小，可通过合理设计 EMI 滤波器使整体效果得到改善。

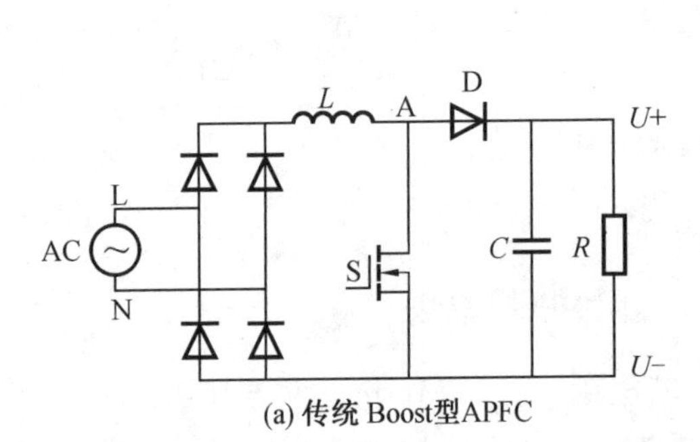

(a) 传统 Boost型APFC

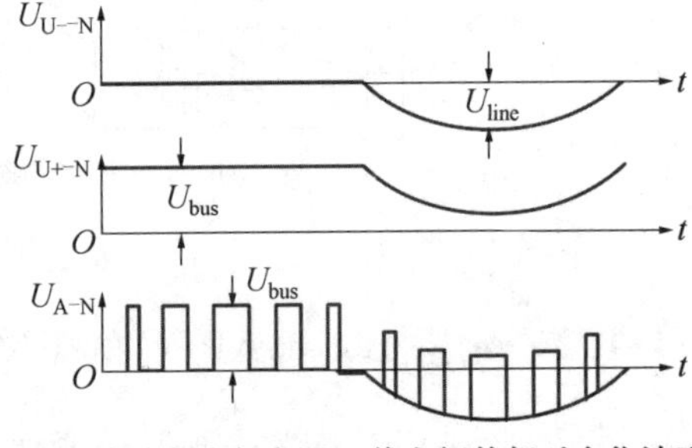

(b) 电路各点与电源 N 线之间的相对电位波形

图 4.4 传统 Boost 型 APFC 及电路各点与输入电源 N 线之间的相对电位波形

图 4.5 所示为基本型无桥 Boost APFC 及电路各点与输入电源 N 线之间的相对电位波形，从图 4.5 (b)中可以看出，输出母线 U－侧、A 点、B 点与电源 N 线之间的电位都会随开关频率发生变化，电路中电位变化(du/dt)会在各点与大地之间存在的寄生电容内形成共模电流，由于电路中各点电位均处于浮动状态，产生的共模电流也比传统 Boost 型 APFC 电路大得多，因此基本型无桥 Boost APFC 的共模干扰比较严重，EMI 问题突出。

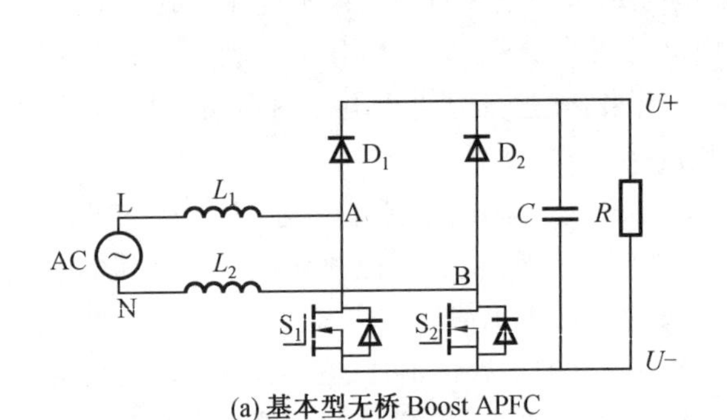

(a) 基本型无桥 Boost APFC

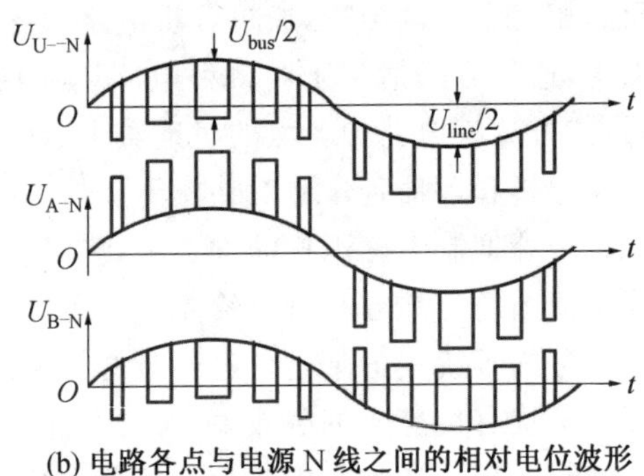

(b) 电路各点与电源 N 线之间的相对电位波形

图 4.5 基本型无桥 Boost APFC 及电路各点与输入电源 N 线之间的相对电位波形

2. 模型分析法

图 4.6 所示为 PFC 电路的 EMI 测试示意图，图中待测的 PFC 电路可看作噪声源，而 EMI 滤波器和线性阻抗稳定网络(LISN)可看作 PFC 噪声源的负载。分析图 4.6 中的点画线右边部分，对包含寄生电容的 PFC 电路在高频下进行模型化分析和处理，最终变成一个脉冲电源和一个等效电容串联的形式，其等效电路模型如图 4.7 所示，通过分析等效电路中脉冲电源及等效电容的数值大小和影响因素来判断和分析电路的共模干扰情况，这种方法就是通常所说的模型分析法。

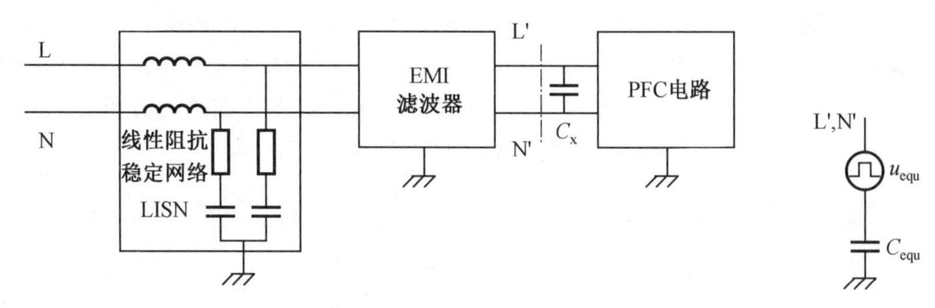

图 4.6　PFC 电路的 EMI 测试示意图　　　图 4.7　等效电路模型

采用模型分析法对传统 Boost 型 APFC 和电感采用不同形式的基本型无桥 Boost APFC 进行共模干扰分析，图 4.8～4.11 所示为四种电路结构（包含寄生电容）在高频信号下，电感相当于断路而电容相当于短路，最终四种电路都可简化成图 4.7 所示形式，不同电路结构对应的等效脉冲电源幅值和等效电容值有所不同。

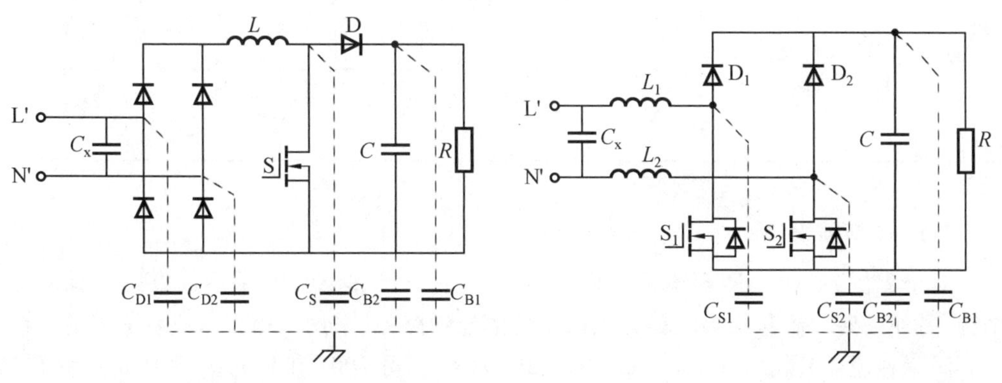

图 4.8　包含寄生电容的传统 Boost 型 APFC　　图 4.9　包含两个独立电感的无桥 Boost APFC

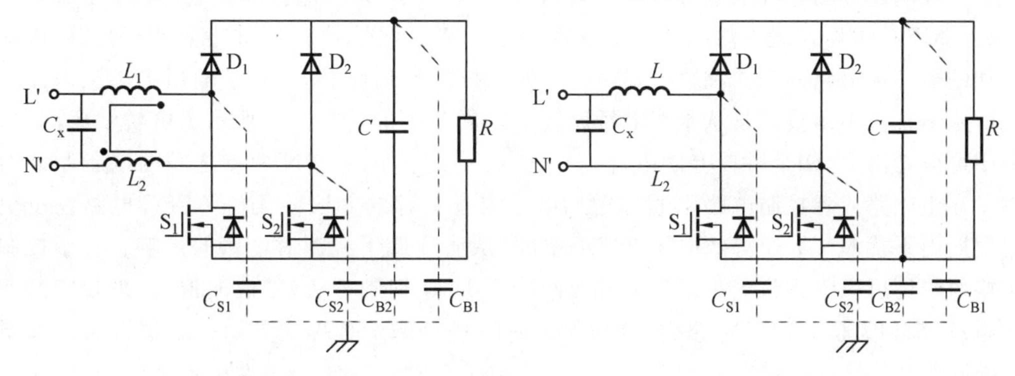

图 4.10　包含耦合电感的无桥 Boost APFC　　图 4.11　包含一个独立电感的无桥 Boost APFC

表 4.2 所示为四种电路结构的共模等效电路对比表，由于 C_S（C_{S1}、C_{S2}）的值远小于 C_B（$C_B=C_{B1}+C_{B2}$），因此传统 Boost 型 APFC 等效脉冲电源的幅值很小，其共模干扰也比较小。而在三种无桥 Boost APFC 电路中，等效电容值基本相同，而等效脉冲电源的幅值却不同，当采用两个独立电感和采用耦合电感时，等效脉冲电源的幅值相同且远大于传统 Boost PFC 的对应数值；当采用单个 PFC 电感时，若 L′为正（对应输入电压正半周期）则脉冲电源的幅值与传统 Boost 型 APFC 相同，若 N′为正（对应输入电压负半周期）则脉冲

电源的幅值接近 u_{DS}。从以上分析可以看出，无桥 Boost APFC 比传统 Boost 型 APFC 的共模干扰噪声大，同时采用不同结构时对应的干扰情况也各不相同。对于其他无桥 Boost APFC 拓扑结构的共模干扰情况，同样可以参照类似的方式进行分析。

表 4.2　四种电路结构的共模等效电路对比表

<table>
<tr><th colspan="2">电路</th><th>u_{equ}</th><th>C_{equ}</th></tr>
<tr><td colspan="2">传统 Boost 型 APFC</td><td>$-u_{DS}\frac{C_S}{C_{equ}}$</td><td>$C_S+C_B$</td></tr>
<tr><td colspan="2">包含两个独立电感的
无桥 Boost APFC</td><td>$\frac{u_{DS}}{2}\frac{C_B}{C_{equ}}$</td><td>$C_{S1}+C_{S2}+C_B$</td></tr>
<tr><td colspan="2">包含耦合电感的
无桥 Boost APFC</td><td>$\frac{u_{DS}}{2}\frac{C_B}{C_{equ}}$</td><td>$C_{S1}+C_{S2}+C_B$</td></tr>
<tr><td rowspan="2">包含一个独立电感的
无桥 Boost APFC</td><td>L′</td><td>$-u_{DS}\frac{C_{S1}}{C_{equ}}$</td><td>$C_{S1}+C_{S2}+C_B$</td></tr>
<tr><td>N′</td><td>$u_{DS}\frac{C_B+C_{S1}}{C_{equ}}$</td><td>$C_{S1}+C_{S2}+C_B$</td></tr>
</table>

3. EMI 抑制措施

对于无桥 Boost APFC 电磁干扰的抑制，一种方法是选择和采用低电磁干扰的拓扑结构，另外一些方法包括为电路提供低阻抗的导通路径、采用平衡技术或者适当的控制策略。国际整流器公司(International Rectifier，IR)公司 2007 年针对无桥 Boost APFC 的电磁干扰问题提出一种双电容解决方案如图 4.12 所示，该解决方案就是在原基本型无桥 Boost APFC 电路基础上增加了两个电容 C_1、C_2，对高频信号来说，电容相当于短路，因此增加的电容为电路的输入和输出提供一个低阻抗的导通路径，稳定了输出电压从而能降低电磁干扰。平衡技术是从平衡电桥原理上发展起来的，图 4.13 所示为电桥示意图，从图中可以看出，当四个桥臂上的阻抗满足式(4.1)时，则 M 和 N 两点之间的电压 U_{MN} 为零。在主电路或者控制电路中通过增加电感或者电容的办法使无桥 APFC 电路在正负半周期内干扰源都处于等效电桥电路的中间，从而降低干扰源对电路的影响。对于控制策略的研究可以尝试将应用于其他方面的新型 EMI 抑制方法(如混沌控制、扩频控制等措施)应用到无桥 APFC 电路中，这是无桥 APFC 电磁干扰抑制方面一个值得关注和研究的问题。

$$\frac{Z_1}{Z_3}=\frac{Z_2}{Z_4} \tag{4.1}$$

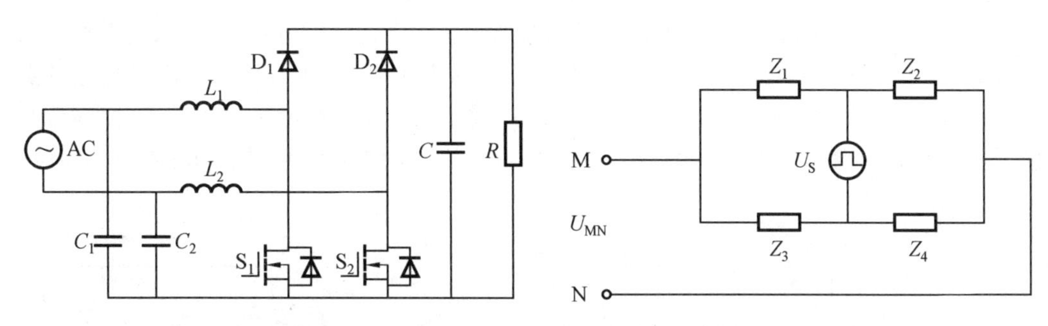

图 4.12　双电容解决方案　　　　图 4.13　电桥示意图

总之，随着人们对无桥 APFC 的深入研究，对于电磁干扰的分析和抑制将会出现更多措施和方法。同时以基本型无桥 Boost APFC 为例进行的 EMI 分析和抑制措施对研究其他无桥 Boost APFC 拓扑结构具有普遍借鉴意义。

4.1.3　无桥 Boost APFC 的其他拓扑结构

除了图 4.2 所示的基本型无桥 Boost APFC 电路，目前还出现了一些其他无桥 APFC 拓扑结构，它们均在保持导通损耗低、效率高等优点的同时在 EMI 抑制等方面有所改进。

1. 图腾式无桥 Boost APFC

图 4.14 所示为图腾式无桥 Boost APFC 拓扑结构，该拓扑结构中没有整流桥，两个开关管在同一桥臂上，在输入电压正负半周期内的工作模态如图 4.15 所示。当输入电压为正半周期时(图 4.15(a))，电路工作过程可分为两个工作模态：当 S_1 导通时，输入电流经开关管 S_1 和二极管 D_1 给电感 L 充电，此时负载需要的能量由电容 C 提供；当 S_1 关断时，S_2 的体二极管导通，此时电流路径为电源 L 端→电感 L→S_2 的体二极管→负载→二极管 D_1→电源 N 端，输入电源和电感 L 共同给负载供电，电感储能减少。同样，当输入电压为负半周期时(图 4.15(b))，电路工作过程也分为两个工作模态：当 S_2 导通时，电流由二极管 D_2 和开关管 S_2 给电感 L 充电，负载需要的能量由电容 C 提供；当 S_2 关断时，S_1 的体二极管导通，输入电源和电感 L 通过二极管 D_2 和 S_1 的体二极管共同给负载供电，电感储能减少。

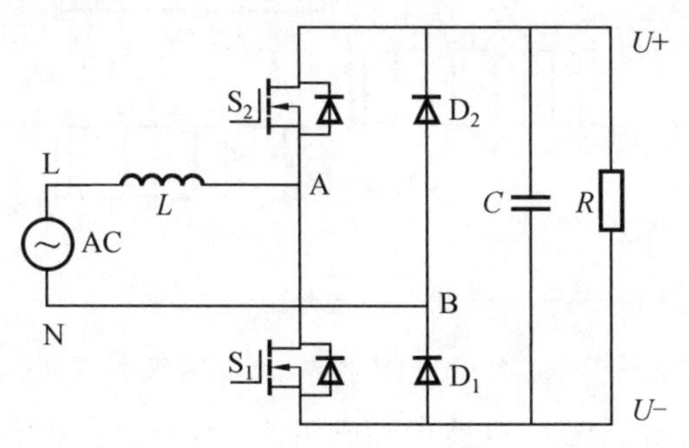

图 4.14　图腾式无桥 Boost APFC 拓扑结构

通过对图腾式无桥 Boost APFC 的模态分析可以看出，在每个开关周期内，只有两个半导体器件处于工作状态，因此工作时通态损耗低。在正常工作过程中，输入电源通过二极管 D_1 或 D_2 与 PFC 输出端建立联系，图 4.16 所示为图腾式无桥 Boost APFC 电路各点与输入电源 N 线之间的相对电位波形，从图中可以看出，输出不再受开关频率的影响，共模干扰较小。图腾式无桥 Boost APFC 主电路所用器件数量少，结构简单、体积小，有利于提高电路的功率密度。

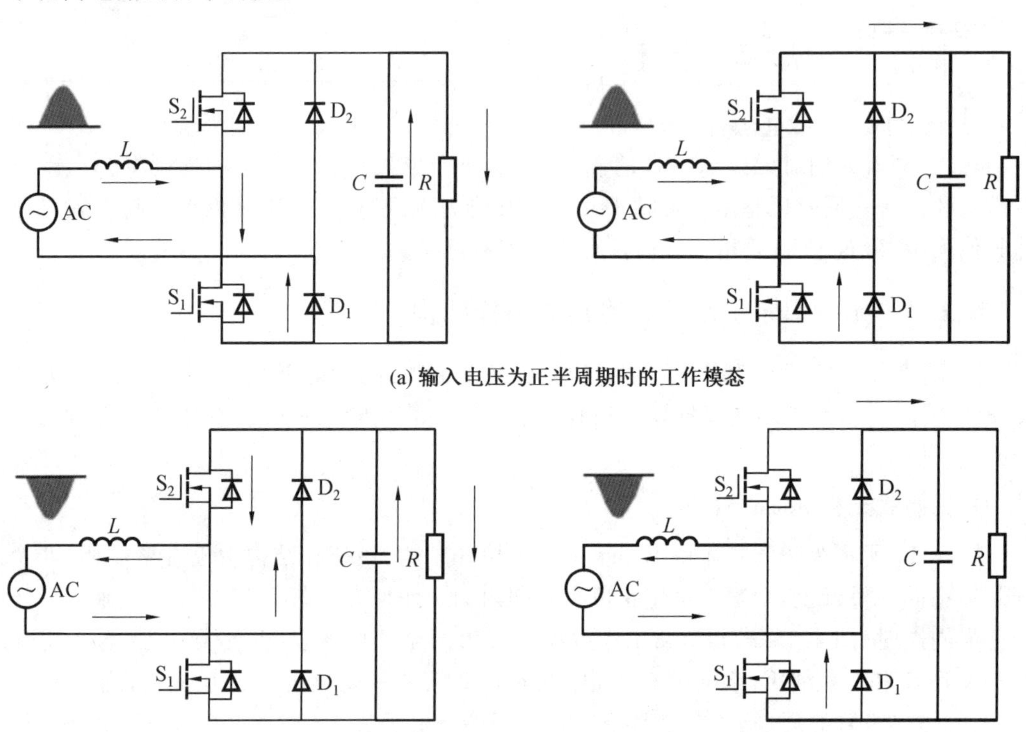

图 4.15　图腾式无桥 Boost APFC 的工作模态

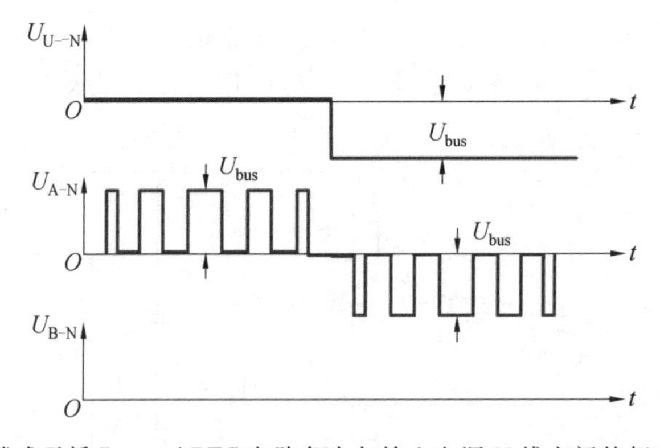

图 4.16　图腾式无桥 Boost APFC 电路各点与输入电源 N 线之间的相对电位波形

在图腾式无桥 Boost APFC 电路中两只开关管（S_1、S_2）的体二极管起到了与传统 Boost 型 APFC 中高速二极管相同的作用，目前多数功率开关管的体二极管反向恢复时间远大于独立高速二极管的恢复时间，若电路工作在电流连续导通模式（CCM），其反向恢复损耗会非常严重,效率的提高也必然有限,因此该电路结构一般用在电流断续导通模式(DCM)或临界导通模式(CRM)下,当电路工作在 CRM 时,由于没有二极管的反向恢复问题,因此能发挥该拓扑的最大优势。在电感电流检测上,该电路结构需要构建复杂的检测电路,并且需要判断正负周期,同时两个开关管处于同一个桥臂上,源极电位不同,必须隔离驱动,所以驱动电路也比较复杂。尽管图腾式无桥 Boost APFC 具有驱动及采样电路复杂等缺点,但因为它能在不增加成本的情况下降低 EMI 干扰,因此在中低功率场合具有较好的应用前景。

2. Pseudo 图腾式无桥 Boost APFC

图 4.17 所示为 Pseudo 图腾式无桥 Boost APFC 拓扑结构,与图腾式无桥 Boost APFC 拓扑结构相比,该电路结构所用电感和半导体器件的总量有所增加,在输入电压正负半周期内的工作模态如图 4.18 所示。当输入电压为正半周期时(图 4.18 (a)),电路工作过程可分为两个工作模态:当 S_1 导通时,输入电流经开关管 S_1 和二极管 D_4 给电感 L_1 充电,负载需要的能量由电容 C 提供;当 S_1 关断时,二极管 D_1 和 D_4 导通,输入电源和电感 L_1 共同给负载供电,电感储能减少。同样,当输入电压为负半周期时(图 4.18(b)),电路工作过程也可分为两个工作模态:当 S_2 导通时,电流由二极管 D_3 和开关管 S_2 给电感 L_2 充电,负载需要的能量由电容 C 提供;当 S_2 关断时,二极管 D_2 导通,输入电源和电感 L_2 通过二极管 D_3 和 D_2 共同给负载提供能量,电感储能减少。

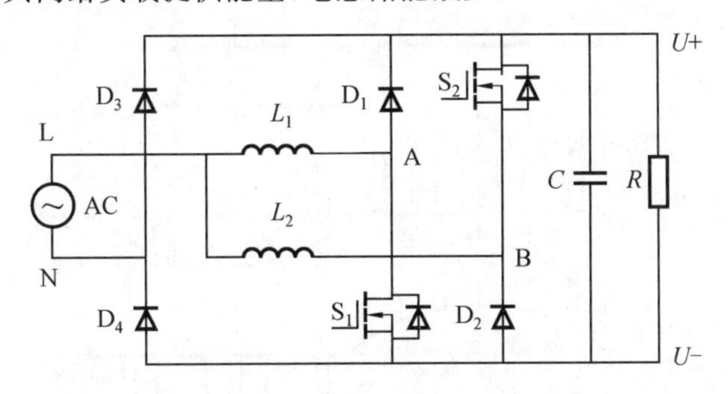

图 4.17　Pseudo 图腾式无桥 Boost APFC 拓扑结构

在 Pseudo 图腾式无桥 Boost APFC 工作过程中,二极管 D_3 和 D_4 使输入电源与 PFC 输出相连,图 4.19 所示为 Pseudo 图腾式无桥 Boost APFC 电路各点与输入电源 N 线之

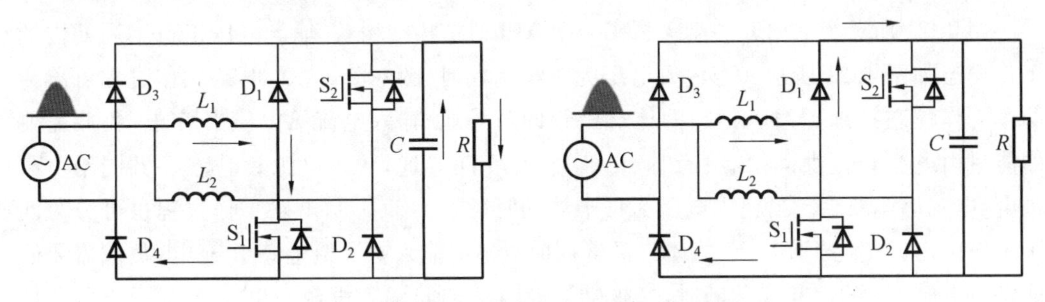

(a) 输入电压为正半周期时的工作模态

图 4.18　Pseudo 图腾式无桥 Boost APFC 的工作模态

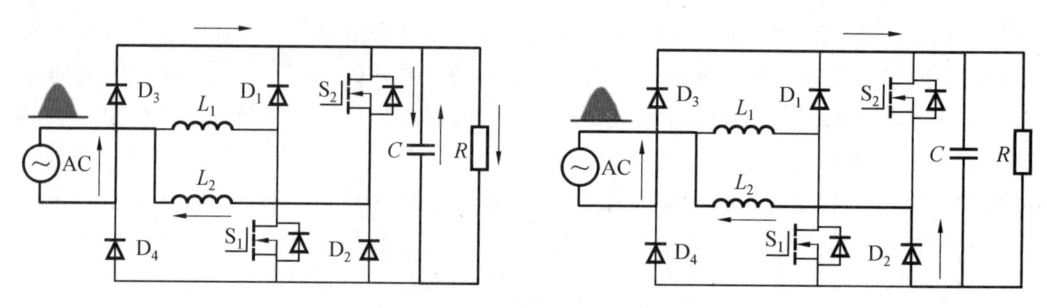

(b) 输入电压为负半周期时的工作模态

续图 4.18

间的相对电位波形，从图中可以看出，输出端不再受开关频率的影响，因此共模干扰较小。由以上模态分析可知在输入电压正半周期内电流只流过电感 L_1，负半周期内电流只流过电感 L_2，因此在同样功率等级和开关频率下，与基本型无桥 Boost APFC 相比，电感的利用率降低。同时半导体器件 S_1、D_1、D_4 在输入电压为正半周期时工作，而器件 S_2、D_2、D_3 在输入电压为负半周期时工作，因此半导体器件的利用率也比较低。此外，在 Pseudo 图腾式无桥 Boost APFC 中，需要构建复杂的电感电流采样电路和驱动电路，因此这是一种比较少用的无桥 Boost APFC 拓扑结构。

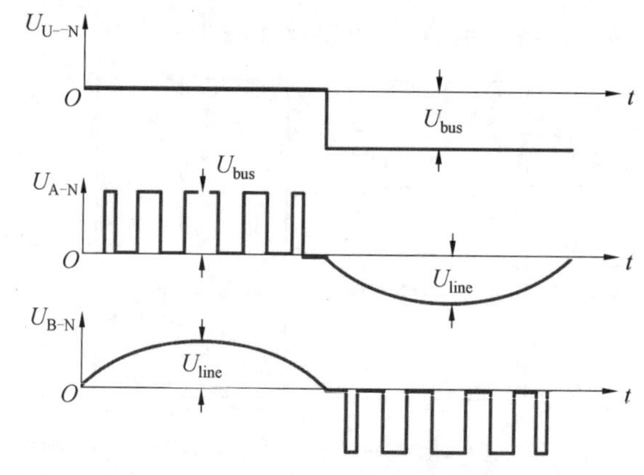

图 4.19　Pseudo 图腾式无桥 Boost APFC 电路各点与输入电源 N 线之间的相对电位波形

3. 双向开关型无桥 Boost APFC

图 4.20 所示为双向开关型无桥 Boost APFC 拓扑结构，在输入电压正负半周期内的工作模态如图 4.21 所示。当输入电压为正半周期时(图 4.21(a))，电路工作过程可分为两个工作模态：当 S_1 导通时，S_2 的体二极管同时导通，输入电流给电感 L 充电，负载需要的能量由电容 C 提供；当 S_1 关断时，二极管 D_1 和 D_4 导通，输入电源和电感 L 共同给负载供电，电感储能减少。当输入电压为负半周期时(图 4.21(b))，电路工作过程也可分为两个工作模态：当 S_2 导通时，S_1 的体二极管同时导通，输入电源给电感 L 充电，负载需要的能量由电容 C 提供；当 S_2 关断时，二极管 D_2 和 D_3 导通，输入电源和电感 L 共同给负载提供能量，电感储能减少。

二极管 D_3 和 D_4 使输入电源与 APFC 输出建立了联系，图 4.22 所示为双向开关型无桥 Boost APFC 电路各点与输入电源 N 线之间的相对电位波形，从图中可以看出，输出不再受开关频率的影响，因此可以降低共模干扰。但该电路的缺点是两个开关管的源极电位不同，所以必须隔离驱动，在驱动电路设计上稍显复杂。而且电感电流采样方面同样需要复杂的检测电路，同时两只开关管（S_1、S_2）的体二极管起到了与传统 Boost 型 APFC 中高速二极管相似的作用，因此双向开关型无桥 Boost APFC 也不宜工作在电流连续导通模式。

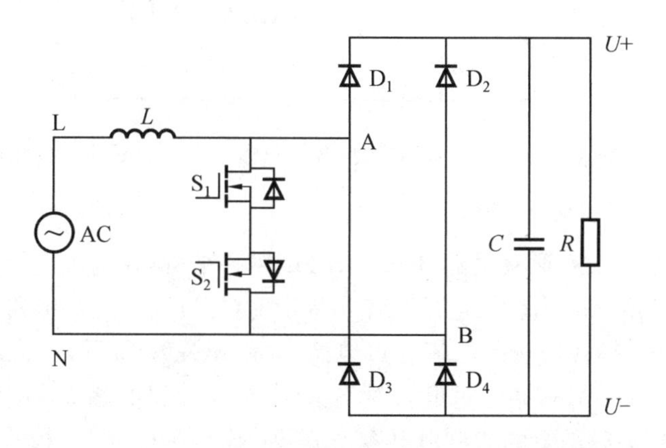

图 4.20　双向开关型无桥 Boost APFC 拓扑结构

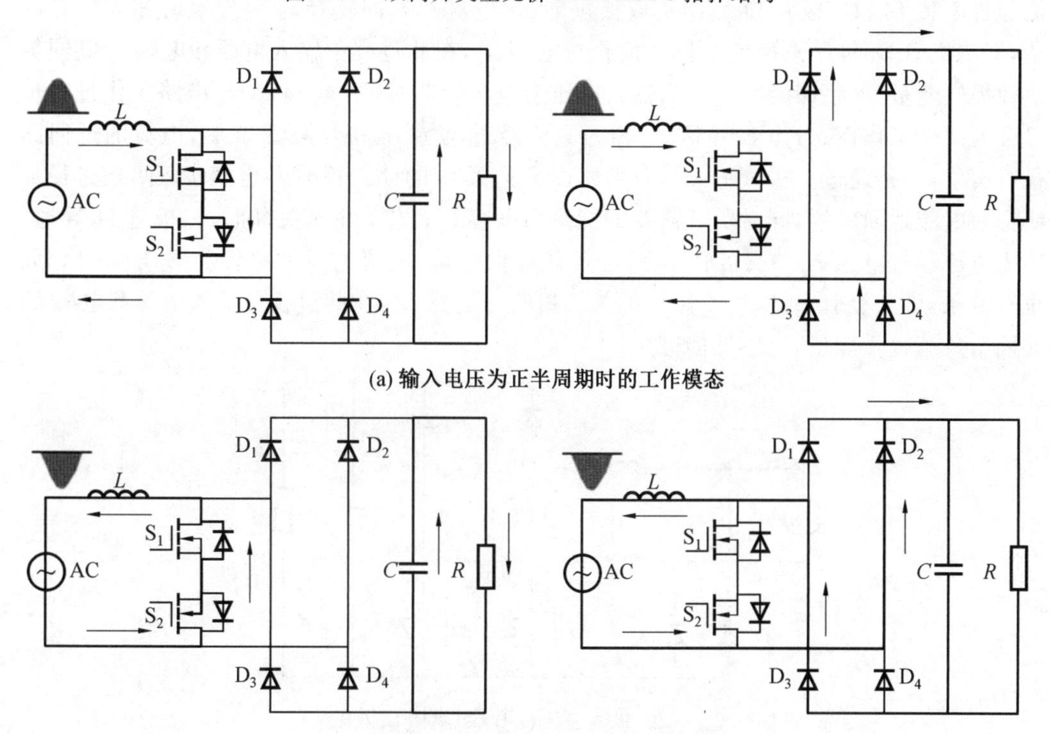

图 4.21　双向开关型无桥 Boost APFC 的工作模态

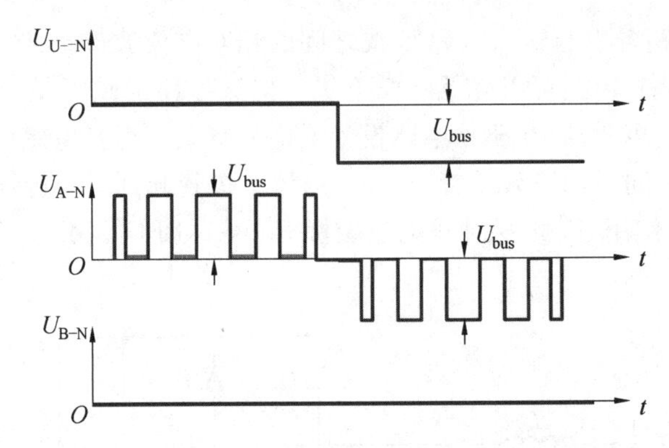

图 4.22　双向开关型无桥 Boost APFC 电路各点与输入电源 N 线之间的相对电位波形

4. 双二极管型无桥 Boost APFC

图 4.23 所示为双二极管型无桥 Boost APFC 拓扑结构，在输入电压正负半周期内的工作模态如图 4.24 所示。当输入电压为正半周期时(图 4.24(a))，电路工作过程可分为两个工作模态：当 S_1 导通时，输入电流经过电感 L_1 和开关管 S_1 后，电流的返回路径有两条，一条通过二极管 D_4，另一条通过开关管 S_2 的体二极管和电感 L_2，两条路径最终都使电流返回电源，同时负载需要的能量由电容 C 提供；当 S_1 关断时，二极管 D_1 导通，输入电流经过电感 L_1 和二极管 D_1 后给负载提供能量，电流的返回路径与 S_1 导通时相同也有两条，即二极管 D_4 和开关管 S_2 的体二极管与电感 L_2，在此过程中输入电源和电感 L_1 共同给负载提供能量，电感储能减少。当输入电压为负半周期时(图 4.24(b))，电路工作过程也可分为两个工作模态：当 S_2 导通时，输入电流经过电感 L_2 和开关管 S_2 后，电流的返回路径有两条，一条通过二极管 D_3，另一条通过开关管 S_1 的体二极管和电感 L_1，两条路径最终都使电流返回电源，同时负载需要的能量由电容 C 提供；当 S_2 关断时，二极管 D_2 导通，输入电流经过电感 L_2 和二极管 D_2 后给负载提供能量，电流的返回路径与 S_2 导通时相同也有两条，即二极管 D_3 和开关管 S_1 的体二极管与电感 L_1，在此过程中输入电源和电感 L_2 共同给负载提供能量，电感储能减少。

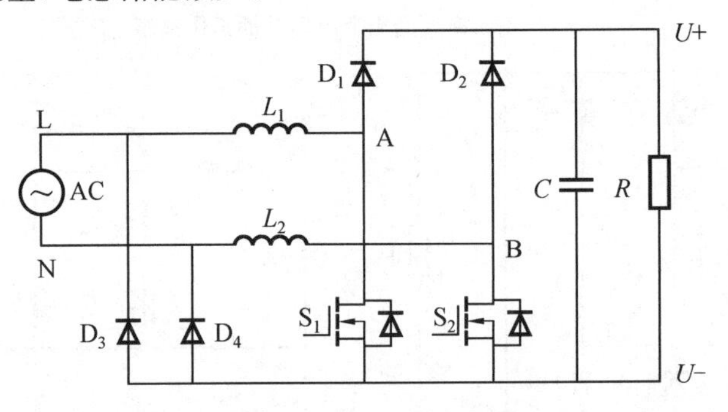

图 4.23　双二极管型无桥 Boost APFC 拓扑结构

与图 4.2 所示的基本型无桥 Boost APFC 电路相比，双二极管型无桥 Boost APFC 电路增加了两个二极管 D_3 和 D_4，二极管的阴极与输入电源侧相连，对高频信号来说，二极管相当于电容，阻抗很低，因此在工作过程中输出与输入通过二极管建立了联系，图 4.25

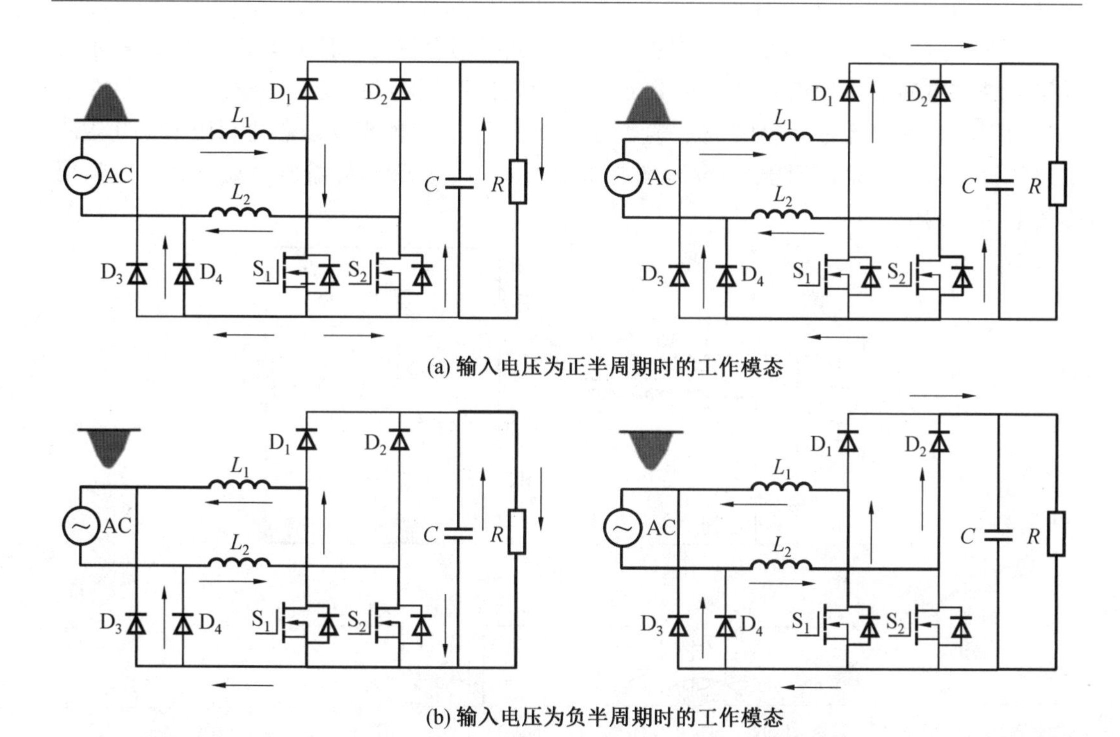

图 4.24　双二极管型无桥 Boost APFC 的工作模态

所示为双二极管型无桥 Boost APFC 电路各点与输入电源 N 线之间的相对电位波形，从图中可以看出，输出不再受开关频率的影响，因此该电路结构能降低共模干扰。从模态分析图中可以看出，虽然不论开关管处于导通还是关断状态，电流的返回路径都有两条，其中一条包含电感，由于电感中流过的是低频电流，感抗非常小，因此可以忽略电感在返回支路中的作用，所以该电路结构与 Pseudo 图腾式无桥 Boost APFC 拓扑结构相似，电感 L_1、L_2 分别在输入电压正负半周期内工作（充电或放电），因此电感的利用率不高。

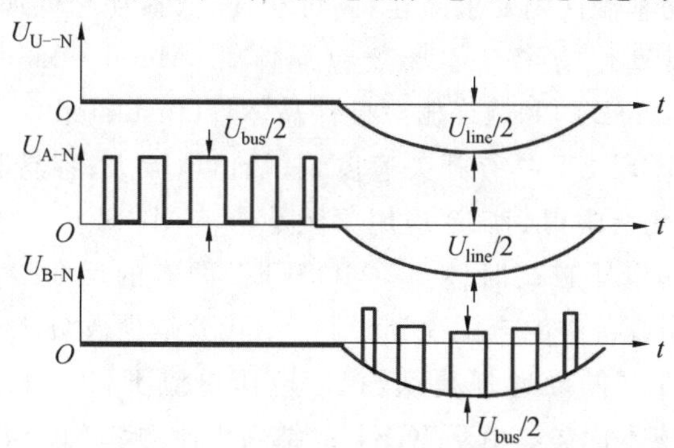

图 4.25　双二极管型无桥 Boost APFC 电路各点与输入电源 N 线之间的相对电位波形

以上所介绍的无桥 Boost APFC 电路结构基本上涵盖了目前出现的无桥 Boost APFC 拓扑结构的主要类型，其中图 4.23 所示电路是最可能实现实用化和模块化的电路结构，因为在该电路中两个开关管的源极都与功率地相连，可以采用同一个驱动信号，因此驱动电路比较简单，同时它具有通态损耗低、电磁干扰小的优点。其不足之处是电感的利用率低，针对这一问题，Delta 公司提出了一种共磁芯电感的设计方案。图 4.26 所示为采用共磁芯电感的双二极管型无桥 Boost APFC 拓扑结构，共磁芯电感的每侧绕组在半个工频周期内工作，但共用的磁芯一直处于工作状态，因此能提高磁芯的利用率。共磁芯电感的设计方法可推广用于 Pseudo 图腾式无桥 Boost APFC 等需要提高电感磁芯利用率的电路结构中。

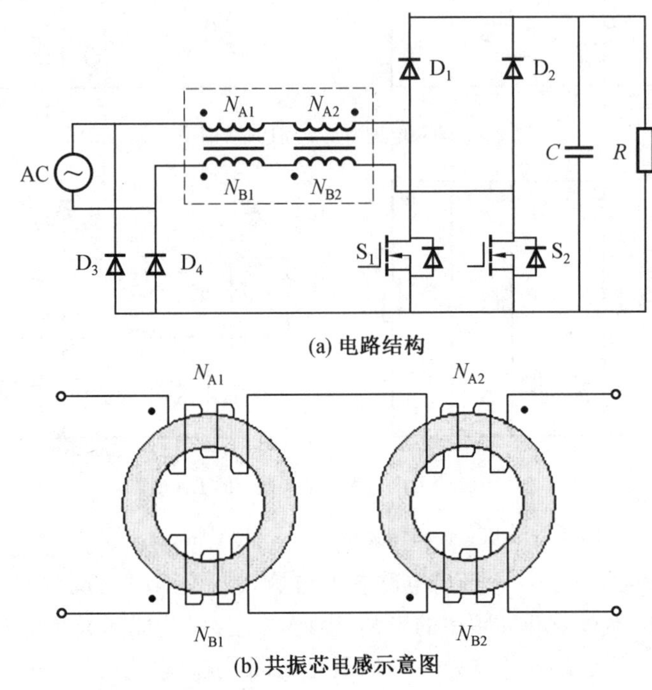

图 4.26 采用共磁芯电感的双二极管型无桥 Boost APFC 拓扑结构

目前 APFC 电路和各种电力电子设备正朝着高频、高效、高可靠性、高功率因数和低成本方向发展，其中功率器件则要求高速、高可靠性、低损耗和低成本。目前所用的功率器件主要是功率金属氧化物半导体场效应晶体管(Metal Oxide Semiconductor Field Effect Transistor，MOSFET)和绝缘栅双极性晶体管(Insulated Gate Bipolar Transistor，IGBT)。由于功率 MOSFET 具有开关速度快、峰值电流大、容易驱动、安全工作区宽等优点，在小功率、高频场合中得到广泛应用。但是功率 MOSFET 的导通特性受额定电压的影响很大，而且工作电压较高时，功率 MOSFET 固有的反向二极管导致通态电阻增加，因此在大功率电子设备中的应用受到限制。IGBT 是少数载流子器件，在同样结面积情况下比功率 MOSFET 的导通损耗低，相同电压电流下，IGBT 的结面积远小于功率 MOSFET，因此更具成本优势。由于 IGBT 的结面积比功率 MOSFET 小，因此栅极电荷低，使得 IGBT 驱动功耗小。最初几代 IGBT 由于关断时有很大拖尾电流，因此多数用于低频率场合。随着半导体技术的不断发展，目前生产的 IGBT 开关特性已经非常接近功率 MOSFET，同时 IGBT 可以在同一个封装中用 IGBT 和反并联二极管复合，复合器件中二极管的特性远远高于功率 MOSFET 的体二极管。因此 IGBT 存在有体二极管和没有体二极管两种型号，它克服了功率 MOSFET 存在天然寄生体二极管的问题，让工程设计人员在选择器件时有更多的空间和余地。

无桥 APFC 的功率开关管有功率 MOSFET 和 IGBT 两种选择，当选用含有体二极管的 IGBT 时，除了器件自身性能带来的差异外，对电流的流通路径没有影响，但选择不带体二极管的 IGBT 时则可能会对电路中电流的流通路径产生影响。如在图 4.23 所示的双二极管型无桥 Boost APFC 中选择采用不带体二极管的 IGBT，则电路变成图 4.27 所示拓扑结构，该电路在输入电压正负半周期内的工作模态如图 4.28 所示，从图中可以看出，当采用不带体二极管的 IGBT 时，与图 4.24 所示模态图相比，电流返回路径变成一条，这不仅减少了电流回路数量，同时有利于简化电流采样和提高效率。由此可见在进行 APFC 电路设计时，可以根据实际情况灵活地选择使用合适的半导体器件。

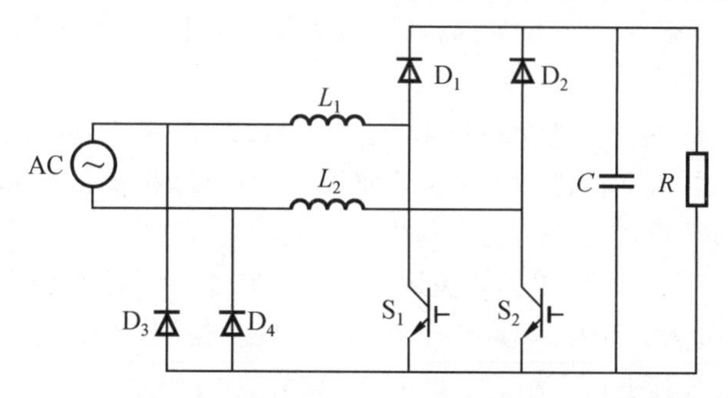

图 4.27　采用 IGBT 的双二极管型无桥 Boost APFC

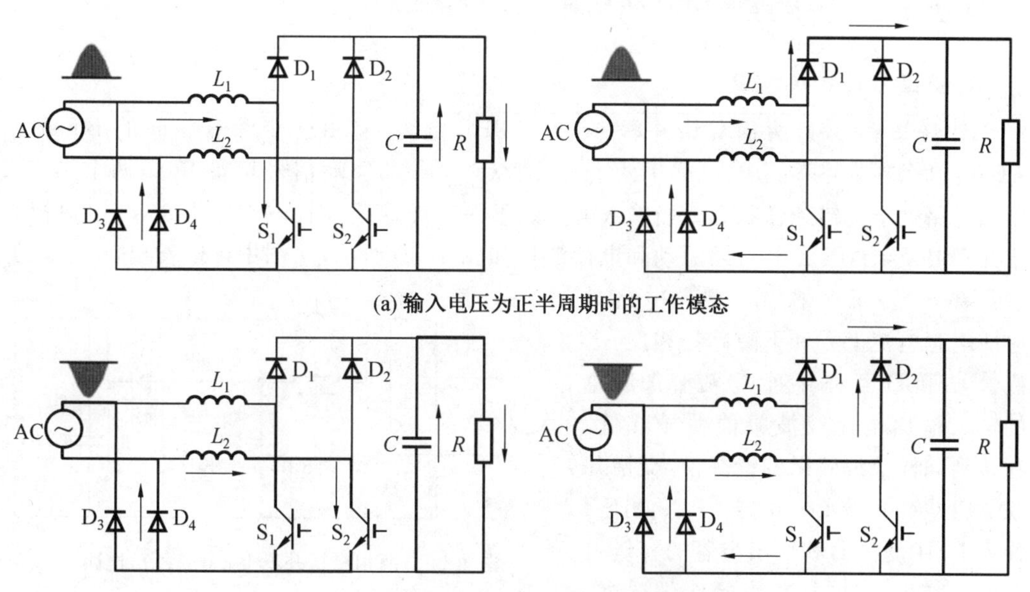

图 4.28　采用 IGBT 的双二极管型无桥 Boost APFC 的工作模态

对于无桥 APFC 拓扑结构的研究不仅仅局限于 Boost APFC 方面，理论上讲其他 APFC 电路都可以采用无桥设计思路对电路结构进行改进，只是目前受半导体器件的影响，有些电路还无法实现，随着半导体技术的不断发展和新型器件的出现，无桥 APFC 将会出现更多形式。

4.2 交错技术在 APFC 变换器中的应用

交错技术是指在多模块电源系统中，将 N 个模块的 PWM 驱动信号起始导通时刻依次错开 $1/N$ 个开关周期，即每个模块中开关管的开关周期和占空比相同，但开通时刻依次滞后相等的时间。将交错技术应用到多模块并联系统中，则系统在保持普通并联系统优点的同时，还具有一些新特点。在并联模块数量和占空比设计合适的情况下，交错运行的并联各模块输入电流、输出电流、输出电压纹波幅值相互抵消，总的电压电流波动变小，因此能降低输入电流谐波含量、提高输入端功率因数、降低电磁干扰、简化 EMI 滤波器的设计、减小输出电容的容量和体积、提高系统效率和功率密度，同时输出电压、电流的纹波频率增大，有利于提高动态响应速度。

把常用于 DC/DC 变换器的交错技术应用到 APFC 电路中，同样可以达到减小输入输出电流纹波、降低电磁干扰、降低 EMI 滤波器设计难度、提高效率和功率密度等目的。在采用交错技术的 APFC 电路中，通常利用两个或两个以上的基本 APFC 单元组合成一个 APFC 变换器，每个 APFC 单元开关运行在交错状态下。按照变换器的组成方式，交错 APFC 电路也可分为并联型、串联型和串并联型这三种基本形式，由于并联结构最具应用价值，因此重点对其进行介绍。

4.2.1 交错并联 APFC 的拓扑结构

1. 交错并联 Boost APFC

图 4.29 所示为两相交错并联 Boost APFC 电路，它由两个参数相同的 Boost 型 APFC 单元电路并联而成，电路中两个开关管（S_1、S_2）的驱动信号相差 180°，两个 APFC 单元电路处于交错工作状态。当输入电流处于临界导通模式且占空比为 0.5 时，两相交错并联 Boost APFC 电路的驱动和电流波形如图 4.30 所示，从图中可以看出，由于开关管互补导通，每个 APFC 单元电路对应的电感电流上升和下降趋势相反，二极管 D_1 和 D_2 互补导通，电流叠加后总的输入输出电流纹波幅值明显降低。在达到同样滤波效果的情况下，交错并联 APFC 与传统 Boost 型 APFC 相比，输入 EMI 滤波器和输出电容的容量可以大为减小；在同样功率等级情况下，

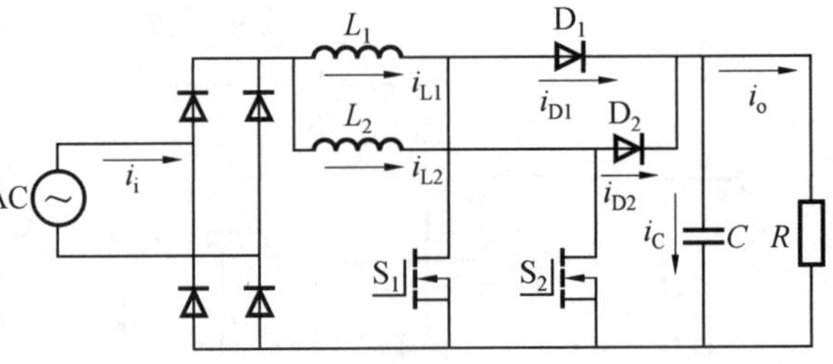

图 4.29　两相交错并联 Boost APFC 电路

每个 APFC 单元电路中的开关管和电感电流应力也变为传统 APFC 的一半，可以选择容量较小的半导体器件。因此，交错并联 APFC 尽管主电路和控制电路的结构要相对复杂一些，但它能降低设计人员最头疼的电磁干扰问题，在功率等级和设计合理的情况下成本也能有所下降，同时输出滤波器容量的减小不仅可以减小 PCB 板的体积，降低成本，同时可以提高系统的动态响应特性。

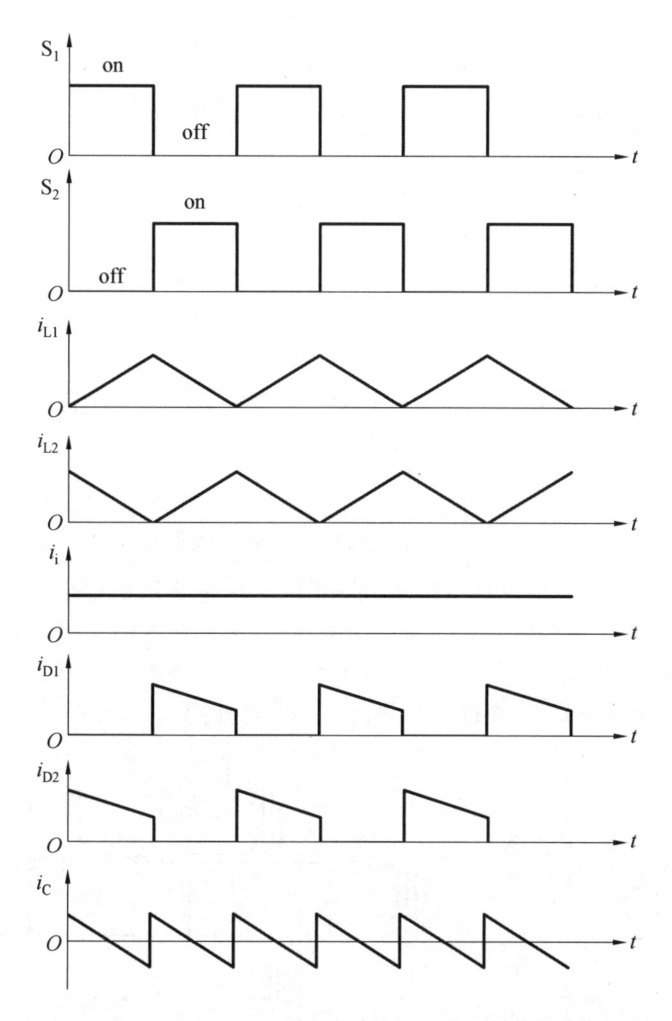

图 4.30　两相交错并联 Boost APFC 临界导通模式下电路的驱动和电流波形(D=0.5)

图 4.30 是两相交错并联 Boost APFC 在临界导通模式且开关占空比为 0.5 的条件下获得的理想波形，在实际工作中，根据输入电流是否连续以及占空比的不同，总的输入输出电流纹波减小程度会有所差异。另外，根据系统功率等级、设计和冗余度要求不同，交错并联 Boost APFC 的并联 APFC 单元电路不仅仅局限于两相，可以采用多相电路结构，当采用多相并联时，电路中总的输入输出电流纹波也会发生相应改变，而出现最小纹波的占空比数值也不再是 0.5。

2. 交错并联 APFC 的其他电路结构

除了交错并联 Boost APFC 电路，交错技术也可用于其他 APFC 电路结构中。图 4.31所示为两相交错 Buck 变换器，这种电路结构由于受功率等级和电流控制模式的限制，因此在实际 APFC 电路中并不常用，而多用于低压大电流电源中的电压调整模块(Voltage Regulator Module，VRM)。

图 4.32 所示为两相交错 Buck- Boost 变换器，这种电路结构虽然能降低输入输出电流纹波，但它和单管 Buck-Boost APFC 变换器一样，电路中的器件电压应力比较高。

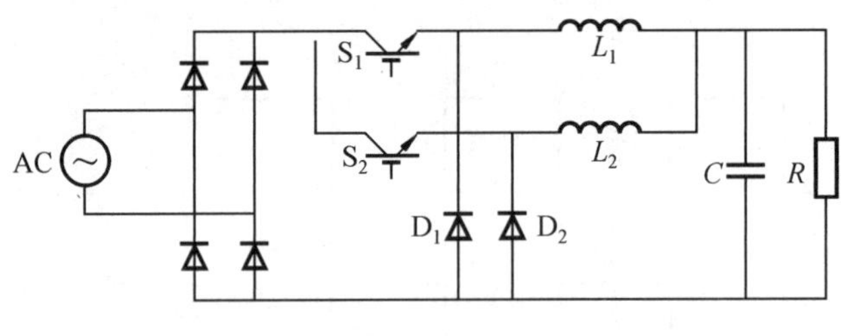

图 4.31　两相交错 Buck 变换器

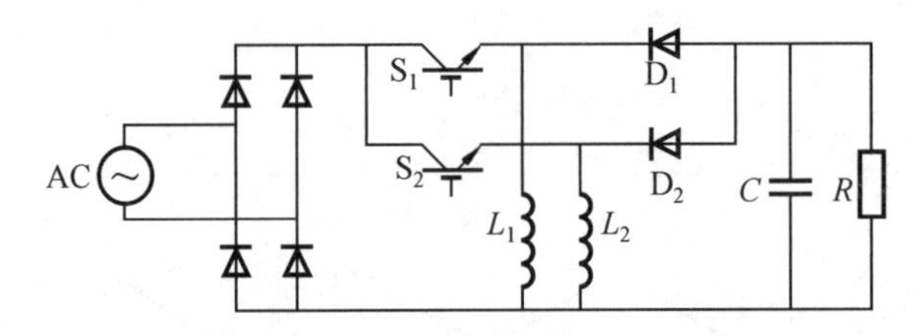

图 4.32　两相交错 Buck-Boost 变换器

图 4.33 和图 4.34 所示分别为两相交错正激和反激变换器，与单相正激和反激变换器相比，采用交错并联结构可以提高输出功率等级、减小输入输出纹波、降低滤波器的体积和质量。需要注意的是在实际应用中为了减少电压尖峰等问题，通常需要在电路中增加一些元器件实现软开关，从而进一步提高变换器的性能。

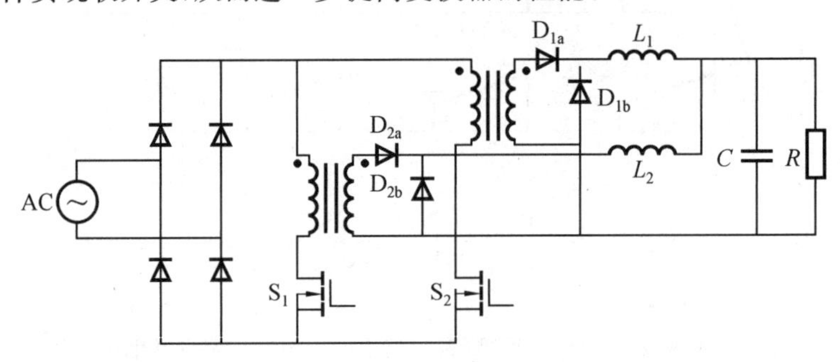

图 4.33　两相交错正激变换器

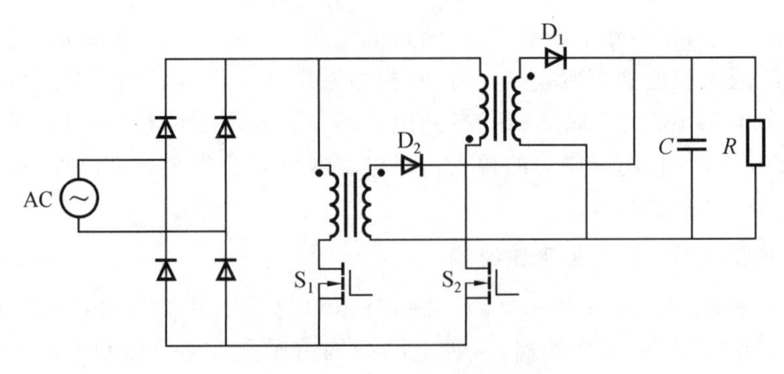

图 4.34　两相交错反激变换器

图 4.35 所示为 Boost 交错 Buck-Boost 变换器，图 4.36 所示为 Buck 交错 Buck-Boost 变换器，与传统单开关 Buck-Boost APFC 变换器相比，这两种电路结构的优点是能减小半导体器件的电压应力、降低开关损耗和减小磁性器件的体积。

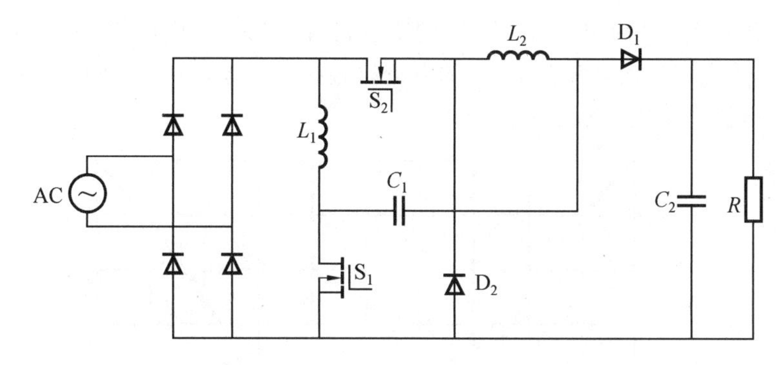

图 4.35　Boost 交错 Buck-Boost 变换器

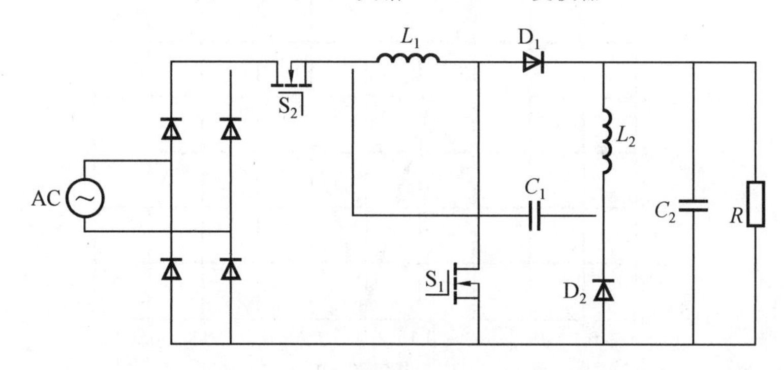

图 4.36　Buck 交错 Buck-Boost 变换器

电力电子中的基本拓扑结构，如 Buck、Boost、Buck-Boost、正激、反激、Sepic 和 Cuk 等电路在理论上都可以用来实现 PFC 功能，因此交错并联 APFC 拓扑远不止以上所列出的结构，根据不同应用场合和功能需要，将电路进行合理的搭配和组合就可能出现新的拓扑结构，在实现降低电流纹波幅值、简化滤波器设计、减小器件应力、降低损耗、提高效率的同时，实现更多新功能。

4.2.2　交错并联 Boost APFC 电路的特性分析

1. 输入电流纹波分析

交错并联 Boost APFC 总的输入电流为电路中各相电感电流之和，输入电流纹波减小程度受开关占空比和并联相数的影响。两相交错并联时占空比与电流纹波比值之间的关系为

$$\begin{cases} K(D)=\dfrac{1-2D}{1-D} & (D\leqslant 0.5) \\ K(D)=\dfrac{2D-1}{D} & (D>0.5) \end{cases} \tag{4.2}$$

式中，$K(D)=\dfrac{\Delta I_{\mathrm{i}}}{\Delta I_{\mathrm{L1}}}$，$\Delta I_{\mathrm{i}}$为总的输入电流纹波，$\Delta I_{\mathrm{L1}}$为其中一相 APFC 单元电路中的电感电流纹波。

根据式(4.2)可以得到图 4.37 所示的电流纹波比值随占空比变化的曲线，从图中可

以看出，占空比对电流纹波比值 $K(D)$ 影响明显，当占空比 D 等于 0.5 时，两个 APFC 单元电路中的电感电流纹波互相抵消，总的电流纹波幅值为零，而当占空比以 0.5 为中心变大或变小时，电流纹波比值随之增大。

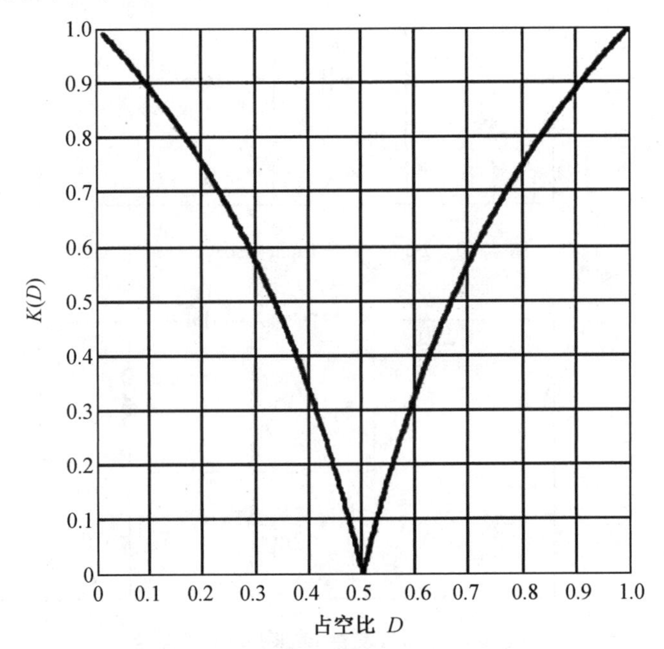

图 4.37　电流纹波比值随占空比变化的曲线

对于 Boost 型 APFC 来说，若输入电压表达式为

$$U_{\mathrm{i}}(\theta)=\sqrt{2}U_{\mathrm{i(rms)}}\sin\theta$$

则占空比表达式为

$$D(\theta)=\frac{U_{\mathrm{o}}-U_{\mathrm{i}}(\theta)}{U_{\mathrm{o}}} \tag{4.3}$$

从式(4.3)中可以看出，在 APFC 工作过程中由于输入电压的相角和幅值会发生变化，因此占空比不会是一个恒定值，它随着输入电压的变化而发生改变。如果所设计的 APFC 电路在 85～265 V 输入电压范围内均满足要求，则占空比的变化范围将会非常大。根据式(4.3)可得输入电压分别为 85 V 和 265 V 时的函数式 $D_1(\theta)$ 和 $D_2(\theta)$，图 4.38 所示为这两个占空比函数随相角变化的曲线图。

从图 4.38 中可以看出，当输入电压为低压 85 V 时，占空比的变化范围是 1.0～0.69；而当输入电压为高压 265 V 时，占空比的变化范围是 1.0～0.02。占空比的变化使交错并联 APFC 的输入电流和输出电容电流纹波不会完全抵消，如当输入 85 V 电压时占空比为 0.69，根据图 4.39 可得此时的纹波衰减比约为 0.55，虽然不能完全消除电流纹波，但效果还是非常明显的；当输入 265 V 电压时，由于占空比的变化范围非常大，因此电流纹波衰减幅度比较小，但在同样功率等级下，输入电压的增大将导致输入电流有效值以及纹波幅值成反比下降，总的输入电流纹波也会相应减小。总之，采用交错并联 Boost APFC 结构与传统的单一 APFC 电路相比，虽然不能在整个工作区间完全将电流纹波消

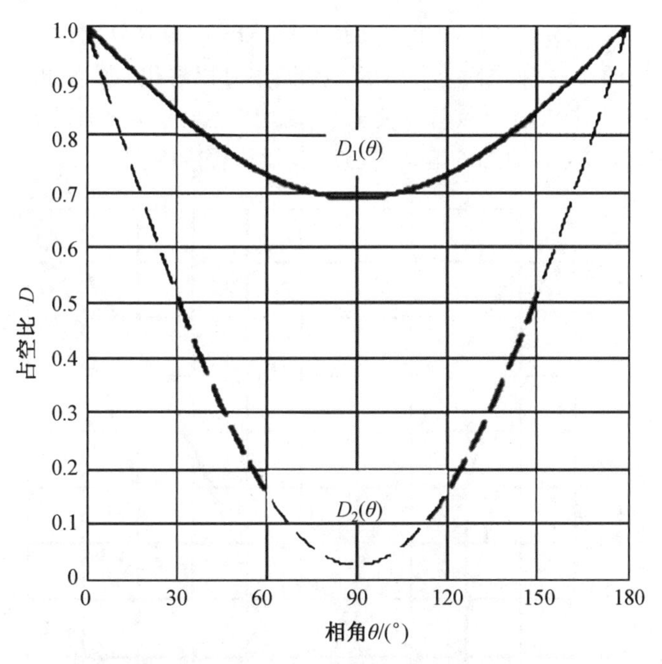

图 4.38　占空比函数随相角变化的曲线图

除掉，但在降低纹波电流方面整体效果还是比较明显的。

在同样占空比的情况下，当交错并联的相数不同时，输入电流纹波减小的程度也不同。多相交错并联 APFC 拓扑结构在电流连续时占空比与电流纹波比值之间的一般函数关系式为

$$K(D)=\left(D-\frac{j}{N}\right)\frac{1+j-ND}{D(1-D)}\quad (j=0,1,\cdots,N-1)\tag{4.4}$$

式中，N 为总的并联相数。

式(4.2)即为式(4.4)在 $N=2$ 时的特例，而当交错并联 Boost APFC 的相数分别为 3 和 4 时，对应的纹波比值表达式分别为

$$\begin{cases}K(D)=\dfrac{1-3D}{1-D} & \left(D\leqslant\dfrac{1}{3}\right)\\[2ex] K(D)=\dfrac{(3D-1)(2-3D)}{3D(1-D)} & \left(\dfrac{1}{3}<D<\dfrac{2}{3}\right)\\[2ex] K(D)=\dfrac{3D-2}{D} & \left(D\geqslant\dfrac{2}{3}\right)\end{cases}\tag{4.5}$$

$$\begin{cases}K(D)=\dfrac{1-4D}{1-D} & \left(D\leqslant\dfrac{1}{4}\right)\\[2ex] K(D)=\dfrac{(4D-1)(1-2D)}{2D(1-D)} & \left(\dfrac{1}{4}<D<\dfrac{2}{4}\right)\\[2ex] K(D)=\dfrac{(2D-1)(3-4D)}{2D(1-D)} & \left(\dfrac{2}{4}\leqslant D<\dfrac{3}{4}\right)\\[2ex] K(D)=\dfrac{4D-3}{D} & \left(D\geqslant\dfrac{3}{4}\right)\end{cases}\tag{4.6}$$

根据式(4.2)、式(4.5)和(4.6)可得交错并联 APFC 相数分别为 2、3 和 4 时电流纹波比值随占空比变化的曲线，如图 4.39 所示。从图中可以看出，在 N 相交错并联 APFC 电路结构中，会有 $N-1$ 个占空比数值点使电流纹波比值接近于零，而当占空比接近 0 或接近 1 时电流纹波比值增大，即总的输入电流纹波抵消程度降低。

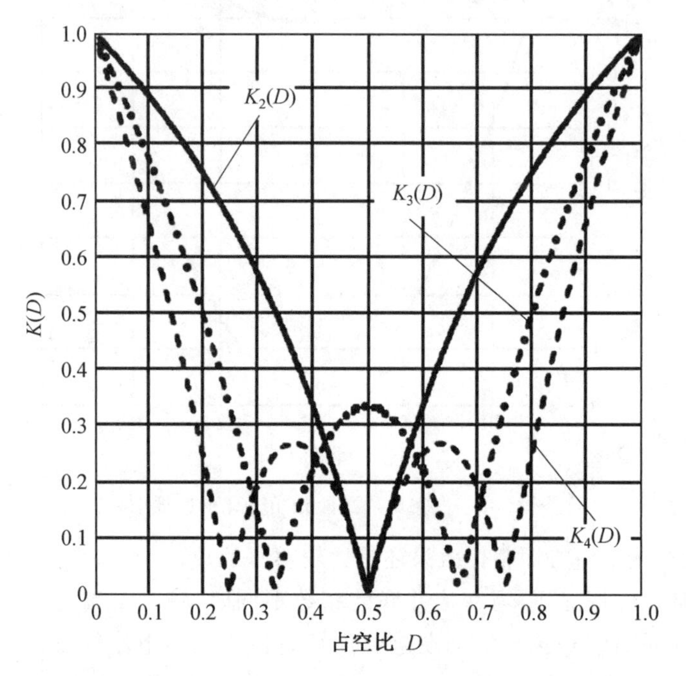

图 4.39　交错并联 APFC 相数不同时的电流纹波比值随占空比变化的曲线

2. 输出电容电流纹波分析

交错并联 Boost APFC 不仅可以减小总的输入电流纹波，同时可以降低输出电容电流的有效值，在传统单相 Boost 型 APFC 电路中，输出电容电流有效值与占空比的关系式为

$$I_{\mathrm{COUT1}}(D)=\sqrt{(1-D)-(1-D)^2} \tag{4.7}$$

而在两相交错 Boost APFC 电路中，电容电流有效值与占空比的关系式为

$$I_{\mathrm{COUT2}}(D)=\begin{cases}\dfrac{1}{2}\sqrt{(1-2D)-(1-2D)^2} & (D<0.5)\\ \dfrac{1}{2}\sqrt{(2-2D)-(2-2D)^2} & (D\geqslant 0.5)\end{cases} \tag{4.8}$$

当交错并联 APFC 的相数增多时，输出电容电流有效值会发生相应改变，三相交错并联和四相交错并联时的函数关系式分别为

$$I_{\mathrm{COUT3}}(D)=\begin{cases}\dfrac{1}{3}\sqrt{(1-3D)-(1-3D)^2} & \left(D\leqslant\dfrac{1}{3}\right)\\ \dfrac{1}{3}\sqrt{(2-3D)-(2-3D)^2} & \left(\dfrac{1}{3}<D<\dfrac{2}{3}\right)\\ \dfrac{1}{3}\sqrt{(3-3D)-(3-3D)^2} & \left(D\geqslant\dfrac{2}{3}\right)\end{cases} \tag{4.9}$$

$$I_{\mathrm{COUT4}}(D)=\begin{cases}\frac{1}{4}\sqrt{(1-4D)-(1-4D)^2} & \left(D\leqslant\frac{1}{4}\right)\\ \frac{1}{4}\sqrt{(2-4D)-(2-4D)^2} & \left(\frac{1}{4}<D\leqslant\frac{2}{4}\right)\\ \frac{1}{4}\sqrt{(3-4D)-(3-4D)^2} & \left(\frac{2}{4}<D<\frac{3}{4}\right)\\ \frac{1}{4}\sqrt{(4-4D)-(4-4D)^2} & \left(D\geqslant\frac{3}{4}\right)\end{cases} \tag{4.10}$$

图 4.40 所示为传统 Boost 型 APFC 和交错并联 APFC 输出电容电流有效值随占空比变化的曲线，从图中可以看出，两相交错并联 APFC 与传统单相 Boost 型 APFC 电路相比，最大电容值降低了一半，随着并联 APFC 单元电路的增加，电容电流有效值逐步下降，因此交错并联 APFC 电路结构能有效降低流过输出电容中的电流有效值，同时电流有效值的降低使电容的电流应力得以降低，有利于提高 APFC 变换器的可靠性。

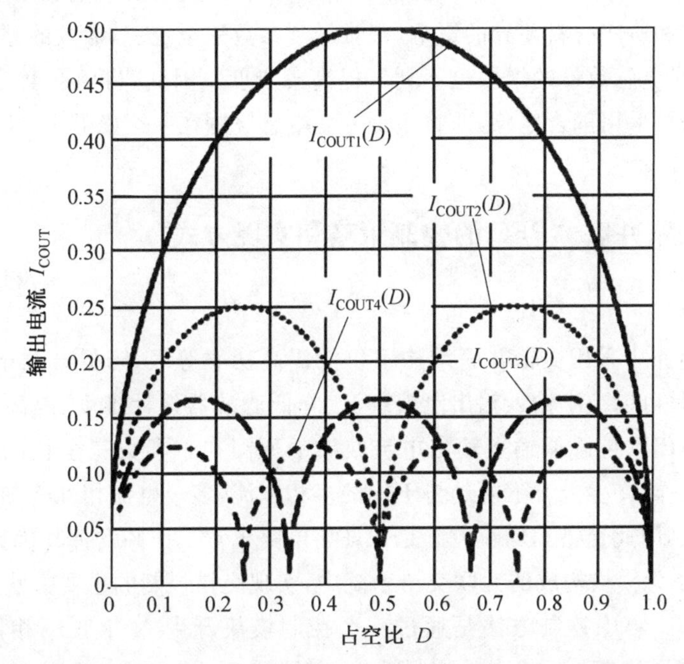

图 4.40　传统 Boost 型 APFC 和交错并联 APFC 输出电容电流有效值随占空比变化的曲线

3. 交错并联结构对 APFC 电感的影响

在传统 Boost 型 APFC 电路中，APFC 电感电流等于输入电流，而在两相交错并联 Boost APFC 电路中，总的输入电流被两个 APFC 单元电路平分，因此流过每个 APFC 电感中的电流为总输入电流的一半。在功率等级相同的情况下，假设流过传统 Boost 型 APFC 电感中的电流为 I，则储存在其中的能量表达式为

$$E_{\mathrm{con.}}=\frac{1}{2}LI^2 \tag{4.11}$$

而在两相交错并联 APFC 电路中，两个电感中储存的总能量表达式为

$$E_{\text{inter. 2}}=\frac{1}{2}L\left(\frac{I}{2}\right)^2+\frac{1}{2}L\left(\frac{I}{2}\right)^2=\frac{1}{4}LI^2 \tag{4.12}$$

从电感储能情况可以看出，两相交错并联 APFC 结构中总的电感储能变为传统结构的二分之一。推广到一般情况，当有 N 个 APFC 单元电路交错并联时，储存在各个电感中的总能量表达式为

$$E_{\text{inter. }N}=\frac{1}{2}L\left(\frac{I}{N}\right)^2+\cdots+\frac{1}{2}L\left(\frac{I}{N}\right)^2=\frac{LI^2}{2N} \tag{4.13}$$

从式(4.13)中可以看出，此时电感中储存的总能量等于传统 Boost 型 APFC 电感储能的 $1/N$。交错并联结构中总电感储能的减少虽然不能完全成比例地减小相应的电感体积，但在磁芯选择一致的情况下，它有利于减小电感体积、提高功率密度。

在交错并联 APFC 拓扑结构中，每一个 APFC 单元电路都需要电感来实现能量的存储和转换，如果电感采用分立元件，随着并联相数的增多，所需要的电感数量也随之增大。分立电感受工艺和所用材料差异的影响，很难做到参数完全统一，参数的差异不利于系统的均流控制，同时电感数量的增多也不利于提高集成度。因此，目前在交错并联结构中，比较流行的办法是采用耦合电感，即将多个分立电感绕制在一个磁芯上，用一个磁性器件来实现。

4.2.3　交错并联 APFC 的控制策略和实现方式

1. 控制策略

在 APFC 电路中采用交错并联结构不仅能提高功率等级、降低开关电流应力、分散热源，更重要的是可以减小输入输出电流纹波、降低滤波器设计难度、提高效率和功率密度。交错并联 APFC 能降低输入输出电流纹波的原因在于参数完全相同的多相 APFC 单元电路交错工作，产生上升下降趋势不同的多相电流，多个电流相互叠加使总的输入输出电流纹波降低，因此交错和均流控制是保证该电路正常工作并发挥其优势的关键所在。

在由 N 个单元模块构成的并联交错系统中，实现交错控制的主要方法有集中控制和分布式控制两种。集中控制方法是通过一个控制模块产生 N 个频率相同而相位相差 $2\pi/N$ 的驱动信号，该方法的优点是控制简单、容易实现。分布式控制方法是指每个并联单元模块都有自己的控制电路，控制电路通过交错线相连，通过交错线传递各个模块的频率和相位信息并对驱动信号进行校正，这种方法虽然能提高系统的可靠性和冗余度，但实现比较复杂。在交错并联 APFC 电路中，多采用集中控制方法。

交错并联 APFC 电路中各个单元模块的均流控制，主要有两种类型，一种是主从控制方式，另外一种是自然交错方式。以两相交错并联 APFC 为例，主从控制方式是指在两相 APFC 单元电路中选择一相作为主 APFC，而另外一相作为从 APFC，从 APFC 与主 APFC 的导通时间相同，但导通时间比主 APFC 滞后半个周期。根据控制功率开关管关断的参考信号不同，主从控制方式又分为电流控制和电压控制两种类型。电流控制是指主从 APFC 电感电流达到给定的电流参考值后自动关断相应的功率开关管，但这种方法

的缺点是一旦主从APFC电感量不相等或者参数不匹配,电流的工作模式和整体控制效果将会受较大影响。电压控制是指在控制器内部设定一个斜率相等的斜坡函数,当主从APFC工作时斜坡函数开始上升,达到给定电压值后关断功率开关管,这种方法的好处是能保证主从功率开关管的导通时间相同。不管是采用电压控制还是电流控制,主从控制方式要求每个单元电路参数匹配良好,尤其是APFC电感。自然交错方式是指每一相都相对独立地工作在设定的工作模式下,各相之间互相配合完成规定的相位差,自然交错方式的难点在于如何在各相之间保持准确的相移。

在交错并联APFC控制电路设计过程中,除了要选择合适的均流控制方法外,每一相电感电流以何种方式工作也是需要重点考虑的问题。传统APFC按照电感电流是否连续分为断续导通模式(DCM)、连续导通模式(CCM)和临界导通模式(CRM)三种。DCM控制下APFC电路的优点是具有输入电流自动跟随输入电压、控制电路简单、续流二极管不产生反向恢复损耗等优点;其缺点是输入电流纹波大、开关管通态损耗高,主要用于小功率场合。相对于DCM,CCM控制的优点是输入电流纹波小、电流THD和EMI小、滤波器设计相对简单、输入电流峰值小、器件应力和导通损耗低,在中大功率场合应用广泛,但在这种控制模式中,续流二极管反向恢复电流导致开关管处于硬开关状态,开关损耗较大。CRM控制与DCM控制一样没有反向恢复损耗,开关管能实现零电流导通,是一种自然的、不用任何辅助功率器件的软开关,缺点是峰值电流是平均电流的两倍,EMI滤波器的设计要求依然比较高,同时开关频率随输入电压和输出功率发生较大范围变化。当这三种控制模式应用于交错并联APFC电路中时,其在单相APFC电路中表现出来的缺点会得到有效控制,尤其是输入输出电流纹波和EMI滤波器的设计难度。为方便分析,将图4.29所示两相交错并联APFC电路重新画出,得到图4.41所示两相交错并联Boost APFC电路。当电路工作在DCM、CRM和CCM三种控制模式时,图4.42~4.43所示分别是相应的电流波形,从波形图中可以看出,采用交错并联结构能降低总的输入电流纹波,弱化DCM和CRM输入电流峰值大的缺点,有利于充分发挥其软开关优势,并提高应用电路的功率等级;同时叠加后的输入输出电流频率为单个APFC单元电路开关频率的两倍,有利于减小EMI滤波器的体积和质量。

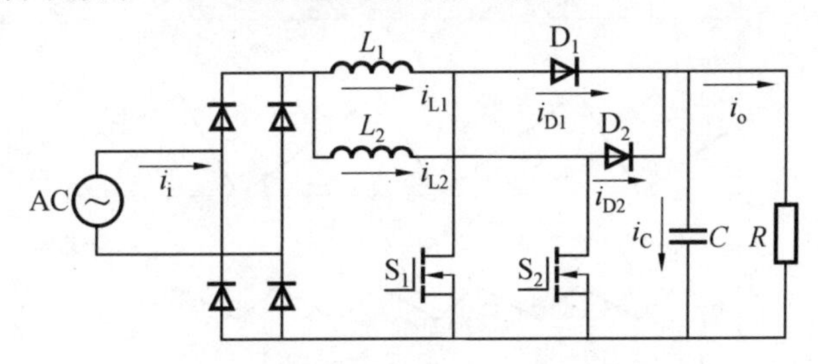

图4.41 两相交错并联Boost APFC电路

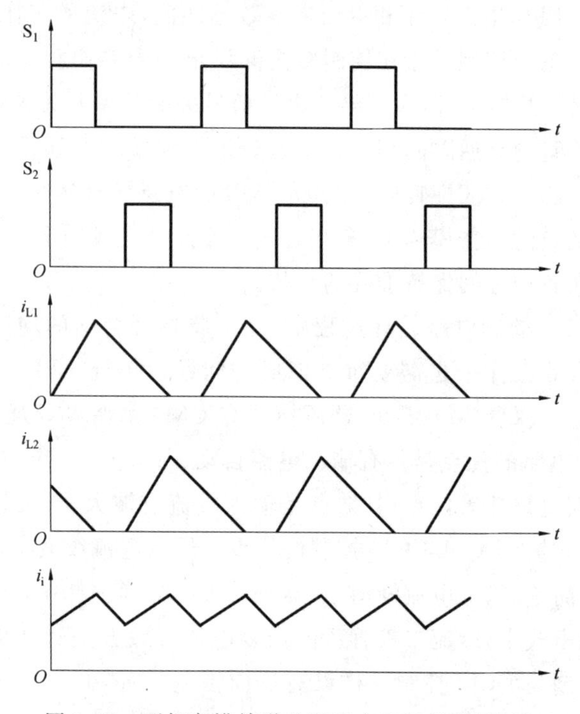

图 4.42　两相交错并联 APFC 在 DCM 下的波形

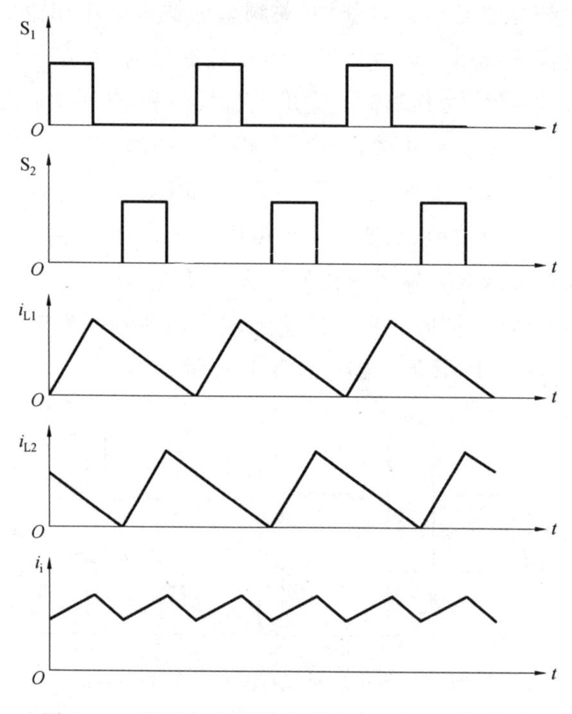

图 4.43　两相交错并联 APFC 在 CRM 下的波形

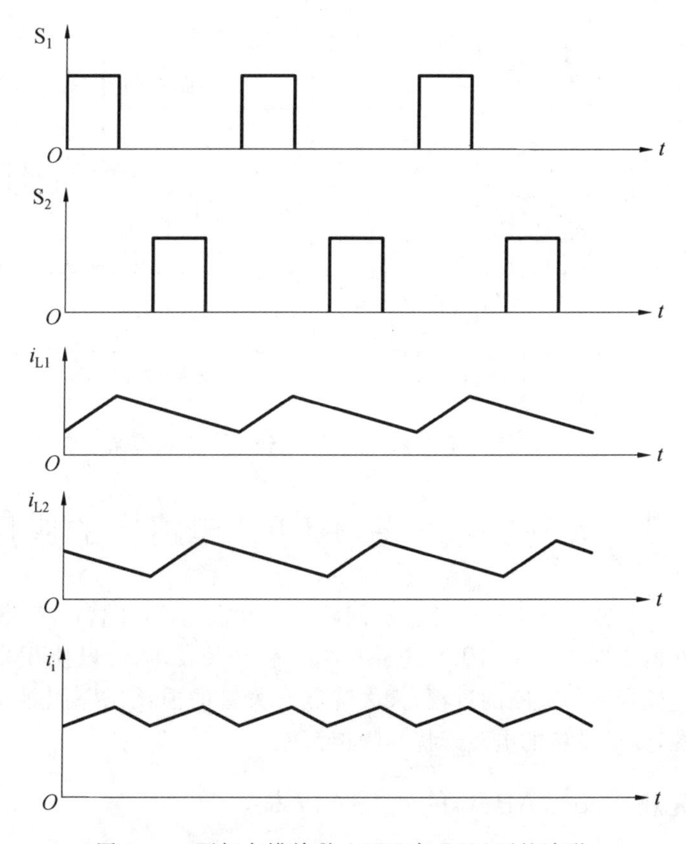

图 4.44 两相交错并联 APFC 在 CCM 下的波形

2. 实现方式

交错并联 APFC 控制功能的实现主要有两种方式,一种是采用模拟控制芯片,另一种是采用 DSP 等数字处理器。不管是采用模拟还是数字方式,交错并联 APFC 的控制和传统 APFC 没有本质区别,它的主要目的依然是使输入电流跟踪输入电压,只不过由于电路结构的特殊性,需要将传统 APFC 电路中的 PWM 驱动信号由一个变成多个,从而控制相应的功率开关管交错导通。当采用模拟芯片实现交错并联 APFC 控制时,一种解决方案是采用传统 APFC 控制芯片并外加合适的 PWM 分配电路,图 4.45 所示为采用 UC3854 为核心控制芯片实现的交错并联 APFC 的一种模拟控制方案。

除了图 4.45 所示的控制方案外,另一种是单芯片解决方案,如德州仪器(TI)公司先后推出的采用自然交错(natural interleaving™)技术的控制芯片 UCC28060 和 UCC28070,每个芯片可以实现两相交错控制,单芯片解决方案能简化控制电路,提高交错并联 APFC 的控制性能和集成度;当采用偶数倍多相交错并联时,可以采用多个控制芯片实现,集成控制芯片的出现为交错并联 APFC 的实用化提供了良好条件。

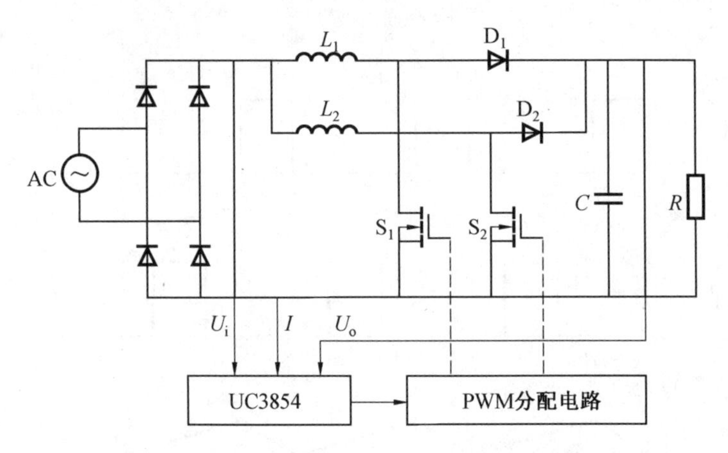

图 4.45 交错并联 APFC 的一种模拟控制方案

4.3 软开关技术在 APFC 电路中的应用

为克服变换器高频工作下的开关损耗问题，从 20 世纪 80 年代以来，软开关技术得到深入研究并获得迅速发展。在 APFC 电路中引入软开关技术，可以使开关管在零电压或零电流条件下完成导通与关断的过程，大大降低开关管的损耗，提高电路的运行效率、功率密度和可靠性，降低设备的电磁干扰和噪声污染。

4.3.1 无桥 Boost APFC 的软开关技术

无桥 Boost APFC 的最大优势是通过减少工作回路上半导体器件的数量来降低通态损耗，达到提高效率的目的。但无桥 APFC 不能降低开关损耗，当开关频率很高时，电路中的开关损耗会随之增大，尤其是当电路工作在 CCM 时，续流二极管的反向恢复电流将会增大开关管的导通损耗。为了降低开关损耗，抑制导通和关断过程中的 $\mathrm{d}i/\mathrm{d}t$ 和 $\mathrm{d}u/\mathrm{d}t$，使开关管导通时电压的下降先于电流的上升，或关断时电流的下降先于电压的上升，消除电压和电流的重叠，在无桥 APFC 电路中采用软开关技术不仅有利于减小开关损耗，也有利于降低 EMI。

目前出现的无桥 Boost APFC 软开关电路主要有两种，分别是有源软开关和无源软开关。图 4.46 所示为两种无桥 APFC 有源软开关电路，其中图 4.46 (a) 通过增加开关管 S_3，二极管 D_3、D_4，电感 L_r 和电容 C_r 实现开关管(S_1、S_2)的零电流(ZCS)导通以及二极管(D_3、D_4)的零电压(ZVS)导通和关断；图 4.46 (b) 通过增加开关管 S_3，二极管 D_3～D_6，电感 L_{r1}、L_{r2} 和电容 C_{r1} 实现 ZVS 导通。无桥 APFC 的有源软开关电路还包括一些其他实现方式，虽然它们都能获得较好的软开关效果，但在电路中增加了开关管，因此需要增加一套辅助控制电路，从而使电路变得比较复杂，也增加了成本。

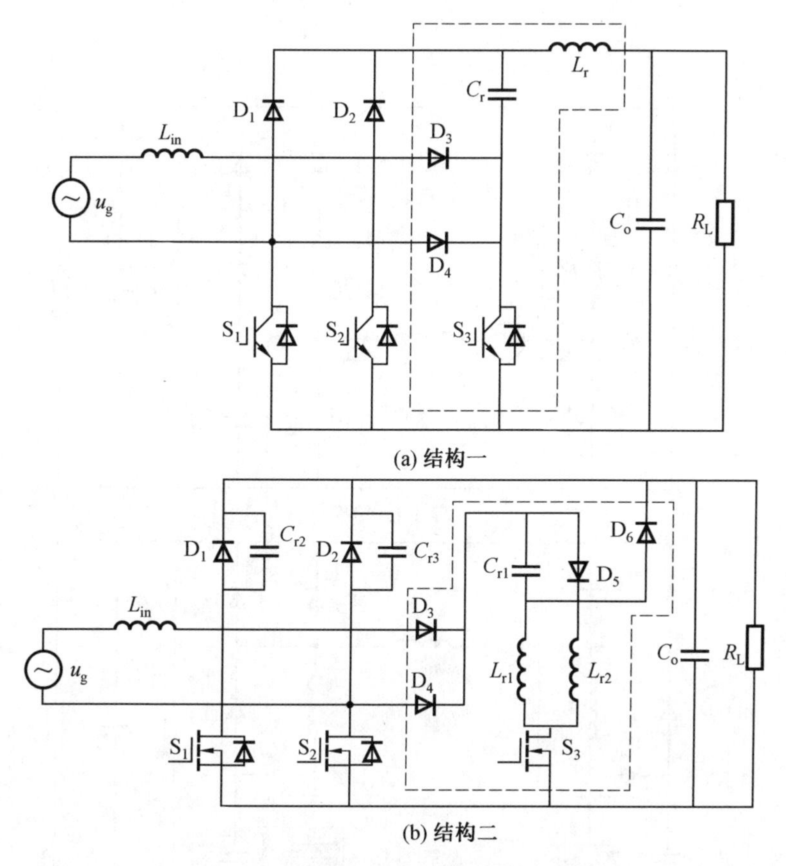

图 4.46　两种无桥 APFC 有源软开关电路

图 4.46 所示的有源软开关电路虽然能获得较好的控制效果，但在电路中增加了开关管和辅助控制电路，电路比较复杂。无源无损软开关电路无须增加功率开关管和相应的控制电路，图 4.47 所示为五种无桥 APFC 无源无损软开关电路，通过增加三个二极管、两个电容、一个电感实现开关管的零电流导通和零电压关断。由于无桥 Boost APFC 电路中有两个功率开关管和两个高速二极管，因此需要增加两组一模一样的缓冲电路。无源无损软开关电路的基本原理是缓冲电感 L_{S1}（或 L_{S2}）与 D_1（或 D_2）串联，用来抑制二极管（D_1 或 D_2）的反向恢复电流，降低开关管 S_1（或 S_2）导通时的 $\mathrm{d}i/\mathrm{d}t$，实现软导通；缓冲电容 C_{S1}（或 C_{S2}）用来抑制开关管 S_1（或 S_2）关断时的 $\mathrm{d}u/\mathrm{d}t$，实现零电压关断；电容 C_{a1}（或 C_{b1}）用来吸收缓冲电感或缓冲电容存储的能量，并将其反馈给负载。这些电路与图 4.46 所示有源软开关电路相比，虽然无须增加功率开关管和控制电路，但需要增加两套缓冲电路，因此电路所需器件多，成本依然比较高。

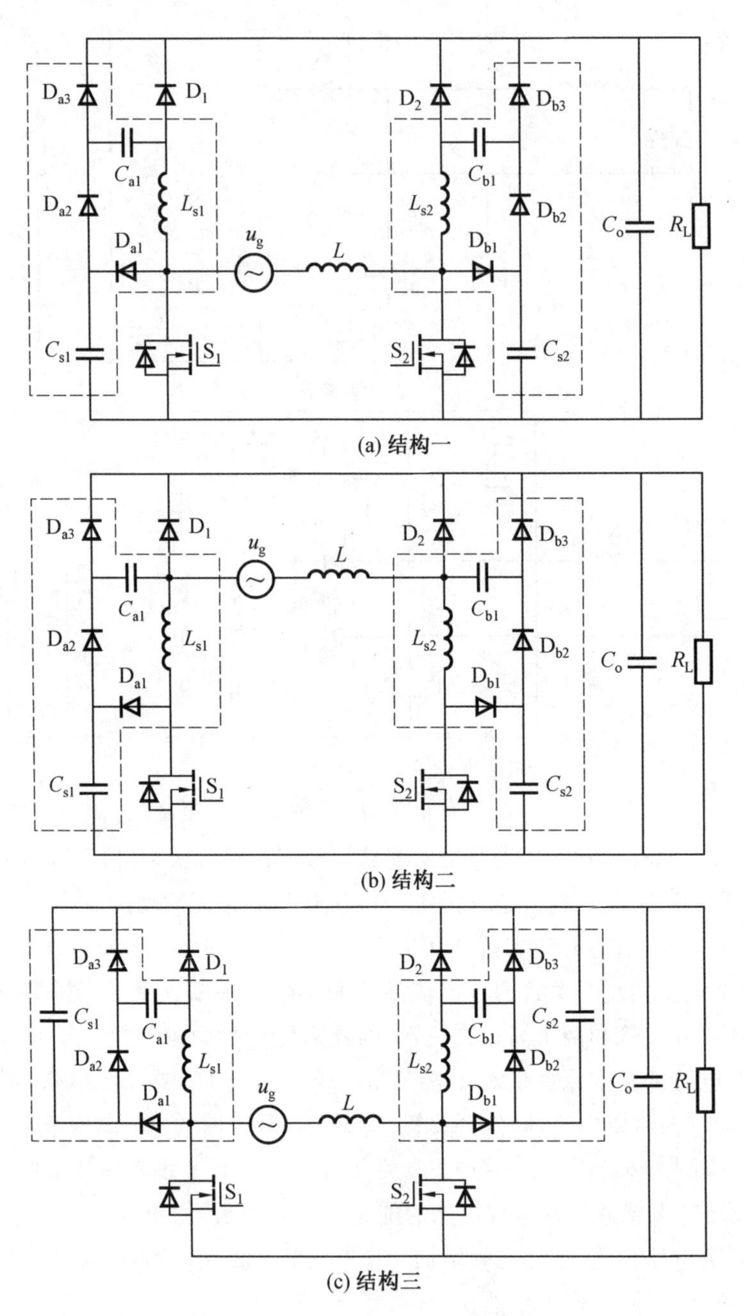

(a) 结构一

(b) 结构二

(c) 结构三

图 4.47　五种无桥 APFC 无源无损软开关电路

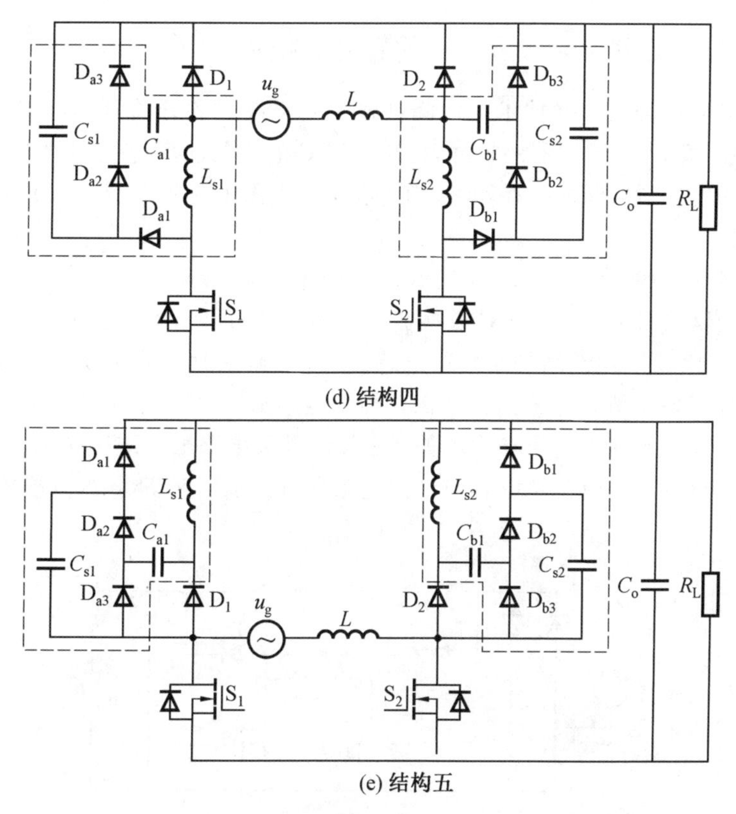

(d) 结构四

(e) 结构五

续图 4.47

图 4.48 所示为结构简单的无桥 APFC 无源无损缓冲电路，该缓冲电路通过增加两个二极管 D_{1a}、D_{2a} 和两个电感副边绕组 L_2、L_3 实现二极管 D_1、D_2 的零电流关断，降低开关管的导通损耗。与图 4.46 和图 4.47 所示的软开关电路相比，该电路的最大特点是器件少、结构简单、成本低，但耦合电感的设计相对比较复杂，尤其是要求功率能在大范围内变化时，耦合电感的设计以及软开关的控制效果会受到较大影响。

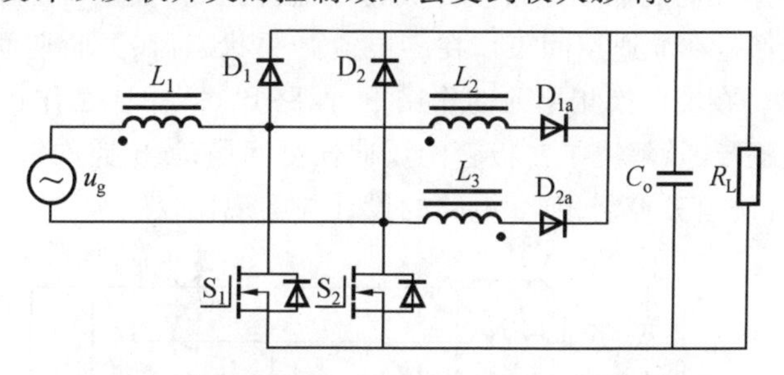

图 4.48　结构简单的无桥 APFC 无源无损缓冲电路

软开关技术在传统 APFC 电路中的应用经过几十年的发展，目前已有许多比较成熟的电路结构和分析方法，这些电路结构和分析方法可以在无桥 APFC 电路中加以借鉴和使用。针对无桥 APFC 特殊的电路结构，研究简单有效的软开关电路是一个值得关注的研究方向。

4.3.2 交错并联 Boost APFC 的软开关技术

Boost 电路通过交错并联技术可以降低输入电流纹波和开关管的电流应力、减小单个电感容量和前级 EMI 滤波器的尺寸，提高 APFC 电路的功率等级和效率；但当功率器件工作在硬开关状态时，开关损耗严重，为此有学者提出了一些交错并联 Boost APFC 软开关电路结构。

图 4.49 所示为零电压准谐振(Zero Voltage Switch-Quasi Resonant Converter, ZVS－QRC)交错并联 Boost APFC 变换器。与图 4.29 所示两相交错并联 Boost APFC 电路相比，图 4.49 所示电路增加了辅助电感 L_s，该电路在没有增加辅助开关管的情况下实现软开关，是一种无源软开关拓扑结构。辅助电感 L_s 与主开关管 S_1、S_2 的寄生电容发生谐振，使得主开关实现零电压导通和关断。该软开关电路虽然结构简单，但开关管两端承受的电压应力增加，同时其结电容与谐振电感会引起寄生振荡，导致变换器的闭环稳定性变差。

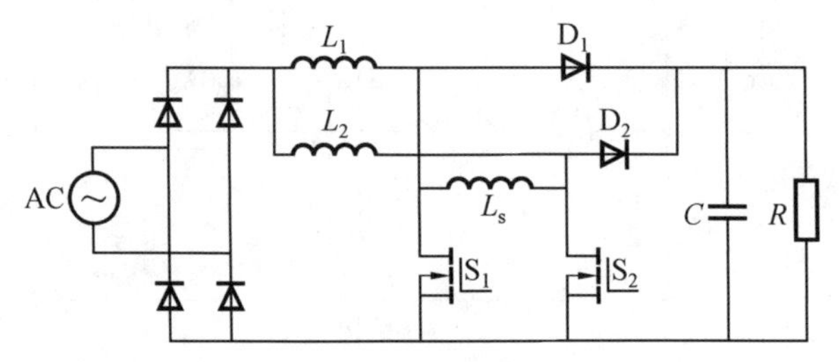

图 4.49　零电压准谐振交错并联 Boost APFC 变换器

图 4.50 所示为零电流转换(ZCT－PWM)交错并联 Boost APFC 变换器，每个开关管两端并联一个由谐振电容 C_{R1}(C_{R2})、谐振电感 L_{R1}(L_{R2})和辅助开关管 S_{A1}(S_{A2})组成的辅助换相单元。辅助换相单元只在主开关的关断过渡期间工作。由于变换器工作在临界导通模式(CRM)下，主开关在零电流(ZCS)下自然开启，主二极管的反向恢复损耗最小化。ZCT 辅助换相单元的功能是通过主开关将电流降至零，提供零电流关断条件。所有主开关和辅助开关都是在导通期间工作在零电流开关状态，在关断期间工作在零电流零电压(ZCZVS)状态。在辅助换相单元的作用下，两路 Boost 单元工作在临界电流模式，能实现主开关的零电流导通，解决了二极管的反向恢复问题；该电路的缺点是电路控制方式采用变频控制，与传统恒频控制相比，电路的设计与实现比较复杂。

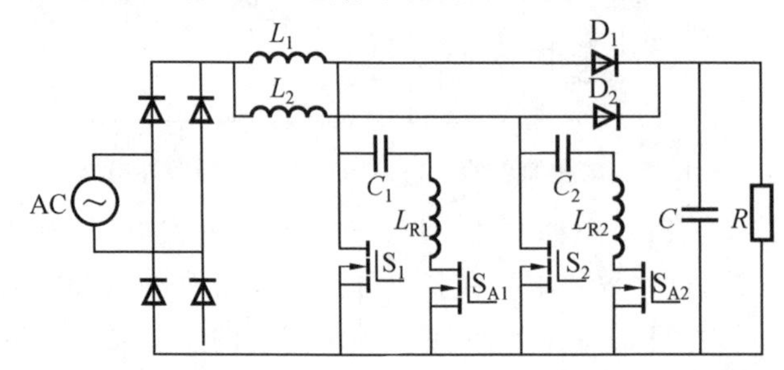

图 4.50　ZCT－PWM 交错并联 Boost APFC 变换器

图4.51所示为ZVZCS－PWM交错并联Boost APFC变换器，该电路是在耦合电感交错并联的Boost APFC变换器的基础上附加两个简单的辅助有源单元（C_1、S_3和C_2、S_4）构成的。主开关管S_1、S_2实现零电流导通和零电压关断，辅助开关管S_3、S_4的引入没有给主开关管和二极管带来额外的电压应力。主二极管D_1、D_2实现零电压导通和零电流关断。辅助开关管S_3、S_4在整个开关过渡期间均实现零电压转换（ZVT），即实现零电压导通和关断。该电路工作在断续导通模式（DCM），每路Boost单元的电感电流是断续的，这说明两路主开关管是交替工作的，这为共用软开关网络创造了条件。尽管该电路结构比较简单，但是主开关的关断效果取决于辅助回路谐振电容的大小，谐振电容越大，主开关软关断的效果越好，但电路中谐振电流则会越大，需要选取额定电流大的开关管，增加了成本。

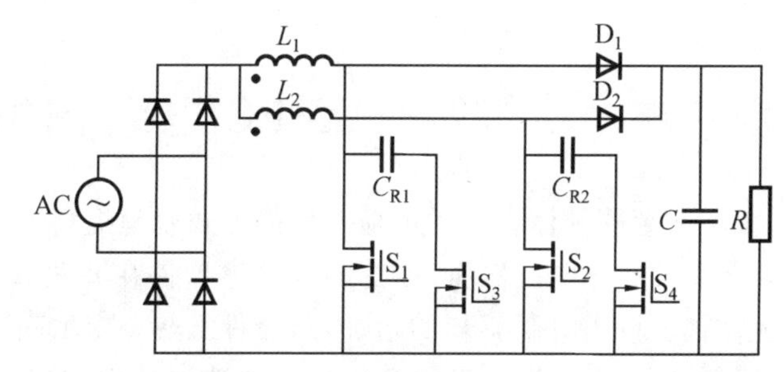

图4.51　ZVZCS－PWM交错并联Boost APFC变换器

图4.52所示为ZCS－PWM交错并联Boost APFC变换器，该电路共用一套辅助电路实现软开关。主开关管S_1、S_2和辅助开关管S_3均实现零电流导通和零电流关断，附加电路可降低二极管D_1、D_2的反向恢复损耗。但是当电路工作在ZCS模式时，由于谐振电路的影响，续流二极管最大的电压应力为$2U_o$。

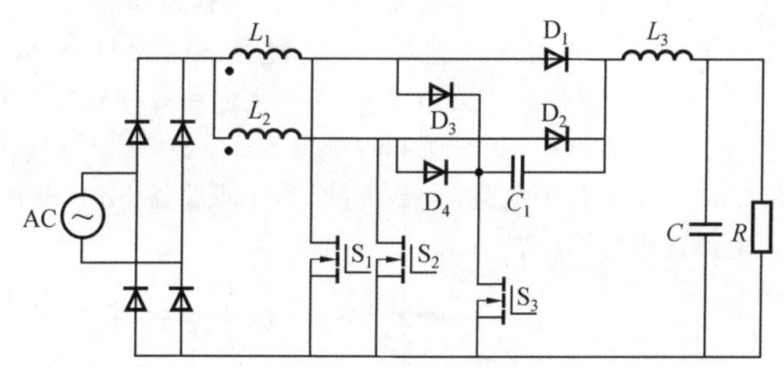

图4.52　ZCS－PWM交错并联Boost APFC变换器

将改进型ZVT－PWM辅助网络应用到交错并联Boost APFC变换器中，可得图4.53所示ZVT－PWM交错并联Boost APFC变换器。该电路不仅实现了两路主开关的零电压转换，辅助开关管、主二极管以及辅助二极管都实现了软开关。同时，ZVT软开关的引入，并没有增加功率器件的电压、电流应力。电路的控制也很简单，采用恒频PWM控制方法。

交错并联Boost APFC的软开关电路远不止以上几种电路结构，随着技术的发展和研究的不断深入，交错并联软开关电路的结构会越来越丰富，读者可在此基础上根据个人

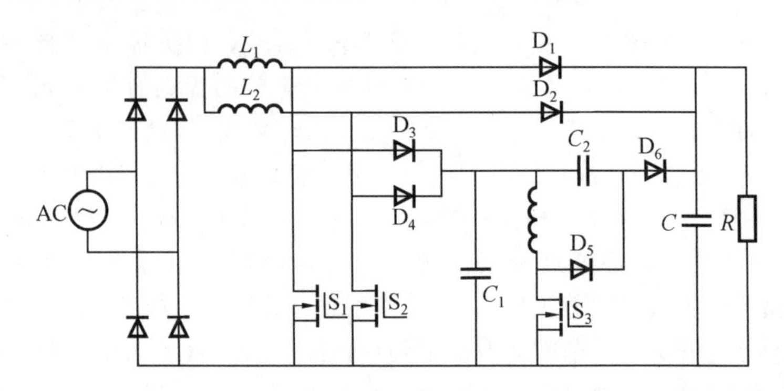

图 4.53　ZVT－PWM 交错并联 Boost APFC 变换器

需求查阅相关文献。

4.4　宽禁带功率器件在 APFC 电路中的应用

对于开关电源，减小无源器件体积和质量最直接的方式就是提高开关频率，高频化是 APFC 电路的研究热点和发展方向。然而，传统的硅功率器件在开关频率为 100 kHz 以上时开关损耗会大大增加。随着开关损耗的增加，对器件散热要求增高，不仅会给产品的热设计带来难度，也降低了产品的总效率。对于半导体功率器件的研究，业界一直在进行，随着器件原理创新、结构改善和制作工艺的不断提升，20 世纪 80 年代末，宽禁带半导体材料开始出现，它们在高频、高功率密度方面有着巨大优势，在宽禁带功率器件方面，碳化硅(SiC)与氮化镓(GaN)功率器件是两种典型代表。

目前，关于宽禁带器件在 APFC 电路中的应用研究，一是针对续流二极管存在的反向恢复电流损耗问题，采用没有反向恢复电流的 SiC 二极管或 GaN 二极管代替 Si 基二极管，降低由反向恢复电流增加的开关损耗；二是利用 SiC 或 GaN 功率开关管代替 APFC 电路中的 Si 基开关管，以提高开关频率，进而提高电路效率和功率密度。

文献[70]对基于 SiC 二极管和 MOSFET 的单相 Boost 型 APFC 电路效率和 EMI 进行了评估分析，图 4.54 所示为其主电路，主要包括 EMI 滤波器、由二极管构成的整流桥和 Boost 变换器。电路技术指标见表 4.3。

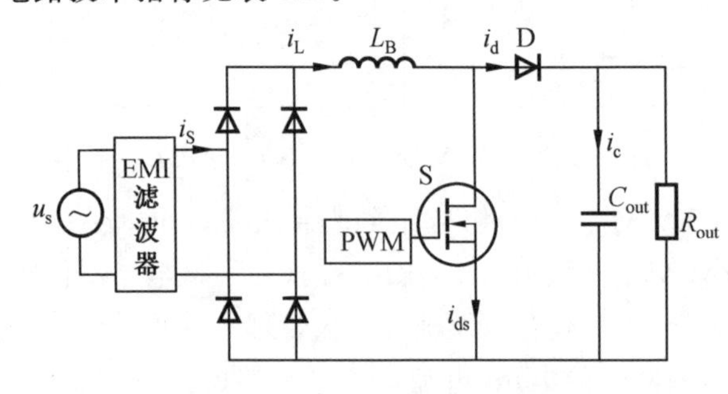

图 4.54　基于 SiC 功率器件的 Boost 型 APFC 主电路

表 4.3　电路技术指标

参数	指标
输入电压范围 $u_{s,min} \sim u_{s,max}$	85～265 V
输入电网电压频率 f_{line}	50/60 Hz
输出电压 u_{out}	400 V
开关频率 f_{sw}	250 kHz
Boost 电感电流纹波 Δi_L	30% @85 V,1 kW,250 kHz
输出电压纹波 Δu_{out}	$10U_{pp}$
保持时间 t_{hold}	16.6 ms @ $u_{out,min}=350$ V
EMI 标准	CISPR11 ClassB
效率限定	80 PLUS

在图 4.54 所示电路中，电感和电容是主要的无源器件，电感值的计算依据为

$$L_B=\frac{1}{\Delta i_L}\frac{u_{s,min}^2}{P_{out}}\left(1-\frac{\sqrt{2}u_{s,min}}{u_{out}}\right)\frac{1}{f_{sw}} \tag{4.14}$$

式中，L_B 为电感值；Δi_L 为电感电流纹波；$u_{s,min}$ 为输入电压最小值；P_{out} 为输出功率；u_{out} 为输出电压；f_{sw} 为开关频率。

根据输出电压纹波和保持时间可知，电容值的计算依据为

$$C_{out}=\frac{2P_{out}t_{hold}}{u_{s,min}^2-u_{out,min}^2}=\frac{P_{out}}{2\pi f_{line}\Delta u_{out}u_{out}} \tag{4.15}$$

式中，C_{out} 为电容值；t_{hold} 为保持时间；$u_{out,min}$ 为输出电压最小值；Δu_{out} 为输出电压纹波；f_{line} 为输入电网电压频率。

电路所用功率器件及电感电容参数见表 4.4。

表 4.4　电路所用功率器件及电感电容参数

器件	器件型号	规格说明
整流桥	GSIB2580	$U_{FO}=0.98$ V, $R_d=22$ mΩ
电感 L_B	CS330060	铁硅铝，直流电阻 DCR=80 mΩ
MOSFET	C3M0065090D	$R_{DS,on}=82$ mΩ
Boost 二极管	SCS220AE2	$U_{FO}=0.8$ V, $R_d=34$ mΩ
电容 C_{out}	B43508A5567M062	ESR=220 mΩ @ 100 Hz

根据电路技术指标和所选器件参数，可以计算不同器件的通态损耗，整流桥通态损耗计算式为

$$P_{cond(rectifier)}=2(I_{L,rms}^2R_d+I_{L,avg}U_{FO}) \tag{4.16}$$

式中，$I_{L,rms}$是电感电流有效值；R_d 是整流桥中二极管的动态电阻；$I_{L,avg}$是电感电流平均值；U_{FO}是整流桥二极管导通压降。

电感通态损耗计算式为

$$P_{\mathrm{cond(inductor)}}=I_{\mathrm{L,rms}}^{2}\mathrm{DCR} \tag{4.17}$$

式中，DCR 是电感直流电阻。

电容通态损耗计算式为

$$P_{\mathrm{cond(capacitor)}}=I_{\mathrm{C,rms}}^{2}\mathrm{ESR} \tag{4.18}$$

式中，$I_{\mathrm{C,rms}}$是电容电流有效值；ESR 是电容等效串联电阻。

SiC MOSFET 通态损耗计算式为

$$P_{\mathrm{cond(MOSFET)}}=I_{\mathrm{ds,rms}}^{2}R_{\mathrm{DS,on}} \tag{4.19}$$

式中，$I_{\mathrm{ds,rms}}$ 是 SiC MOSFET 漏源极电流有效值；$R_{\mathrm{DS,on}}$ 是 SiC MOSFET 漏源极导通电阻。

Boost 二极管通态损耗计算式为

$$P_{\mathrm{cond(diode)}}=I_{\mathrm{d,rms}}^{2}R_{\mathrm{d}}+I_{\mathrm{d,avg}}U_{\mathrm{FO}} \tag{4.20}$$

式中，$I_{\mathrm{d,rms}}$是 Boost 二极管电流有效值；R_{d} 是二极管动态电阻；$I_{\mathrm{d,avg}}$ 是二极管电流平均值；U_{FO}是二极管导通压降。

根据以上通态损耗计算公式，可得图 4.55(a)所示各元件在不同输入电压下的通态损耗；根据实测结果，可得图 4.55 (b)所示 SiC MOSFET 在不同输入电压下开关损耗随频率变化的曲线，及图 4.55 (c)所示不同功率等级下的通态损耗和开关损耗。

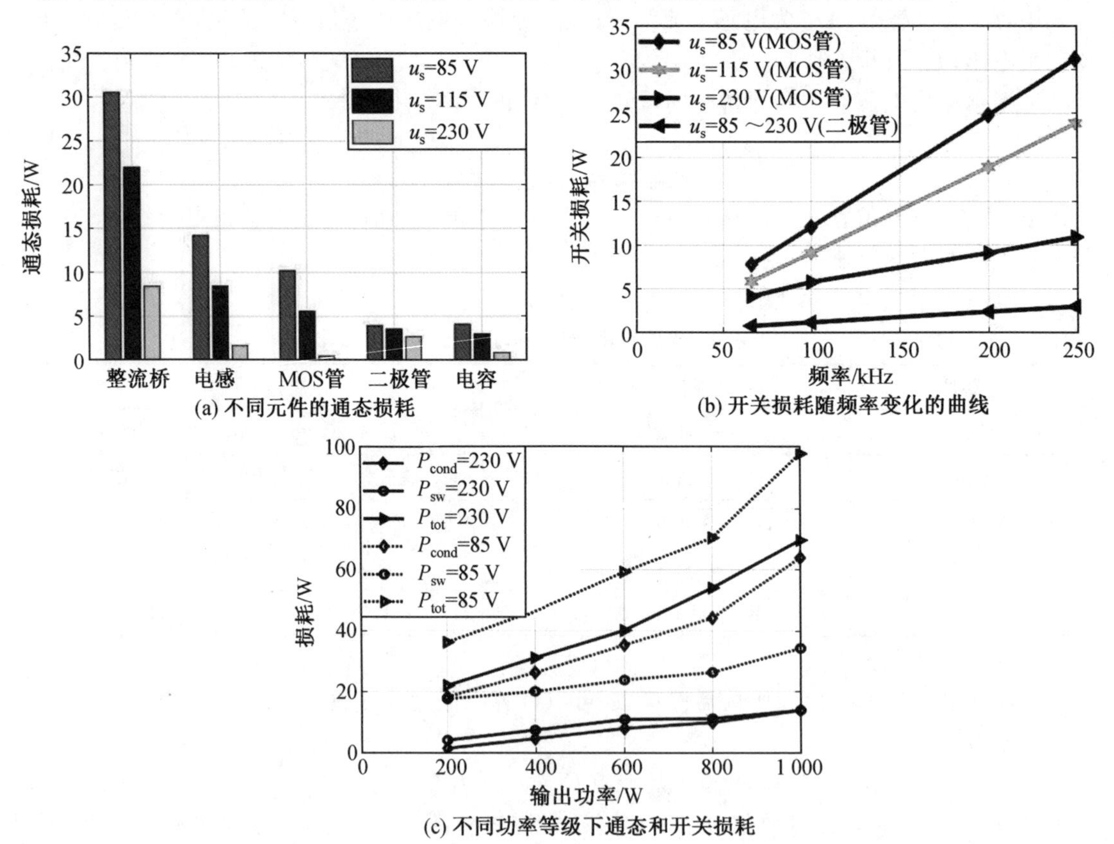

(a) 不同元件的通态损耗

(b) 开关损耗随频率变化的曲线

(c) 不同功率等级下通态和开关损耗

图 4.55　SiC MOSFET 不同情况下的损耗曲线

图 4.56 所示为 SiC MOSFET 导通和关断期间漏源电压(u_{ds})和栅源电压(u_{gs})实验波形,从图中可以看出,开关管在导通和关断期间电压电流波形干净,关断期间无振荡。

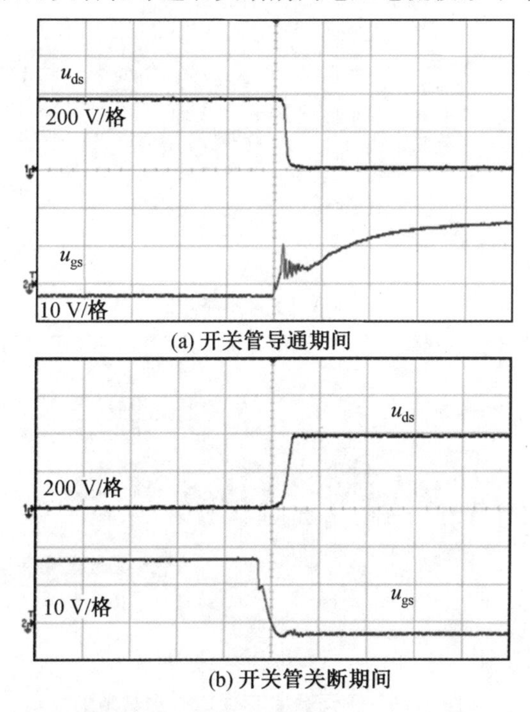

图 4.56　SiC MOSFET 导通和关断期间漏源电压(u_{ds})和栅源电压(u_{gs})实验波形

图 4.57 所示为 APFC 电路在开关频率为 250 kHz 时的输入电压和电流波形,从图中可以看出,波形干净且正弦度较好,电流在过零点不连续的原因是死区时间设置过大。图 4.58 所示为 APFC 电路在输入电压为 230 V 时的仿真和实测效率曲线,从变化趋势上可以看出,仿真和实测结果基本一致,实测效率结果比仿真结果略低的原因主要有两个方面:一是仿真不考虑 Boost 电感磁芯损耗和 EMI 滤波器损耗,而实测包含 APFC 电路的所有损耗;二是实测时采用功率分析仪,也会带来一定的测量误差。整机效率远高于设计指标中规定的整个负载范围所需的 80 PLUS 效率。

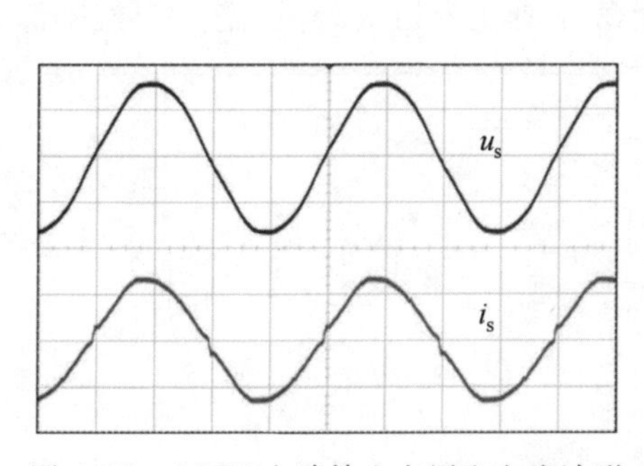

图 4.57　APFC 电路输入电压和电流波形

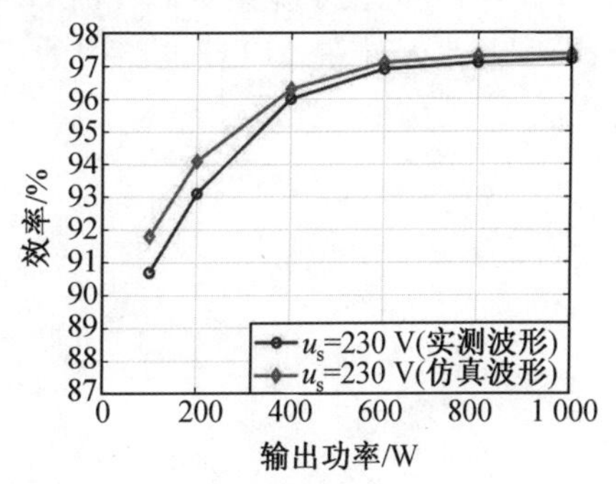

图 4.58　APFC 电路仿真和实测效率曲线

图 4.59 所示为在输入电压为 230 V、输出功率为 1 kW、开关频率分别为 66 kHz 和 250 kHz 下获得的 EMI 测试结果(频率范围为 150 kHz～30 MHz),在相同 EMI 滤波器

情况下，开关频率 250 kHz 比开关频率 66 kHz 在整个频谱中噪声增加约 10 dB。

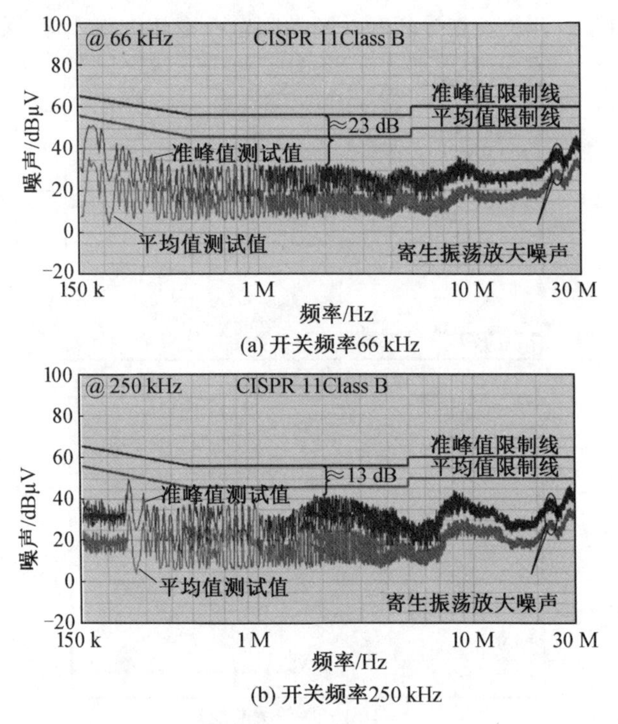

图 4.59　不同频率下的 EMI 测试结果

将 SiC 等宽禁带功率器件应用到 APFC 变换器中，有利于提高电路的效率和功率密度，实现电力电子设备的小型化和轻量化。但宽禁带器件在 APFC 电路中的应用，不是功率器件的简单替换，随着开关频率的提高，电路寄生参数（寄生电阻、寄生电感、寄生电容）对实际电路的性能影响越发明显，容易产生振荡，因此宽禁带器件（如 SiC、GaN）驱动电路及 PCB 板的合理规划设计在高频 APFC 电路中非常重要。此外，频率的提升可以在一定程度上减小 Boost 电感的电感量，提升系统功率密度和效率，但功率开关管在高频导通和关断过程中会产生较大的 $\mathrm{d}u/\mathrm{d}t$，其与系统对地寄生电容进行耦合会产生大量高频共模 EMI 噪声，因此基于宽禁带器件的 APFC 电路增大了 EMI 滤波器的分析和设计难度。目前，宽禁带器件在 APFC 电路中的应用研究还处于初级阶段，是一个值得深入研究的方向。

第5章　三相 APFC 变换器

根据输入电压的不同,APFC 技术可分为单相和三相两大类。与单相 APFC 变换器相比,三相 APFC 变换器的电路结构、工作机理和控制都相对复杂。另外,三相 APFC 变换器通常传输的功率更大,对电网的污染也更大,因此三相 APFC 技术是 APFC 技术乃至整个电力电子技术领域中的研究热点。按电路结构划分,三相 APFC 技术可以分为两级型和单级型两种。在传统的两级型 APFC 系统中,第一级通常为 APFC 变换器,主要用于实现交流输入侧的功率因数校正,第二级为 DC/DC 变换器,主要用来完成输出直流电压的调整与控制。单级 APFC 系统利用一级功率变换电路同时实现功率因数校正和 DC/DC 变换的功能。相比之下,两级型三相 APFC 系统的控制更加灵活、输入输出特性更好,而单级 APFC 系统的电路结构更加简单。

在各种两级型三相 APFC 变换器中,三相单开关结构、三相三开关结构及三相六开关结构的研究比较成熟,应用也较为广泛。在各种单级型三相 APFC 变换器中,目前研究较为成熟的有反激三相结构、三电平三相结构及全桥型三相结构等。另外,由技术较为成熟的单相 APFC 变换器组合构成的三相 APFC 变换器也具有一定的优势。

5.1　三相单开关 Boost 型 APFC 变换器

三相单开关 APFC 变换器是各种三相 APFC 变换器中结构最简单的一种,其拓扑形式主要有单开关 Boost 型、单开关 Buck 型和单开关 Buck-Boost 型。其中,三相单开关 Boost 型 APFC 变换器是其中最为典型,也是研究最为广泛的拓扑结构。

5.1.1　拓扑结构与工作原理

三相单开关 Boost 型 APFC 变换器如图 5.1 所示,该电路工作于 DCM 模式,在一个工频周期内,升压电感电流(即三相输入电流)峰值自动跟踪输入电压。输入电压与电流波形(以 A 相为例)如图 5.2 所示。

定义三相输入电压表达式为 $u_a=U\sin\omega t$、$u_b=U\sin(\omega t-2\pi/3)$、$u_c=U\sin(\omega t+2\pi/3)$,下面以工频周期内的 $0\leqslant\omega t\leqslant\pi/6$ 阶段为例进行分析,在此阶段中三相输入电压关系为 $u_b\leqslant 0\leqslant u_a\leqslant u_c$。为了简化分析,这里假设:(1) 变换器各元器件均为理想元器件,忽略每相升压电感值的差异,认为 $L_a=L_b=L_c=L$;(2) 输入电压为理想的正弦波,并且三相严格对称;(3) 输出滤波电容 C 足够大,可使输出直流电压保持恒定;(4) 变换器的开关频率远高于电网频率,在一个开关周期(T)中,认为输入电压基本保持不变。变换器工作在 DCM 模式,在一个开关周期内大致可分为四个工作阶段,其中,三相输入电流波形如图 5.3 所示,各工作阶段的等效电路如图 5.4 所示。

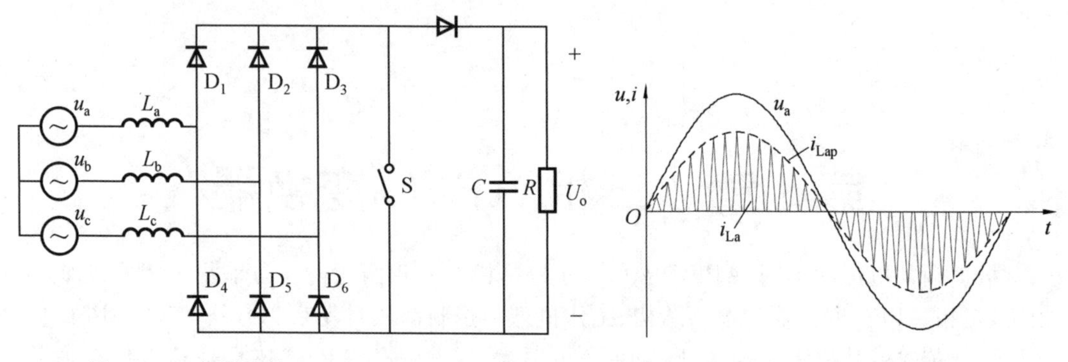

图 5.1　三相单开关 Boost 型 APFC 变换器　　　图 5.2　输入电压与电流波形(A 相)

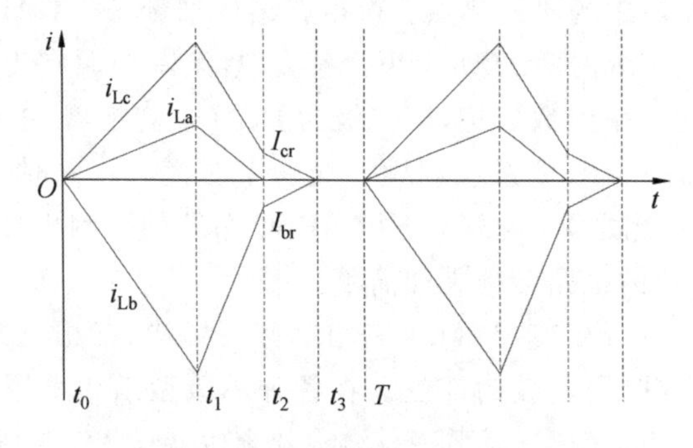

图 5.3　三相输入电流波形

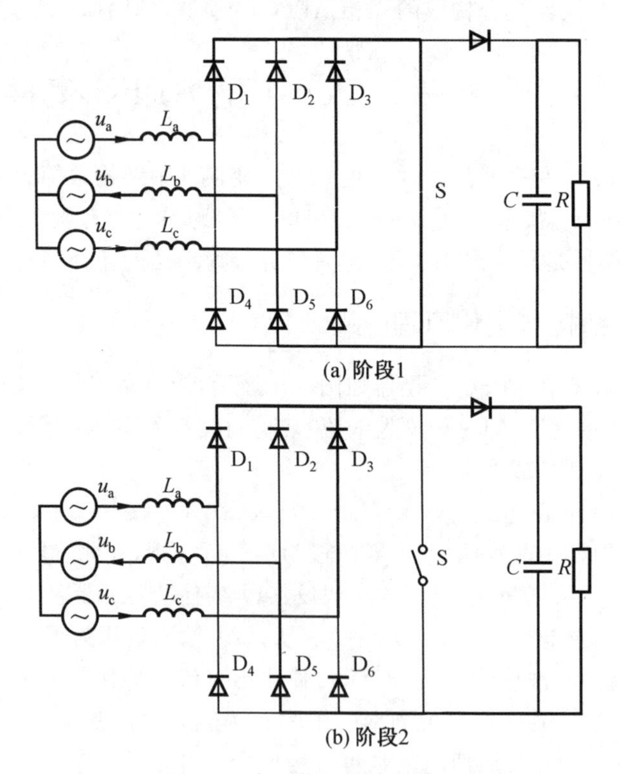

图 5.4　各工作阶段的等效电路

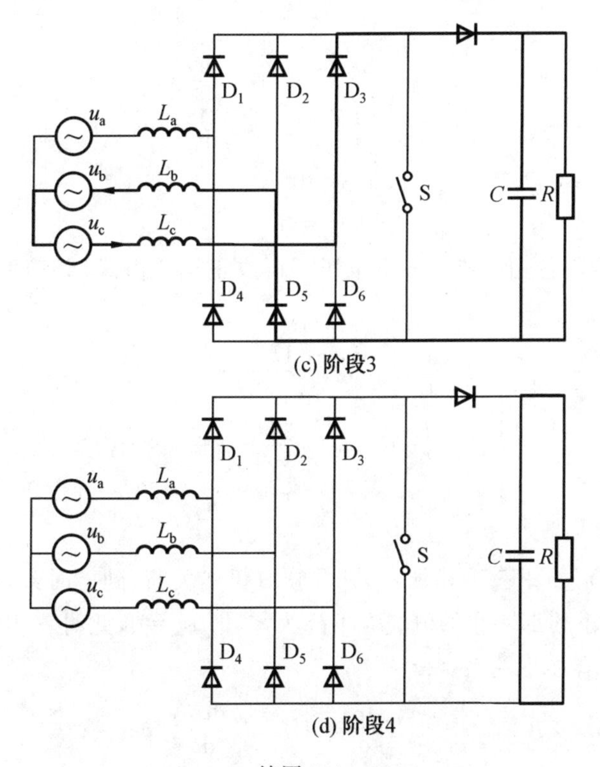

(c) 阶段3

(d) 阶段4

续图 5.4

阶段 1 ($t_0 \sim t_1$)：如图 5.4(a)所示，开关管 S 导通，变换器的三相输入电压通过升压电感 L_a、L_b、L_c，开关管 S 和导通的整流二极管短路，输入电流以与各自相电压成正比的方式由零线性上升，升压电感储能增加，负载中的电流由输出滤波电容的放电电流维持。本阶段有如下关系：

$$\begin{cases} u_a - L\dfrac{\mathrm{d}i_{La}}{\mathrm{d}t} + L\dfrac{\mathrm{d}i_{Lb}}{dt} = u_b \\ u_c - L\dfrac{\mathrm{d}i_{Lc}}{\mathrm{d}t} + L\dfrac{\mathrm{d}i_{Lb}}{\mathrm{d}t} = u_b \\ u_a + u_b + u_c = 0 \\ i_{La} + i_{Lb} + i_{Lc} = 0 \end{cases} \tag{5.1}$$

由式(5.1)可得本阶段各相输入电流表达式为

$$\begin{cases} i_{La} = \dfrac{u_a}{L}(t - t_0) \\ i_{Lb} = \dfrac{u_b}{L}(t - t_0) \\ i_{Lc} = \dfrac{u_c}{L}(t - t_0) \end{cases} \tag{5.2}$$

阶段 2 ($t_1 \sim t_2$)：如图 5.4(b)所示，开关管 S 关断，负载由升压电感 L_a、L_b、L_c 和输入三相电源同时供电。升压电感电流按由输入电压、输出电压和升压电感的电感量大小的决定方式下降。这一阶段有如下关系：

$$
\begin{cases}
u_a - L\dfrac{di_{La}}{dt} - U_o + L\dfrac{di_{Lb}}{dt} = u_b \\
u_c - L\dfrac{di_{Lc}}{dt} - U_o + L\dfrac{di_{Lb}}{dt} = u_b \\
u_a + u_b + u_c = 0 \\
i_{La} + i_{Lb} + i_{Lc} = 0
\end{cases}
\tag{5.3}
$$

可以看出，本阶段各相电流与各自电压不再成正比。由式(5.3)可得，本阶段各相输入电流变换规律为

$$
\begin{cases}
i_{La} = \dfrac{u_a}{L}(t_1 - t_0) - \dfrac{U_o - 3u_a}{3L}(t - t_1) \\
i_{Lb} = \dfrac{u_b}{L}(t_1 - t_0) + \dfrac{2U_o + 3u_b}{3L}(t - t_1) \\
i_{Lc} = \dfrac{u_c}{L}(t_1 - t_0) - \dfrac{U_o - 3u_c}{3L}(t - t_1)
\end{cases}
\tag{5.4}
$$

阶段 3 ($t_2 \sim t_3$)：如图 5.4(c)所示，开关管 S 仍然关断，到 t_2时刻，原来 t_1时刻三相输入电流中绝对值最小的那一相的电流先下降为零，即 $i_{La}=0$，此时三相整流桥中的二极管 D_1截止。这一阶段有如下关系：

$$
\begin{cases}
u_c - L\dfrac{di_{Lc}}{dt} - U_o + L\dfrac{di_{Lb}}{dt} = u_b \\
i_{Lb} + i_{Lc} = 0
\end{cases}
\tag{5.5}
$$

由式(5.5)可得本阶段各相输入电流变换规律为

$$
\begin{cases}
i_{Lb} = -i_{Lc} = \dfrac{u_b + U_o - u_c}{2L}(t - t_2) + I_{br} \\
i_{La} = 0
\end{cases}
\tag{5.6}
$$

式中，I_{br}是 B 相电流在 t_2时刻的值。

阶段 4 ($t_3 \sim T$)：如图 5.4(d)所示，开关管 S 仍然关断，到 t_3时刻，B、C 两相电流 i_{Lb}、i_{Lc}也同时下降到零，三相整流桥中的所有二极管均截止，负载中的电流由输出滤波电容的放电电流维持。

由上述各工作阶段的分析可知，三相输入电流 i_{La}、i_{Lb}、i_{Lc}的峰值是与各自相电压成正比的，只要电路周期性地重复上述过程，即可使输入电流峰值按正弦规律变化，并保持和交流输入电压同相位。

如图 5.3 所示，这里定义 $t_{on}=t_1-t_0$为开关管 S 导通，三相升压电感的充电阶段，$t_{off1}=t_2-t_1$和 $t_{off2}=t_3-t_2$分别为开关管 S 关断，三相升压电感的放电阶段。那么，变换器的占空比定义为

$$
D = \frac{t_{on}}{T} = \frac{(t_1 - t_0)}{T}
\tag{5.7}
$$

由上述分析可以计算 t_{off1}、I_{br}、I_{cr}（I_{cr}为 C 相升压电感电流在 $t=t_2$时刻的值），则

$$
t_{off1} = \frac{3u_a}{U_o - 3u_a}DT
\tag{5.8}
$$

$$I_{br}=-I_{cr}=\frac{u_b}{L}DT+\frac{t_{off1}}{3L}(2U_o+3u_b) \tag{5.9}$$

由式(5.6)和式(5.9)可计算 t_{off2},则

$$t_{off2}=\frac{-2LI_{br}}{u_b+U_o-u_c} \tag{5.10}$$

由图 5.3 可知,变换器工作于 DCM 模式必须满足

$$t_{on}+t_{off1}+t_{off2}\leqslant T \tag{5.11}$$

由式(5.7)、式(5.8)、式(5.10)和式(5.11)可得

$$(1-D)M\geqslant\cos\omega t \tag{5.12}$$

式中,M 为变换器的升压比,其表达式为

$$M=U_o/\sqrt{3}U \tag{5.13}$$

以上分析是在工频周期的 $0\leqslant\omega t\leqslant\pi/6$ 时间段进行的,在此段时间内,$\cos\omega t$ 在 $[\sqrt{3}/2, 1]$ 区间变化。那么,由式(5.12)可以看出,在 $\omega t=0$ 时刻,即 $\cos\omega t=1$ 时,变换器最难实现 DCM 工作;在 $\omega t=\pi/6$ 时刻,即 $\cos\omega t=\sqrt{3}/2$ 时,变换器最易实现 DCM 工作。由三相输入电压的对称性可知,在一个工频周期($0\leqslant\omega t\leqslant 2\pi$)内:变换器最难实现 DCM 工作的时刻依次是 $\omega t=0$、$\pi/3$、$2\pi/3$、π、$4\pi/3$、$5\pi/3$ 和 2π;变换器最易实现 DCM 工作的时刻依次是 $\omega t=\pi/6$、$\pi/2$、$5\pi/6$、$7\pi/6$、$3\pi/2$、$11\pi/6$。因此可以得出在工频周期的各时间段中,变换器最难实现 DCM 工作的时刻即是三相输入的某一线电压绝对值达到最大值的时刻,变换器最易实现 DCM 工作的时刻即是三相输入的某一线电压绝对值达到最小值的时刻。

如果考虑升压电感电流 i_{Lb} 和 i_{Lc}(由于 i_{La} 最小,因此这里不加以考虑)在各充放电周期内的状况,那么对于不同的占空比 D 和升压比 M,变换器将有以下三种工作模式。

(1)变换器在整个工频周期内工作于 DCM 模式,满足

$$(1-D)M\geqslant 1 \tag{5.14}$$

(2)变换器在整个工频周期内工作于 DCM 与 CCM 的混合模式,满足

$$\frac{\sqrt{3}}{2}\leqslant(1-D)M\leqslant 1 \tag{5.15}$$

(3)变换器在整个工频周期内工作于 CCM 模式,满足

$$(1-D)M\leqslant\frac{\sqrt{3}}{2} \tag{5.16}$$

因此,为了保证变换器完全工作于 DCM 模式,式(5.14)必须成立。

在一个充放电周期内,变换器向负载传输的能量可表示为

$$W_T=\int_0^T u_R i\mathrm{d}t \tag{5.17}$$

式中,u_R、i 为三相整流桥的输出电压和电流。

在 $0\leqslant\omega t\leqslant\pi/6$ 阶段内有 $i=-i_{Lb}$;在电感充电期间,$u_R=0$,在电感放电期间,u_R 的平均值为 U_o,因此如果考虑变换器在一个充放电周期内传输的能量等于输出能量,则有

$$W_T=-U_o\left(\frac{I_{Lbpeak}+I_{br}}{2}t_{off1}+\frac{I_{br}}{2}t_{off2}\right)=\frac{U_o^2}{R}T \tag{5.18}$$

为了简化分析，选取变换器最难实现 DCM 工作的时刻来计算，即将 $\omega t=0$ 代入式(5.18)中，则得到变换器工作于 DCM 模式的第二个限制条件为

$$R \geqslant \frac{4L}{D\ (1-D)^2 T} \tag{5.19}$$

5.1.2　输入电流的谐波分析及其抑制方法

由图 5.3 所示的三相电流波形可以得到

$$\begin{cases} \int_0^T i_{La} \mathrm{d}t = \dfrac{I_{a\text{-}max}}{2}(DT + t_{off1}) \\ \int_0^T i_{Lb} \mathrm{d}t = \dfrac{I_{b\text{-}max}}{2}DT + \dfrac{I_{b\text{-}max} + I_{br}}{2}t_{off1} + \dfrac{I_{br}}{2}t_{off2} \\ \int_0^T i_{Lc} \mathrm{d}t = \dfrac{I_{c\text{-}max}}{2}DT + \dfrac{I_{c\text{-}max} + I_{cr}}{2}t_{off1} + \dfrac{I_{cr}}{2}t_{off2} \end{cases} \tag{5.20}$$

在一个开关周期内，计算 A 相电流的平均值为

$$I_{a\text{-}avg} = \frac{D^2 TU_o}{2L} \frac{\sin \omega t}{\sqrt{3}M - 3\sin \omega t} \tag{5.21}$$

由于电感充放电频率远大于输入电压频率，因此可以近似地将式(5.21)中的平均值作为 A 相电流在 $0 \leqslant \omega t \leqslant \pi/6$ 时间段内的瞬时值表达式。同理在 $\pi/6 \leqslant \omega t \leqslant \pi/3$ 和 $\pi/3 \leqslant \omega t \leqslant \pi/2$ 的时间段内，A 相电流分别相当于 $0 \leqslant \omega t \leqslant \pi/6$ 时间段内的 C 相电流与 B 相电流，因此可利用式(5.20)推出 A 相电流在 $\pi/6 \leqslant \omega t \leqslant \pi/3$ 和 $\pi/3 \leqslant \omega t \leqslant \pi/2$ 时间段内的表达式为

$$\begin{cases} i_{La\left[0,\frac{\pi}{6}\right]} = \dfrac{D^2 TU_o}{2L} \dfrac{\sin \omega t}{\sqrt{3}M - 3\sin \omega t} \\ i_{La\left[\frac{\pi}{6},\frac{\pi}{3}\right]} = \dfrac{D^2 TU_o}{4L} \dfrac{2M\sin \omega t + \sin\left(2\omega t - \dfrac{2\pi}{3}\right)}{\left[\sqrt{3}M - 3\sin\left(\omega t + \dfrac{2\pi}{3}\right)\right]\left[M - \sin\left(\omega t + \dfrac{\pi}{6}\right)\right]} \\ i_{La\left[\frac{\pi}{3},\frac{\pi}{2}\right]} = \dfrac{D^2 TU_o}{2L} \dfrac{M\sin \omega t + \sin\left(2\omega t + \dfrac{\pi}{3}\right)}{\left[\sqrt{3}M + 3\sin\left(\omega t + \dfrac{2\pi}{3}\right)\right]\left[M - \sin\left(\omega t + \dfrac{\pi}{6}\right)\right]} \end{cases} \tag{5.22}$$

其他时间段的表达式与 $0 \leqslant \omega t \leqslant \pi/2$ 时间段内表达式相同，这里不再给出。

由式(5.22)可以看出，该变换器输入侧的功率因数值依赖升压比 M，升压比越高输入电流越接近正弦，功率因数校正效果越好。

三相单开关 Boost 型 APFC 变换器的主电路在交流侧采用无中线的三相三线制输入，由于 3 次谐波及 3 的倍数次谐波为零序电流，只能在中线中流通，无中线时这些谐波就不再存在。由于交流电压的正负半周波形对称，不存在偶次谐波。所以在三相单开关 Boost 型 APFC 电路的输入电流中存在的谐波次数为 $6n \pm 1$（n 为自然数），即频率最低的几次谐波为 5 次、7 次、11 次、13 次谐波电流成分。

通常提高变换器的输出电压(即提高变换器的升压比 M)可以加速升压电感的放电、

提高功率因数、减少各次谐波含量。但这将增大开关管的电压应力，也将增大后面DC/DC变换器中开关管的电压应力。目前，在三相单开关 Boost 型 APFC 变换器中，采用谐波注入的方式来减小输入电流谐波是较为常用的方法。该方法在不增加输出电压的前提下，只需增加少量的元器件就可实现谐波注入。在该方法中，通过将一个与三相整流输出电压交流分量的反向信号成正比的电压信号注入电路的电压反馈环节，在一个工频周期内调节开关的占空比来减少 5 次谐波。图 5.5 所示为 6 次谐波注入电路及其主要波形。

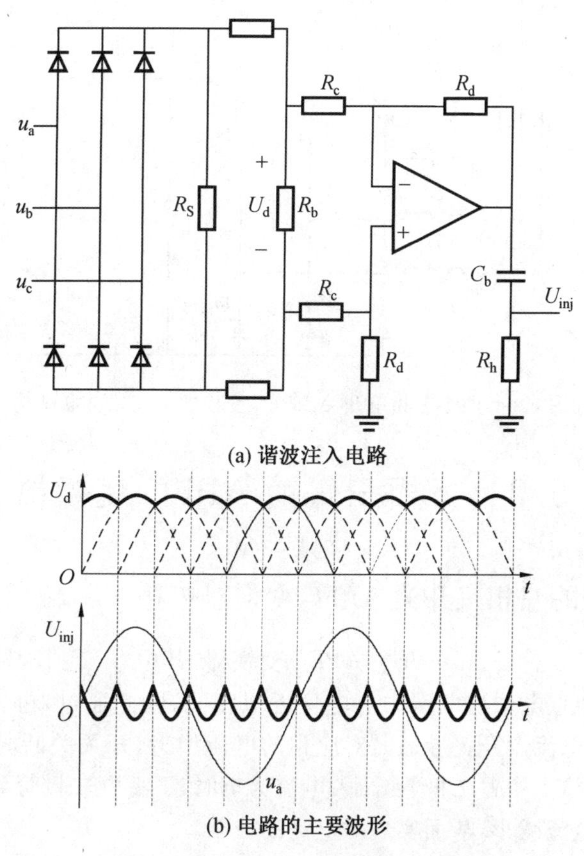

图 5.5　6 次谐波注入电路及其主要波形

如图 5.6 所示，通过两个三相单开关 APFC 变换器交错并联的方法，也可以抑制其输入电流谐波。该方法的思想是，让两个三相单开关 APFC 变换器尽可能地工作在接近 DCM 与 CCM 模式临界的情况下，然后两只开关的驱动信号在相位上错开 180°。这样对每个三相单开关 APFC 变换器来说是工作在 DCM 模式下，但这两个模块的电流之和有可能是连续的，因此输入网侧电流的谐波显著减小。交错并联的好处是：一方面减小了输入电流的 THD 值；另一方面由于两个开关驱动信号在相位上错开 180°，因此系统的等效开关频率提高 1 倍，这可以使 EMI 滤波器的截止频率提高。即使不采用任何电流控制方式，这两个三相单开关 APFC 变换器都具有较好的均流效果。但是，该方式由于使用了两个三相 APFC 变换器，因此整个系统的成本有所提高。另外，为了降低两个模块内部相互影响的程度，每个模块还要加一个隔离二极管。

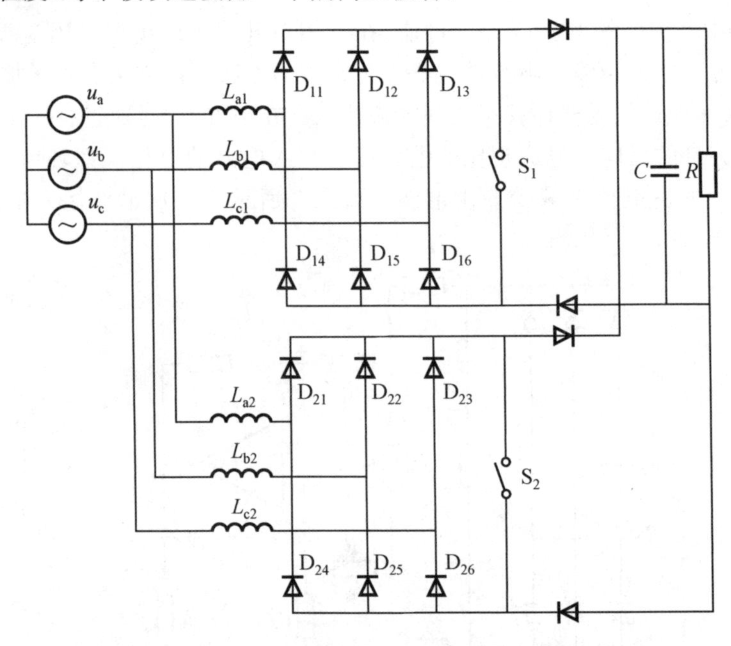

图 5.6　两个三相单开关 APFC 变换器的交错并联结构

5.2　三相三开关 APFC 变换器

5.2.1　典型的三相三开关 APFC 变换器拓扑

图 5.7 所示为三电平三相三开关 APFC 变换器，其中 S_1、S_2、S_3 是双向开关。由于电路的对称性，电容中点电位与电网中点电位近似相同，因此通过双向开关 S_1、S_2、S_3 可分别控制对应相上的电流。开关导通时对应相的电流增大，开关关断时对应桥臂上的二极管导通（电流为正时，上桥臂二极管导通；电流为负时，下桥臂二极管导通），在输出电压的作用下，电感上的电流减小，从而实现对电流的控制。

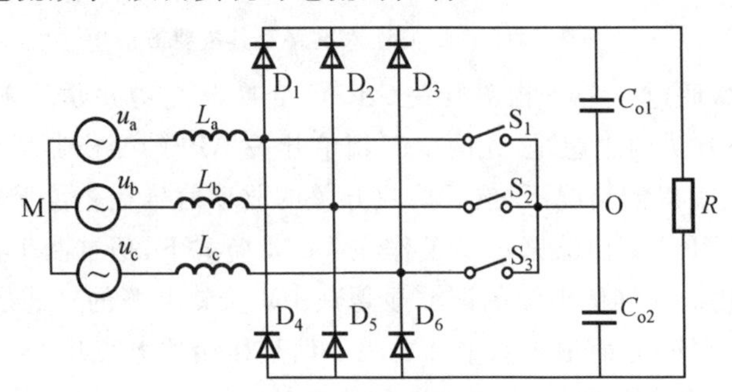

图 5.7　三电平三相三开关 APFC 变换器

图 5.7 中的三电平三相三开关 APFC 变换器还有一些类似的变形电路，如图 5.8 所示的串联双 Boost 型三相 APFC 变换器。这些电路可以采用滞环控制或空间矢量法控

制。另外,也可以让对应相的开关在该相电压正向过零和负向过零时开始导通30°,其余时间开关关断,来实现功率因数校正。这种控制的优点是控制简单,另外开关频率只是电网频率的两倍,因而可以选用频率比较低的开关管,系统的成本较低。但是这种控制方法下THD比较大,电感值要取得比较大。

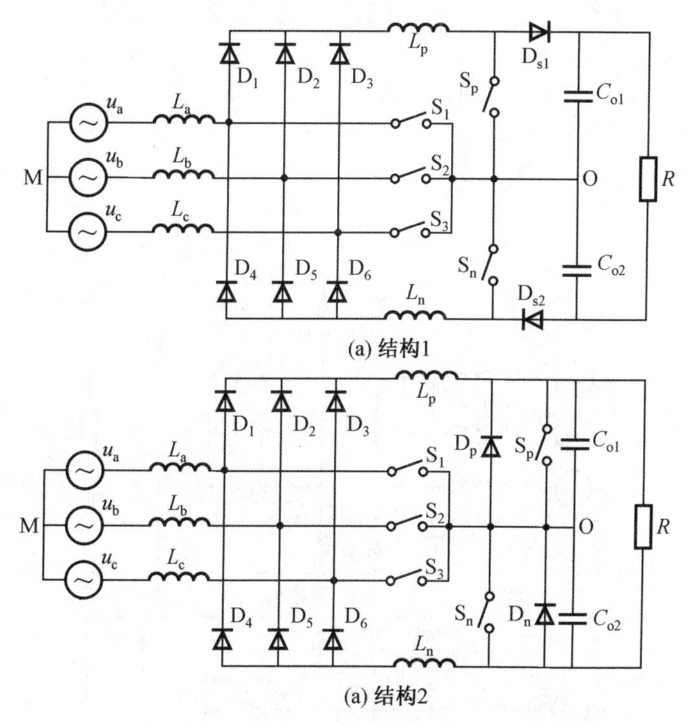

(a) 结构1

(a) 结构2

图5.8　串联双Boost型三相APFC变换器

图5.9所示为三电平三相三开关维也纳整流器,在该变换器拓扑中,输入电流为DCM方式时,开关S_1、S_2、S_3中的二极管在开关导通和关断时间内都参与工作,因此与图5.7所示的拓扑结构相比,该变换器开关管的损耗相对比较大;然而,二极管所承受的电压只有输出电压的一半。由于通常情况下,二极管器件所承受的电压越大,它所需要的反向恢复时间就越长,因此相对于图5.7所示的变换器而言,图5.9所示的变换器适合于工作在更高的开关频率下。

图5.10所示为两电平三相三开关APFC变换器,此种变换器主要有两种拓扑结构:一种是Y形结构(或称星形结构),如图5.10(a)所示;另一种是D型结构(或称角型结构),如图5.10(b)所示。两图所示电路中,开关S_1、S_2、S_3均为双向开关。

两电平三相三开关APFC变换器的控制方法是,在一个网侧电压周期的360°内,选择一个60°区域,如当$u_a>0$、$u_b>0$、$u_c<0$时,让开关S_2导通,另两个开关在高频状态下工作。这时电路就可以等效成单相Boost变换器的串联或并联,这样就可以用单相APFC的控制技术对变换器进行控制,这种控制方法的优点就是在任何时刻只有两只开关管工作在高频情况下,因而损耗较小。但这种控制方法要三相解码电路来选择工作区。

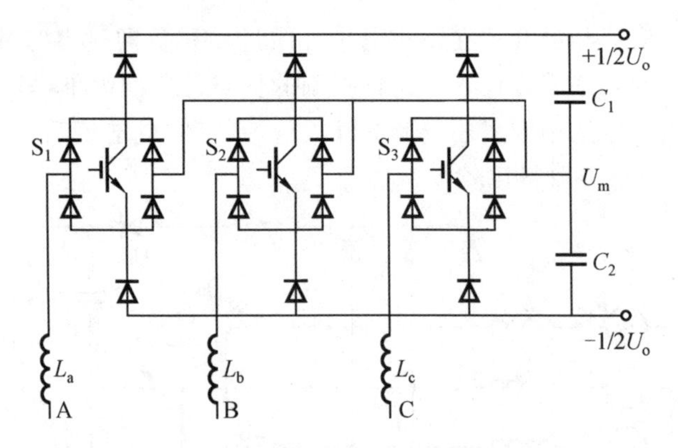

图 5.9　三电平三相三开关维也纳整流器

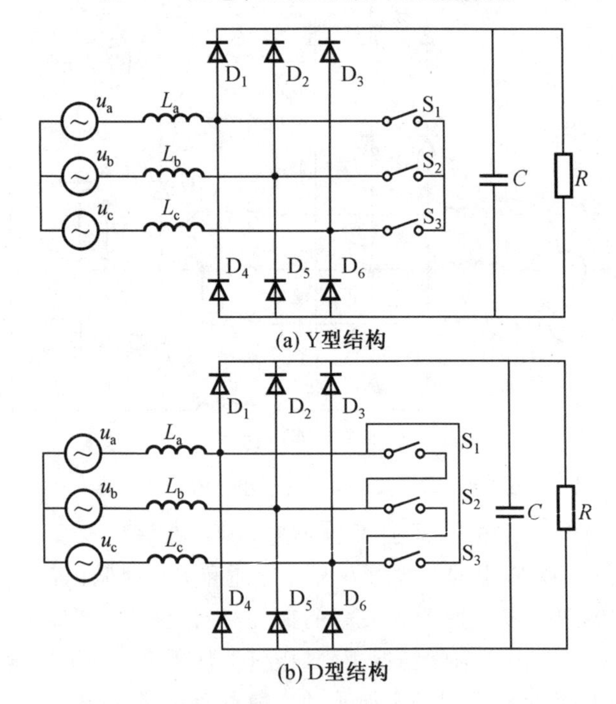

图 5.10　两电平三相三开关 APFC 变换器

5.2.2　三相三开关 APFC 变换器的工作原理

下面介绍图 5.7 中三电平三相三开关 APFC 变换器的基本工作原理。图中，L_a、L_b、L_c为三个等值的输入滤波电感，C_{o1}、C_{o2}为两个等值的输出滤波电容，通过控制双向开关 S_1、S_2、S_3的导通与关断，来实现对三相输入电流波形和直流输出电压的调节。按照图中直流输出电容的中点 O 与电网中性点 M 连接情况，可以分为三相三线制和三相四线制两种类型，其中三相三线制结构为以下介绍的对象。由于输入没有中线，该变换器在每个工频周期中三相之间是相互耦合的，这里按照每个区间内有两相输入电压正、负相同的原则，将每个工频周期划分为 6 个相等的区间，每个区间为 60°。下面以其中 1 个区间为例($u_a>0$，$u_b<0$，$u_c>0$)分析该变换器的工作过程。

变换器正常工作时，每相连接的开关都有导通和截止两个开关状态，因此在该区间内共有 8 个开关状态组合，即 S_1、S_2、S_3 的开关状态分别为 111、110、101、100、011、010、001、000，其中“1”表示开关导通，“0”表示开关截止。变换器在上述 8 个开关状态下的等效电路如图 5.11 所示。当某相开关导通时，此时该相相当于直接连接到输出滤波电容的中点，该相输入电流线性增加，输入滤波电感储能；当开关关断时，输入电流经过滤波电感和二极管给输出滤波电容充电，该相输入电流线性下降，输入滤波电感能量释放。这样通过控制开关 S_1、S_2、S_3 的导通与关断使输入电流按照给定参考信号的变化而变化，通过适当的控制算法来实现对输入电流和输出电压的调节。该变换器每相输入电流的变化由该相电流方向及开关状态共同决定，电感电流能很好地跟踪参考电流的变化，并实现对输出电压的调节。由于开关的导通与关断，整流侧每相电压相对于输出滤波电容中点的电压值在 0、$U_o/2$ 和 $-U_o/2$（U_o 为变换器的输出直流电压值）之间变化，构成三电平结构。

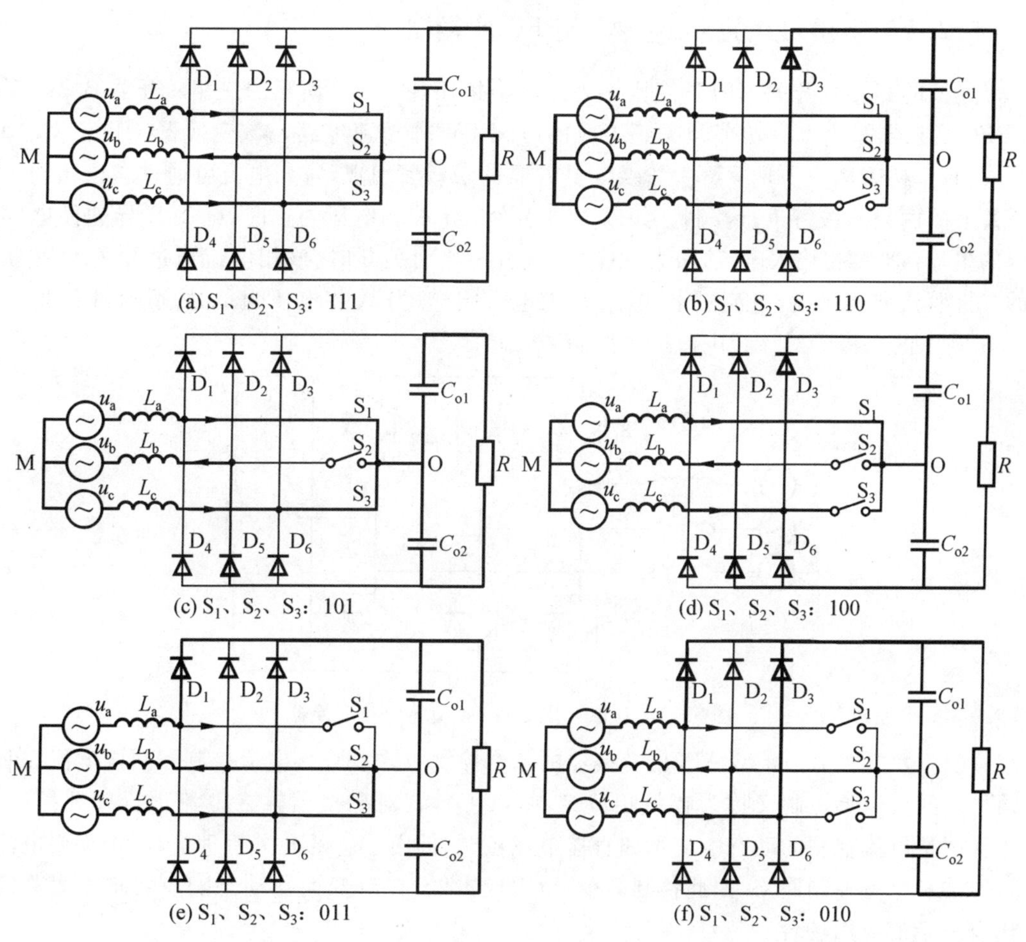

图 5.11　三电平三相三开关 APFC 变换器在不同开关状态下的等效电路

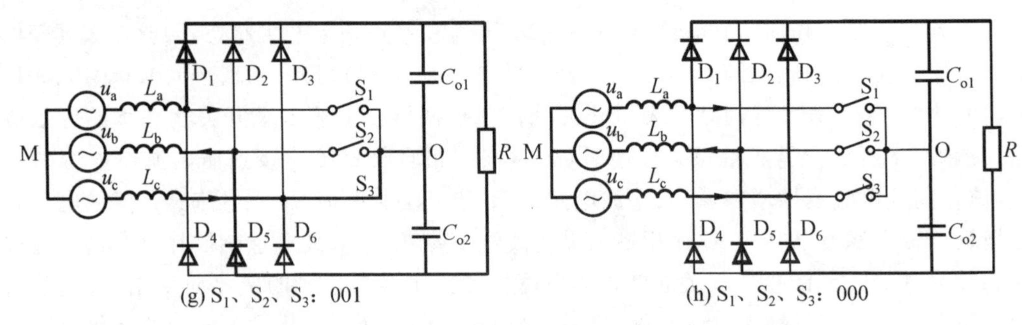

续图 5.11

5.3　三相六开关 APFC 变换器

5.3.1　三相六开关 Boost 型 APFC 变换器

典型的三相六开关 APFC 变换器为升压型拓扑，图 5.12 所示的三相六开关 Boost 型 APFC 变换器是由 6 只功率开关管组成的三相 PWM 整流电路。该变换器工作于 CCM 模式，每个桥臂由上下两只开关管及与其并联的二极管组成，每相电流可通过与该相连接桥臂上的两只开关管进行控制。如以 A 相为例，当 A 相电压为正时，开关 S_4 导通使电感 L_a 的电流（即 A 相输入电流）增大，电感 L_a 充电；当 S_4 关断时，该相电流通过开关 S_1 并联的二极管流向输出端，电流减小，电感 L_a 放电。同样，当 A 相电压为负时，可通过开关 S_1 和 S_4 并联的二极管对该相电流进行控制。

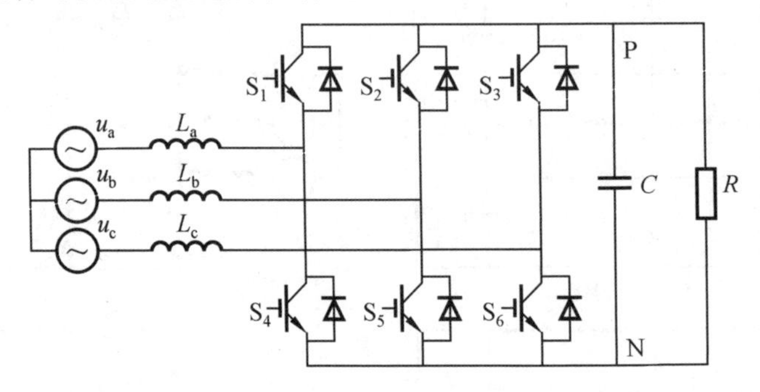

图 5.12　三相六开关 Boost 型 APFC 变换器

三相六开关 Boost 型 APFC 变换器的基本控制方式有直接电流控制和间接电流控制两种。间接电流控制又称为幅值相位控制（PAC），它对变换器输入电流进行开环控制。尽管间接电流控制的动态响应不如直接电流控制，但由于它的开关机理清晰，不需要电流传感器和电流控制回路，因此控制简单，所需成本低，在对变换器动态响应要求不太高时仍有一定的应用场合。

间接电流控制是一种基于系统稳态模型的控制策略。传统 PAC 控制的静态数学模型是三相静止坐标系下的低频数学模型，即

$$\begin{cases}\dfrac{m_a}{2}=\dfrac{1}{U_a}(U_a-\omega L I_m\cos\omega t)\\[2mm]\dfrac{m_b}{2}=\dfrac{1}{U_b}\left[U_b-\omega L I_m\cos\left(\omega t-\dfrac{2\pi}{3}\right)\right]\\[2mm]\dfrac{m_c}{2}=\dfrac{1}{U_c}\left[U_c-\omega L I_m\cos\left(\omega t+\dfrac{2\pi}{3}\right)\right]\end{cases}\tag{5.23}$$

式中，m_a、m_b、m_c 为三相调制比；I_m 为单位功率因数时输入电流基波幅值；$L=L_a=L_b=L_c$。

通常，在间接电流控制中是不检测电流的，因此式(5.23)中的 I_m 应被视为控制信号 I_m^*。在稳态时，输出电压 U_o 即为 U_{ref}，于是由式(5.23)产生了如图 5.13 所示的传统的 PAC 控制方案。传统的 PAC 控制方法除了要检测变换器的直流输出电压外，还要检测三相输入电压。而新型的 PAC 控制方案只需要检测直流输出电压(这是实现电压环控制所必需的)，因而省去了传统方案中三相电源电压的检测电路和移相电路，从而使控制得到简化。

分析新型的 PAC 控制方案时，假设输入电感 L、电源角频率 ω 及负载电阻 R 等都已知。根据变换器主电路各参数和控制电路参数间的稳态关系可知，在单位功率因数时且已知直流输出电压 U_o 的情况下，调制比 m 与调制角 δ 必须满足

$$\delta=\frac{1}{2}\arcsin\frac{16\omega L}{3m^2R}\tag{5.24}$$

式(5.24)说明单位功率因数时调制比 m 与调制角 δ 只与系统参数 ω、L、R 等有关。同时，当给定输入电源电压与直流输出电压时，调制比 m 与调制角 δ 又满足电压传输比 G_V 的约束关系，即

$$G_V=\frac{U_o}{U_m}=\frac{3mR\sin\delta}{4\omega L}\tag{5.25}$$

式中，U_m 为电网相电压幅值。

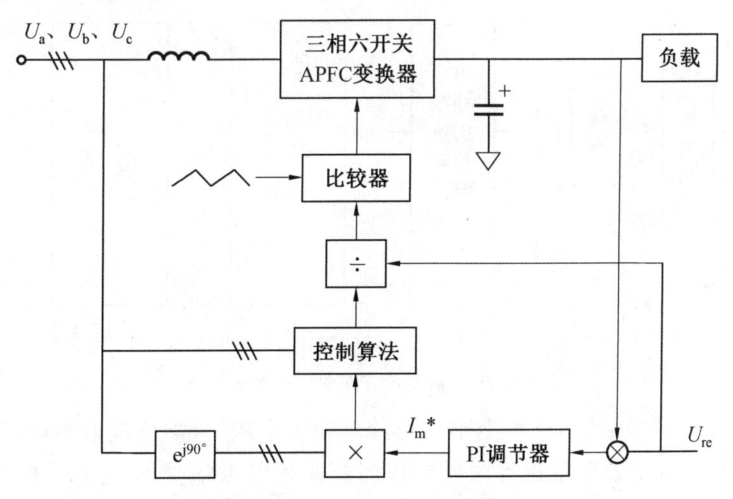

图 5.13　传统的 PAC 控制方案

由式(5.24)和式(5.25)可得

$$m=\sqrt{\left(\frac{2}{G_{\mathrm{V}}}\right)^{2}+\left(\frac{4\omega L}{3R}G_{\mathrm{V}}\right)^{2}} \tag{5.26}$$

由式(5.26)可以看出,调制比 m 只与系统参数和电压传输比 G_{V} 有关。因此,可以通过电压环的调节作用获取所需的调制比 m。按照单位功率因数运算法则,由式(5.24)可以确定期望的 δ,而它的实现又可避开检测输入电压。当电压调节环使输出电压稳定时,则相应的 m、δ 必然既满足电压传输比的约束,又满足单位功率因数的约束。当输入交流电压发生改变时,必然会使 G_{V} 发生波动,可通过电压环的作用改变 m 的值,使其工作在另一个稳定的工作点。

设 U_{pm} 为三相输入基波相电压的幅值,图 5.14 所示为稳态下单位功率因数时的单相基波相量图,下标 1、2 分别表示两种不同的稳态。该控制方案的稳态运行轨迹如图中的 AB 段,最后系统工作于满足电压传输比的某一点。

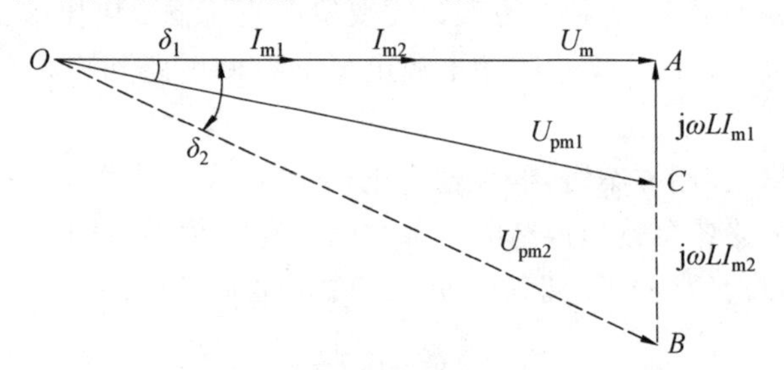

图 5.14 稳态下单位功率因数时的单相基波相量图

新型的 PAC 控制方案原理如图 5.15 所示。

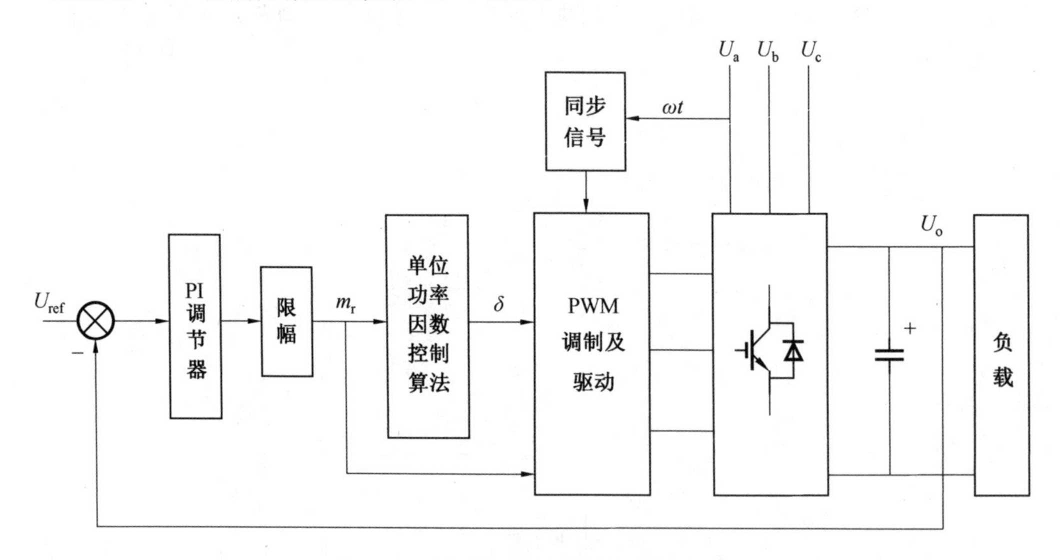

图 5.15 新型的 PAC 控制方案原理

从图 5.15 中可以看出,该方案不需要检测输入电压,只需提供电源电压的同步信号。PI(比例-积分)调节器的输出经限幅后作为调制比参考信号 m_{r},由 m_{r} 根据单位功率因数控制算法确定出相应的 δ。相比于传统方案而言,该 PAC 控制方案不需要检测输入电源电压,因而控制更简单,更能降低硬件成本,从而体现 PAC 控制的优点。

近年来，典型的三相六开关 Boost 型 APFC 变换器经常采用空间矢量 PWM(SVPWM)控制。SVPWM 控制策略是依据变流器空间电压(电流)矢量切换来控制变流器的一种思路新颖的控制策略。早期由日本学者在 20 世纪 80 年代初针对交流电动机变频驱动提出的，其主要思路在于抛弃原有的正弦波脉宽调制(SPWM)，而是采用逆变器空间电压矢量的切换以获得准圆形旋转磁场，从而使交流电机获得较 SPWM 控制更好的性能。

如果采用 SVPWM 控制，APFC 变换器可以实现三相输入的完全解耦，达到很高的性能。SVPWM 控制的原理是，用三相电压矢量去逼近矢量电压圆，则输入端会得到等效的三相正弦波。开关矢量由三个字母表示，三个字母从左到右，分别代表 a、b、c 点是否与 P 或 N 相连。这样，共有 8 个开关矢量，其中包括两个零矢量，矢量与矢量合成如图 5.16所示。如果将电压圆分成 N 等份，采样周期为 T_s，则任一空间矢量$\mathbf{V}_r$可由其相邻两个开关矢量来等效，相应导通时间为

$$T_1 = mT_s\sin\left(\frac{\pi}{3}-\theta_r\right) \tag{5.27}$$

$$T_2 = mT_s\sin\theta_r \tag{5.28}$$

式中，调制比 m 为

$$m=\frac{\sqrt{3}\,|\mathbf{V}_r|}{U_{dc}} \tag{5.29}$$

零矢量作用时间为

$$T_0 = T_s - T_1 - T_2 \tag{5.30}$$

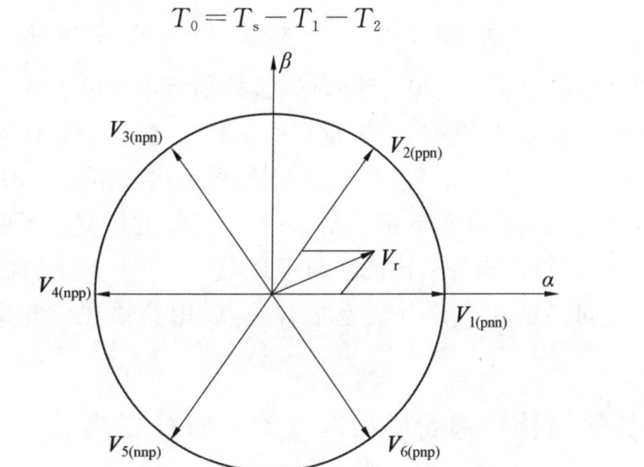

图 5.16　矢量与矢量合成

将 SVPWM 应用于三相六开关 Boost 型 APFC 变换器的控制中，主要继承了 SVPWM 电压利用率高、动态响应快等优点，目前在该变换器中应用的 SVPWM 技术主要分为两类：一类是基于固定开关频率的 SPWM 电流控制，即利用同步旋转坐标系(dq)中电流调节器输出的空间电压矢量指令，再采用 SVPWM 使该变换器的空间电压矢量跟踪电压矢量指令，从而达到电流控制的目的；另一类是利用基于滞环电流控制的 SVPWM，即利用电流偏差矢量或电流偏差变化率矢量空间分布给出最佳的电压矢量切换，使电流偏差控制在滞环宽度以内，这实际是一种变开关频率的 SVPWM。近年来，基

于定频滞环的 SPWM 研究，使空间矢量控制策略具有了更完善的性能。

采用 SVPWM 控制的三相六开关 Boost 型 APFC 变换器，其控制系统常采用电压外环及电流内环的双环控制策略，结构如图 5.17 所示。图中采用了同步旋转坐标系控制结构，其中电压外环用于控制变换器的输出电压，而电流内环则实现变换器网侧单位功率因数正弦波电流控制。由于同步旋转坐标变换已将三相对称的交流量变换成同步旋转坐标系中的直流量，因此电流内环采用 PI 调节器即可取得无静差调节。在同步旋转坐标系控制结构中，直流电压调节器输出形成有功电流指令 i_q^*，而无功电流指令 i_d^* 可直接设定，若需获得单位功率因数控制性能，则 $i_d^*=0$。可见，若要高功率因数整流器获得较高的动、静态性能，其关键在于电流内环(i_q，i_d)的控制设计。

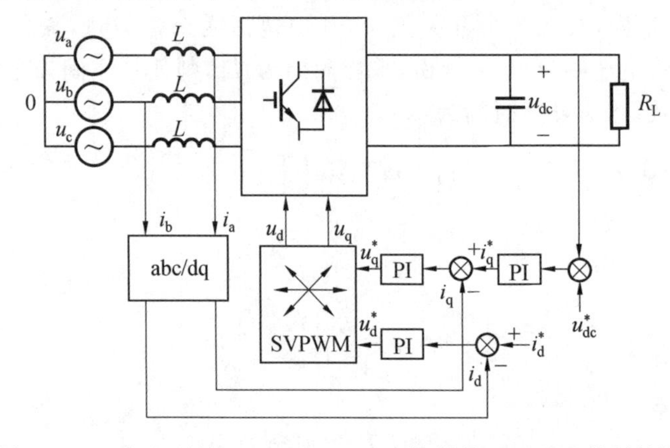

图 5.17　三相六开关 Boost 型 APFC 变换器的 SVPWM 控制结构

在模拟控制中，采用 abc 三相对称坐标系，控制量是分段正弦的；在数字化实现中，用同步旋转的 dq 正交坐标系，此时，控制量在稳态时为常量，容易保证好的稳态特性。模拟控制的控制变量是时变的，在电压、电流过零时，可能出现不连续，并且由于模拟控制器的工频增益有限，电流畸变通常比数字控制大；数字控制的带宽主要受运算速度和采样延迟的限制。随着微控制器性能价格比的不断提高，基于 SVPWM 的数字化实现会越来越具吸引力。另外，空间矢量在理论分析上也有优点，用其描述三相电路的状态轨迹，非常直观。

5.3.2　其他拓扑结构的三相六开关 APFC 变换器

1. 零电压开关三相六开关 Boost 型 APFC 变换器

由于三相六开关 Boost 型 APFC 变换器存在 6 个与开关并联的二极管反向恢复问题，因此变换器的导通损耗大。可采用零电压开关技术来减小导通损耗，同时采用缓冲电容来减小关断损耗。若将软开关原理应用于直流侧而不是交流侧，则电路结构将大大简化。

图 5.18 所示为有源钳位谐振环变换器，其直流环在高频段谐振，桥式开关在零电压下导通和关断，这样使得开关损耗降低，但辅助电路的传导损耗却非常高，直流谐振环承受高电压、高的能量循环及不高效的离散脉冲调制过程，其可取之处是结合了 PWM 控制

及软开关的优点。

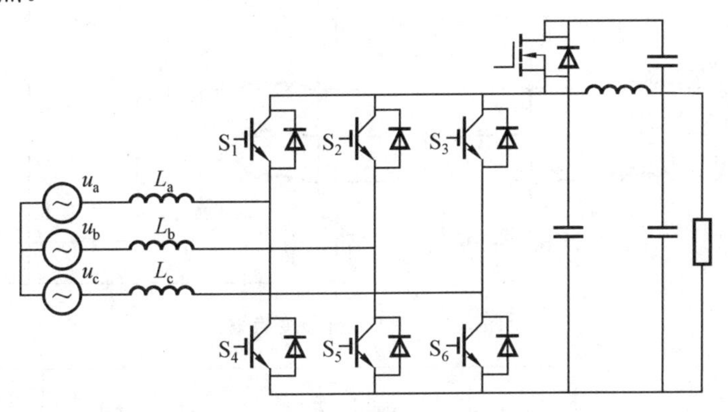

图 5.18　有源钳位谐振环变换器

一般应用一种直流单元把主电路桥与直流电压源隔离，并且有一个平行的谐振支路将桥路电压在开关导通时降为零，这种开关在一个大的占空比中传输大电流，使得传导损耗很大。功率因数校正器中并没有要求能量的双向流动，因此一个二极管就可以作为直流单元开关，这样就可以形成一个简单高效、稳定的零电压变换器，如图 5.19 所示。通过实验可验证该结构在开关频率为 50 kHz 时，输入电压为 180 V、输出电压为 380 V 的情况下，效率为 97%。

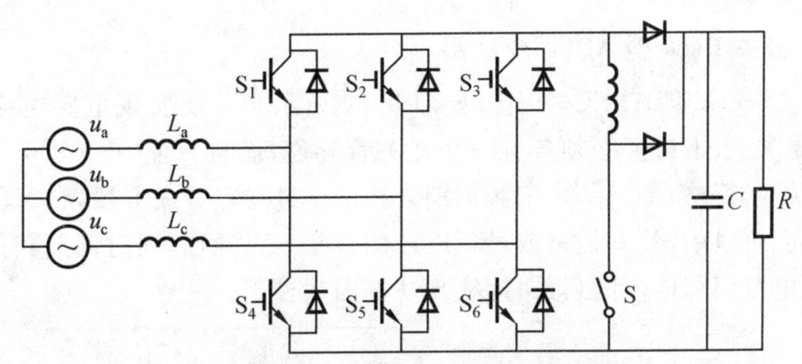

图 5.19　直流单元零电压变换器

这种软开关电路也可用在交流侧以减小传导损耗，并使双向功率流动更易实现。辅助谐振整流极(ACRP)变换器就是交流侧应用软开关的例子，并广泛应用于大功率设备中。图 5.20 所示的零电压转换(ZVT)升压变换器拓扑结构简化了 ACRP 变换器，它通过采用带有单个辅助开关的软开关电路来实现。该变换器使用改进的空间矢量调制(SVM)，使三相开关闭合同步，并对谐振电感提供放电电压。主开关的软开关功能是通过谐振电感的过充电来实现的，因此每相的节点电容可以完全放电，这就保证了主开关在零电压下导通。不过，这种过充电及对 SVM 的调整会导致更多的主开关关断及更高的辅助开关电流峰值。

图 5.21 所示为改进型 ZVT 升压变换器。它通过减少对谐振电感的过充电而改进了变换器的工作特性，因而主开关的关断损耗及辅助开关的电流峰值会得到有效的控制。在整流器模式下，主开关的关断过程与优化的 SVM 相似，且所有的主开关在零电压下导通。

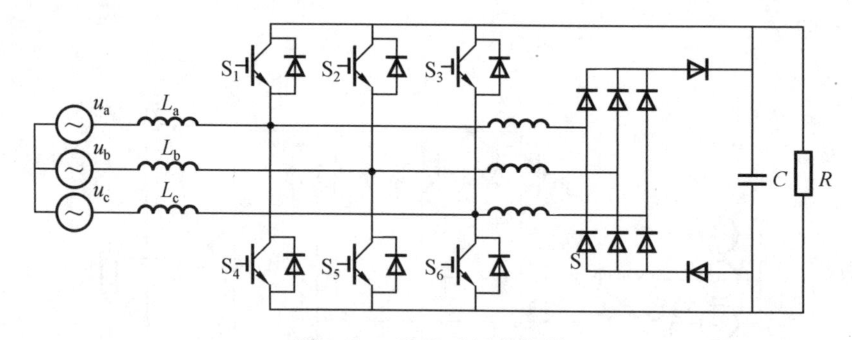

图 5.20　ZVT 升压变换器

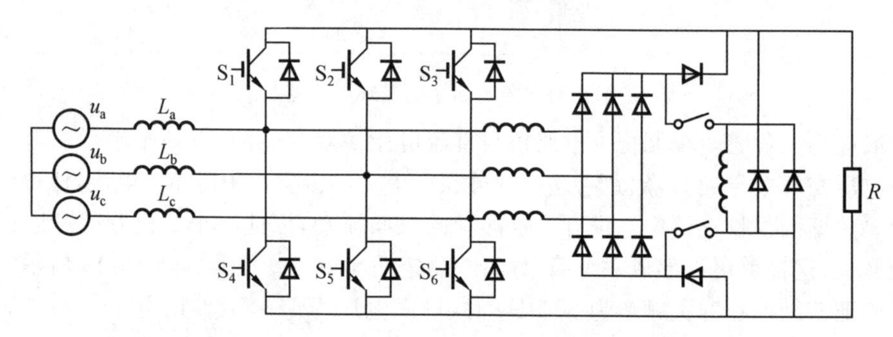

图 5.21　改进型 ZVT 升压变换器

2. 三相六开关 Buck 型 APFC 变换器

三相六开关 Buck 型 APFC 变换器如图 5.22 所示。若要实现电感电流连续而线电压不短路，则要求上、下桥臂必须各有一个开关管导通，而且只能有一个开关管导通。所采用的 PWM 控制策略，是把一个工频周期以相电压过零点分成 6 段，在每段中有两个线电压同极性。在每段中，具有最高或最低电压的各相一直导通，通过调节其他两相的导通时间可以实现电流跟踪电压的目的，即实现功率因数校正。

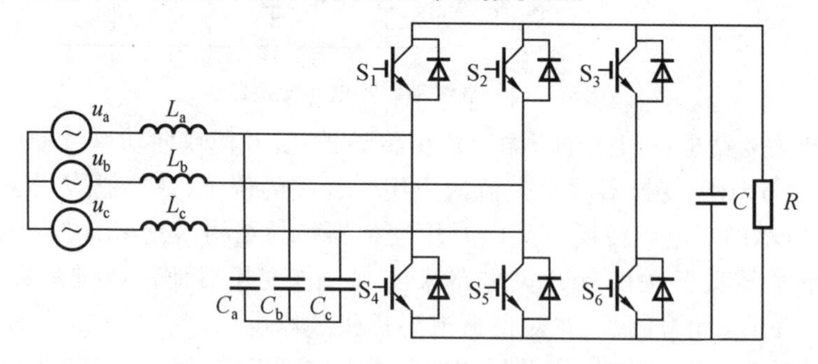

图 5.22　三相六开关 Buck 型 APFC 变换器

5.4　三相单级 APFC 变换器

单级 APFC 变换器使用一级功率变换电路同时完成功率因数校正与 DC/DC 变换的功能，以高效率、高功率密度为目标，符合 APFC 技术的发展要求。近年来，较为常见的三相单级 APFC 变换器主要有反激结构、三电平结构以及全桥型结构等。

5.4.1　反激三相单级 APFC 变换器

反激三相单级 APFC 变换器(图 5.23)可以认为是该类单相 APFC 变换器在三相中的延伸。当工作在 DCM 模式时,该变换器能够实现三相中的任意一相和其他两相输入的解耦,整个电路使用的开关数量相对较少。从理论上分析,电感电流峰值正比于相应相的输入电压,输入电流波形自然地跟随输入电压波形,因而能够实现单位功率因数,而且控制简单。反激三相单级 APFC 变换器一般有单开关和双开关两种,各种变换器的基本原理相似,都工作于 DCM 模式。下面以图 5.23 (a)为例介绍反激三相单级 APFC 变换器的基本工作过程。

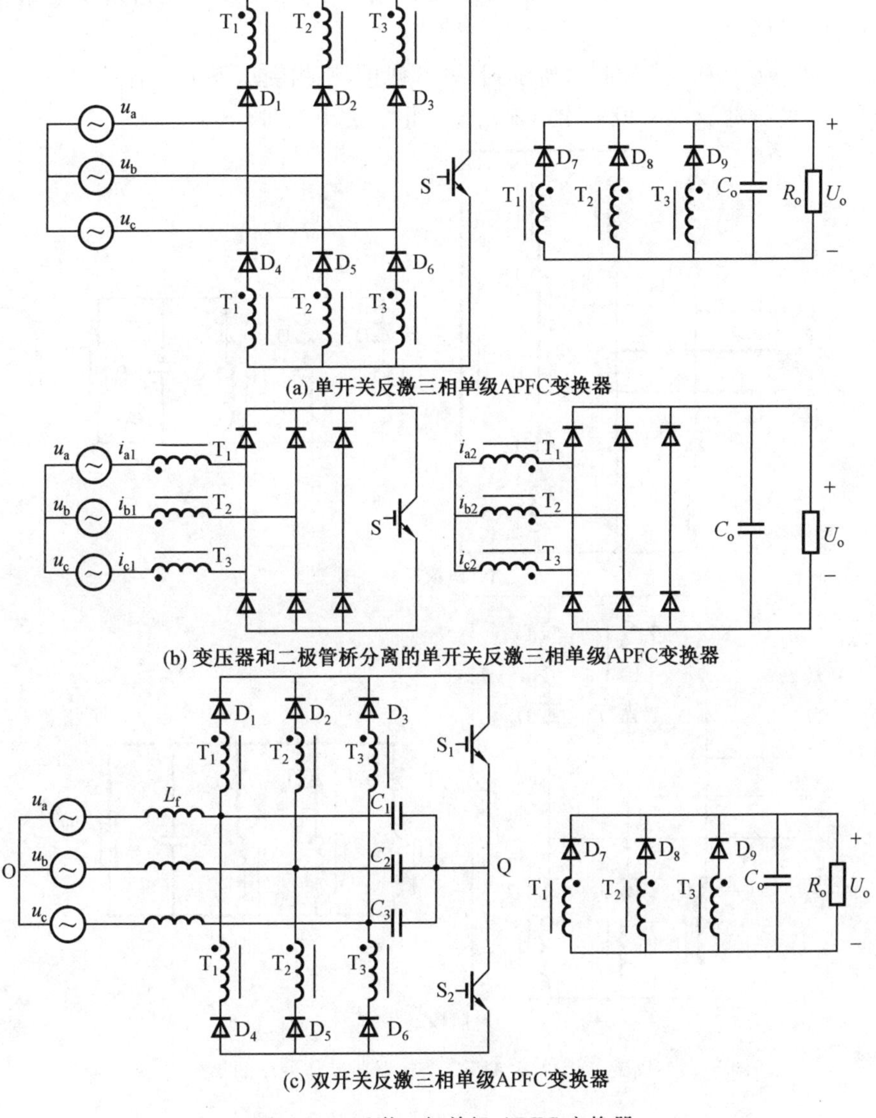

图 5.23　反激三相单级 APFC 变换器

在 $0 \leqslant \omega t \leqslant \pi/6$ 时间段内对变换器进行分析，在此区间内有 $u_b \leqslant 0 \leqslant u_a \leqslant u_c$。假设图中所有器件都是理想器件，且相应器件的参数完全一致。则在一个开关周期内根据变换器工作情况可以分为5个工作阶段，图5.24所示为各阶段的等效电路。

阶段1 ($t_0 \sim t_1$)：如图5.24(a)所示，开关S导通，A、C相输入电流分别通过 D_1、D_3、反激变压器、D_5 和B相输入电流构成回路。变压器原边电流线性上升，副边整流二极管截止，变压器存储能量。本阶段输出电流由滤波电容放电提供。

阶段2 ($t_1 \sim t_2$)：如图5.24(b)所示，开关S截止，变换器通过三相变压器向副边滤波电容以及负载释放能量，变压器副边电流线性下降。

阶段3 ($t_2 \sim t_3$)：如图5.24(c)所示，开关S截止，A相变压器副边绕组能量释放完毕，B相和C相继续释放能量。

阶段4 ($t_3 \sim t_4$)：如图5.24(d)所示，开关S截止，C相变压器副边绕组能量释放完毕，B相继续释放能量。

阶段5 ($t_4 \sim t_5$)：如图5.24(e)所示，开关S截止，三相变压器能量释放完毕。等待下一周期开关管的导通。本阶段输出电流由滤波电容放电提供。

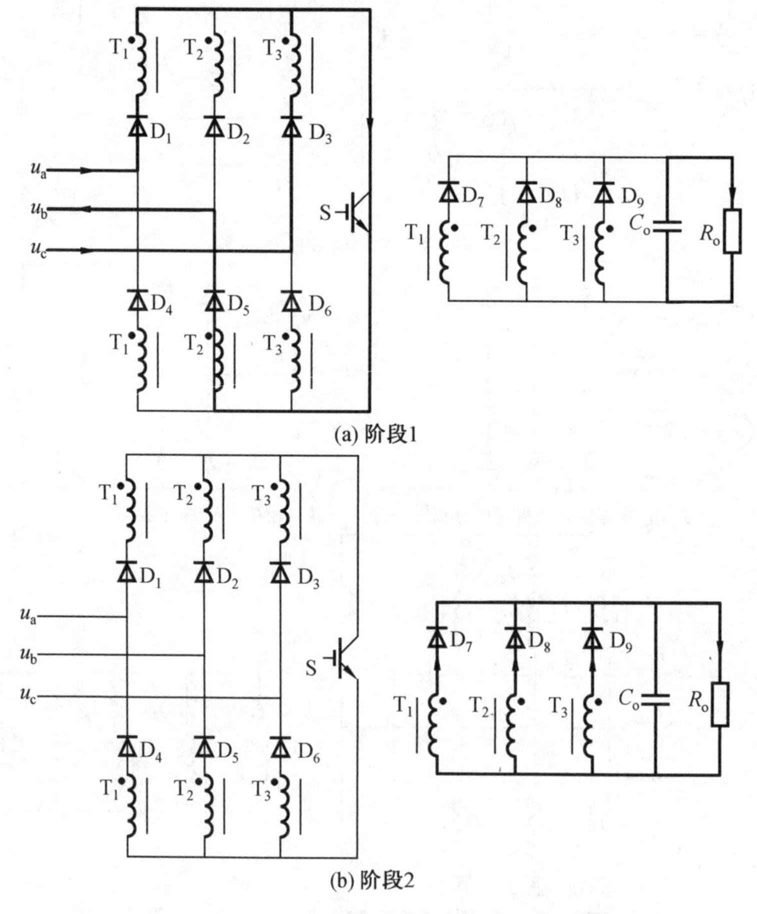

图5.24　反激三相单级APFC变换器各工作阶段的等效电路

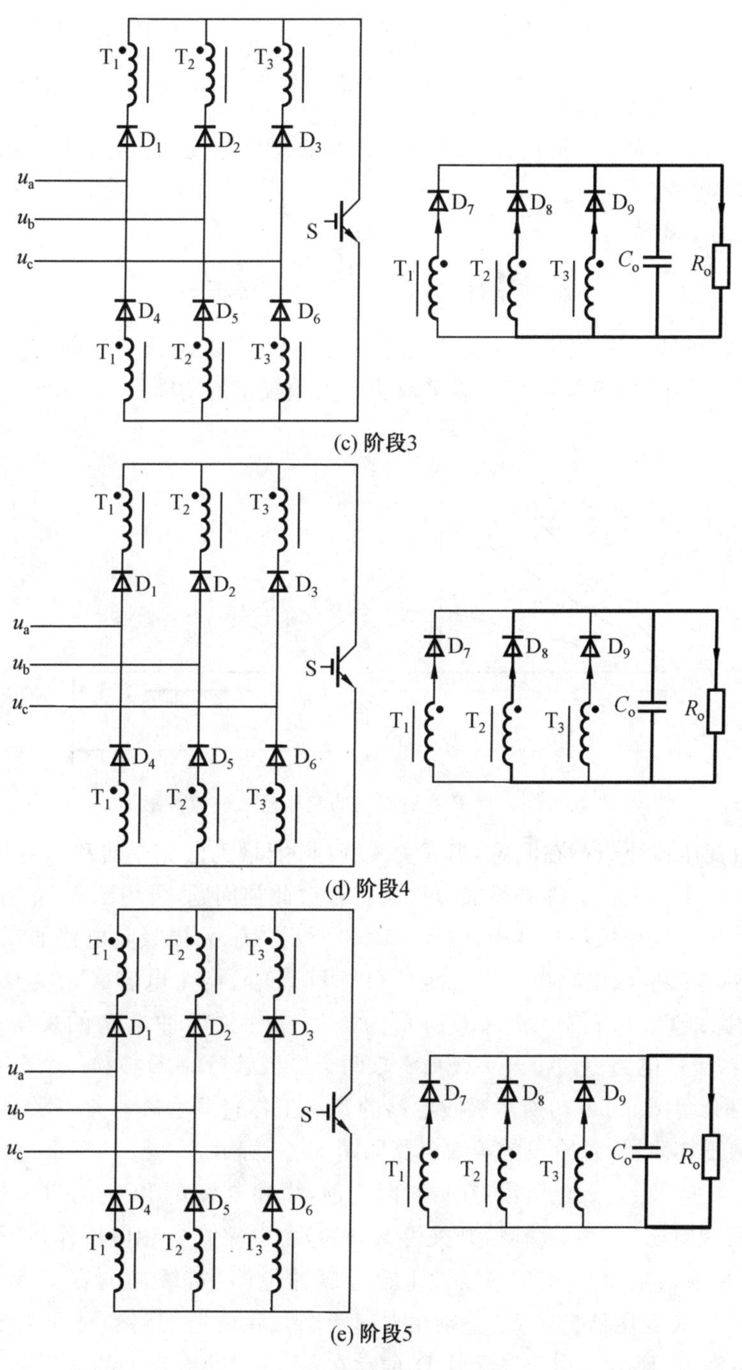

续图 5.24

由上述过程可知，当开关S导通时，能量存储在变压器的磁路中，当开关S关断时，变压器通过副边向负载释放能量。图5.25所示为一个开关周期内的三相输入电流波形。下面以A相为例，设A相电压为 $u_a = U\sin \omega t$，主电路的三个变压器参数完全一致且原、副边绕组理想耦合。由于开关频率远大于输入电压频率，因此在一个开关周期内，可以把输入电压看成是不变的。当S导通时，A相电流 i_{a1} 线性上升，在S关断前达到峰值 I_{ap}。

$$I_{ap}=\frac{u_a D T_s}{L_p},\quad D=\frac{T_{on}}{T_s},\quad \frac{L_p}{L_S}=n^2 \tag{5.31}$$

式中，D 为占空比；T_s 为开关周期；n 为主电路变压器的匝数比；L_p 为主电路变压器原边电感值；L_S 为副边电感值。

A相电流的平均值为

$$I_{ag1}=\frac{1}{T_s}\int_0^{T_s} i_{a1}\,\mathrm{d}t=\frac{DI_{ap}}{2}=\frac{u_a D^2 T_s}{2L_p} \tag{5.32}$$

由式(5.32)可知，L_p 一定时，只要开关管的占空比 D 以及开关周期 T_s 不变，三相输入电流正比于输入电压，变换器就能够实现功率因数校正的功能。

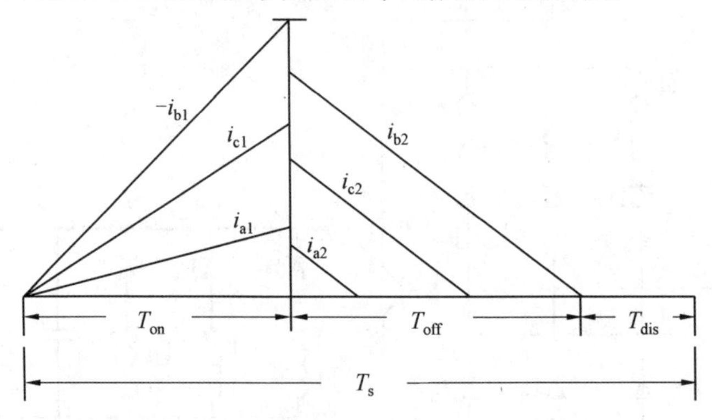

图 5.25　一个开关周期内的三相输入电流波形

由于反激变压器原边存在漏感，当开关关断时，能量无法完全转移至变压器副边，因此开关关断时产生的电压尖峰必须加以抑制。针对此类问题，可用图5.26所示的两种无损吸收电路来吸收电压尖峰。其中，图5.26(a)所示为带无损吸收电路的反激三相单级APFC变换器，无损吸收电路由三个二极管(D_1、D_2、D_3)、两个电容(C_1、C_2)、一个变压器组成(见图中虚线部分)；图5.26(b)所示为采用双开关缓冲电路的反激式三相单级APFC变换器，缓冲电路由两个开关(S_1、S_2)、两个二极管(D_{r1}、D_{r2})和一个电容(C_r)组成。

下面简要介绍图5.26(a)所示吸收电路的基本工作过程。在一个开关周期内变换器有6个基本的工作阶段，各阶段的等效电路如图5.27所示。

阶段1 ($t_0 \sim t_1$)电容放电阶段：在 t_0 瞬时之前，缓冲电容 C_1 和 C_2 的初始电压为 $U_{CE}/2$ (U_{CE} 为开关两端电压)。在 t_0 瞬时，开关管S导通，主电路在各相电压作用下变压器原边绕组励磁，三相输入电流从零开始线性上升。缓冲电路中，缓冲电容 C_1 和变压器自感 L_{12}、缓冲电容 C_2 和变压器自感 L_{11} 分别建立起两个并联谐振回路通过开关S。缓冲电容谐振放电，L_{11} 和 L_{12} 励磁。由于二极管 D_3 的存在，两个缓冲电容上的电压相等(中点电位平衡)，因此这里假设整个谐振过程中电容 C_1 和 C_2 的电压始终相等。为了保证开关管零电压关断和零电流开通，需将缓冲电容上的电荷全部释放。

阶段2 ($t_1 \sim t_2$)变压器原、副边激励阶段：在 t_1 瞬时，缓冲电容 C_1 和 C_2 的电压放电为较小值，缓冲电路的变压器原边绕组电流达到峰值后开始下降，副边绕组电流开始上升。

阶段3 ($t_2 \sim t_3$)副边续流阶段：在 t_2 瞬时，缓冲电路变压器原边绕组电流下降为零，副

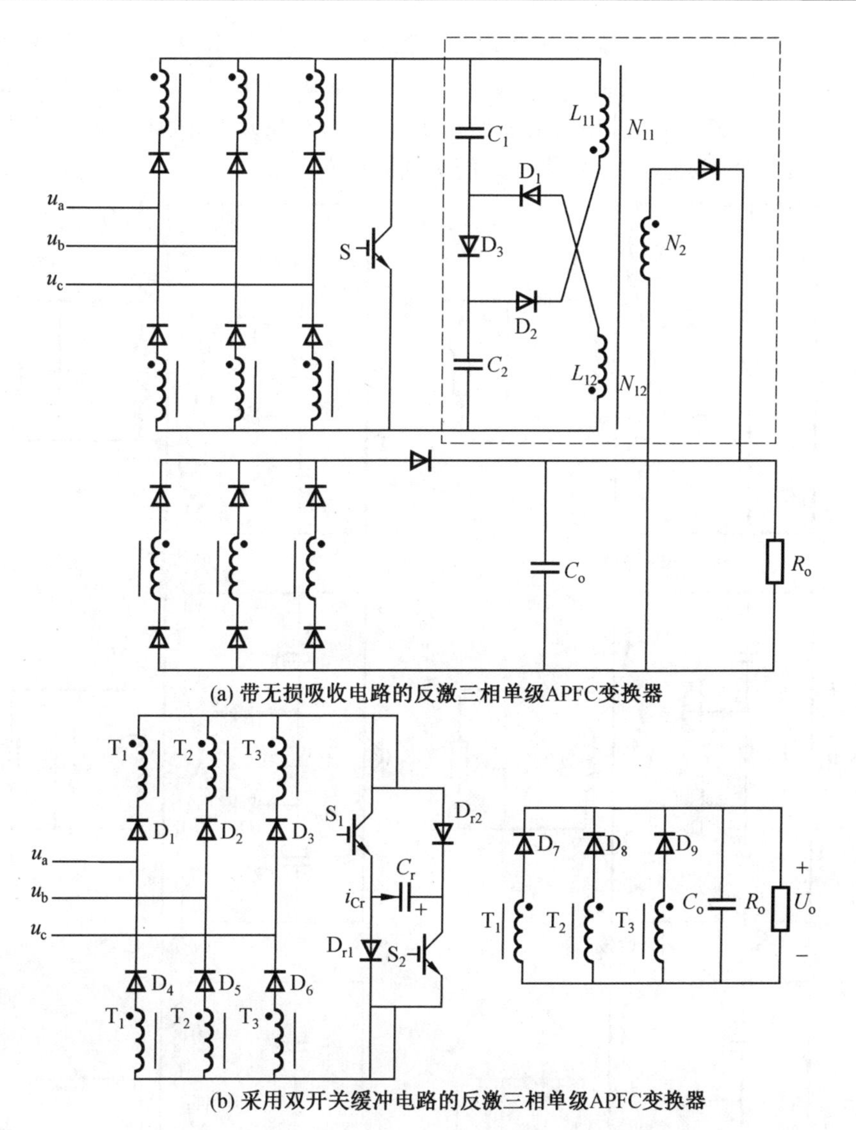

图 5.26　反激三相单级 APFC 变换器电压尖峰抑制方法

边绕组电流达到最大值，并开始下降。

阶段 4（t_3～t_4）能量释放结束瞬时：在 t_3 瞬时，缓冲电路副边电感电流下降到零，变压器储能完全释放，输出整流二极管自然关断。注意，t_3 瞬时在 t_4 时刻之前只是一种特例，t_3 瞬时可以后移，后移的极限为 t_6 瞬时。

阶段 5（t_4～t_5）缓冲阶段：在 t_4 瞬时，开关管 S 关断，缓冲电容 C_1 和 C_2 开始充电。当电容电压充到相当数值后，由于副边反射电压的逐步建立和变压器漏感能量的释放，主电路变压器原边绕组电流开始下降，副边绕组电流开始上升，开关管 S 因并联缓冲电容的作用，其电压上升较缓慢，避免了因漏感带来的浪涌电压，实现了零电压关断。

阶段 6（t_5～t_6）缓冲结束阶段：在 t_5 瞬时，缓冲电容电压上升到 $U_{CE}/2$，充电完毕，等待下一个周期开关导通。

采用该无损吸收电路有效地避免了主电路变压器漏感带来的电压尖峰，实现了开关的零电压关断。由于缓冲电路中不存在耗能元件和附加开关管，因此变换器的效率得到提高。但其主要缺点是，缓冲电容需要经过主开关复位，在开关导通时会带来附加的电流应力，此外，能量回馈到负载也带来一定的负载依赖性。

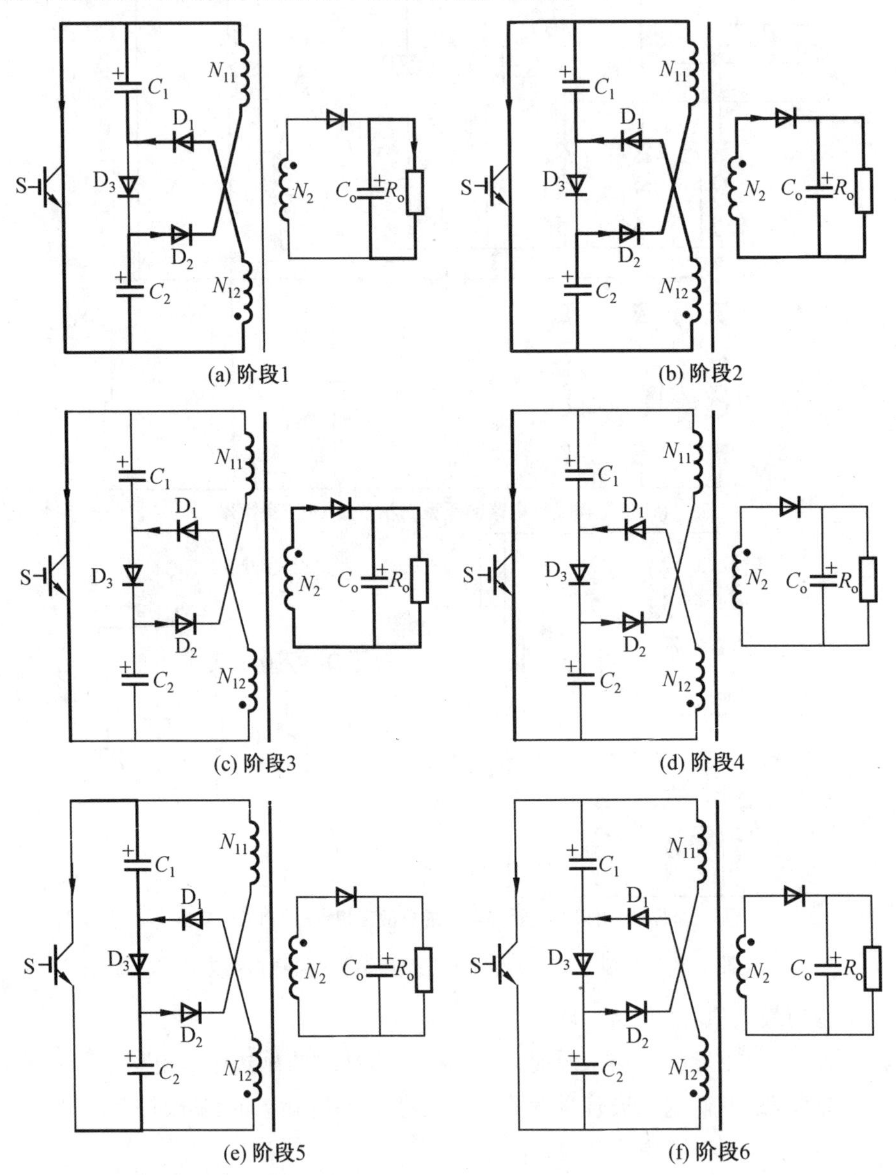

(a) 阶段1　(b) 阶段2　(c) 阶段3　(d) 阶段4　(e) 阶段5　(f) 阶段6

图 5.27　无损吸收电路各阶段的等效电路

5.4.2　三电平三相单级 APFC 变换器

图 5.28 所示为零电压零电流三电平三相单级 APFC 变换器。该变换器主要由输入整流部分、移相桥、高频变压器以及输出整流滤波等部分构成，其中 C_{D1} 和 C_{D2} 为分压电容；C_1 和 C_4 为开关 S_1 和 S_4 上的并联电容；D_5 和 D_6 为钳位二极管；D_7 和 D_8 为反向阻断二极

管；S_1 和 S_4 为超前管，实现零电压开关；S_2 和 S_3 为滞后管，实现零电流开关；C_{SS} 为联结电容，分别把两只超前管和两只滞后管的开关过程连接起来；L_{lk} 为漏感 ；C_b 为阻断电容。

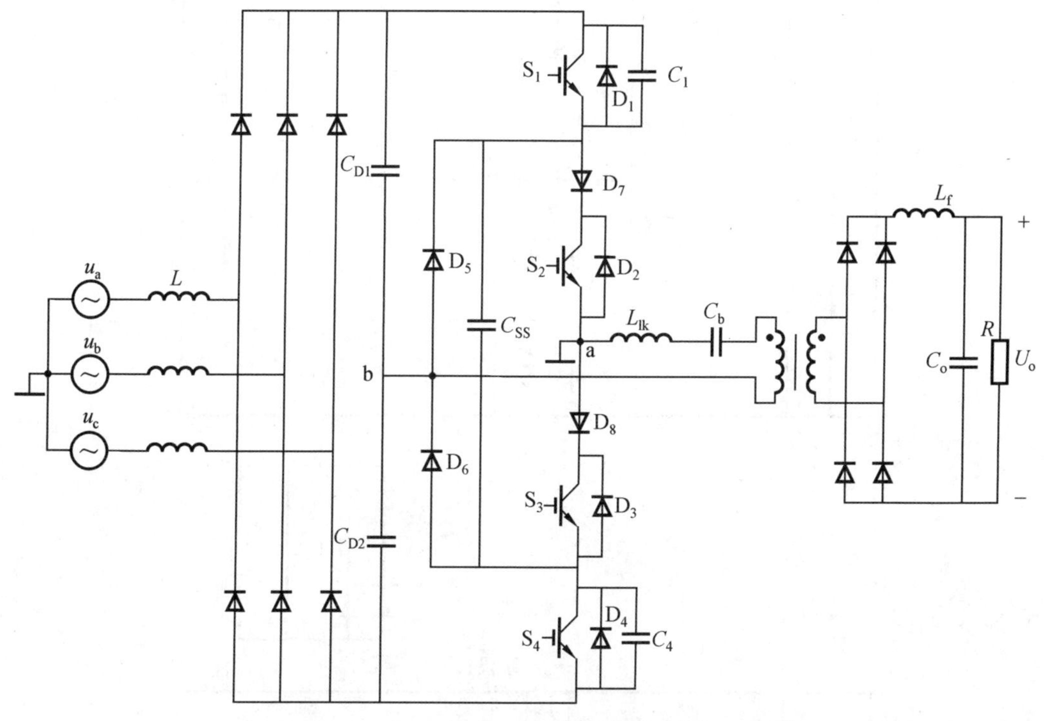

图 5.28　零电压零电流三电平三相单级 APFC 变换器

下面在工频周期的 $\pi/6\leqslant\omega t\leqslant\pi/3$ 时间段内对该变换器进行分析，在此区间内，有 $u_b\leqslant 0\leqslant u_c\leqslant u_a$。分析中假设：(1) 工频周期远远大于开关周期，在一个开关周期中，认为输入三相交流电压保持不变；(2) 稳态时两个分压电容与联结电容上电压相等，均为三相整流桥输出电压的一半；(3) 滤波电感 L_f 足够大，分析中视其为恒流源 I_o。变换器在一个开关周期中有 6 个工作阶段，各阶段的等效电路如图 5.29 所示，一个开关周期内的主要工作波形如图 5.30 所示。

阶段 1 $(t_0\sim t_1)$：t_0 时刻，S_1 导通，S_2 由关断变为导通，S_3、S_4 关断，D_7 由关断变为导通，D_8 关断，由于 L_f 足够大，变压器漏感很小，原边电流很快上升到 $I_{po}=I_o/n$，其中 I_o 是输出电流，n 是变压器原、副边匝数比。

阶段 2 $(t_1\sim t_2)$：t_1 时刻，S_1、S_2 导通，S_3、S_4 关断，D_7 导通，D_8 关断，变压器原边电压为 $U_{ab}=U_i/2$，其中 U_i 为直流母线电压，变压器原边电流为 $I_{po}=I_o/n$。变压器原边电流流经 S_1、D_7、S_2、L_{lk} 和 C_{D1} 构成回路给 C_b 充电。A 相、C 相正向相电压作用在 A 相、C 相的升压电感上，电感的电流线性上升，而 B 相升压电感上的电压为 $-(U_i-u_b)$，电感的电流近似线性下降到零。

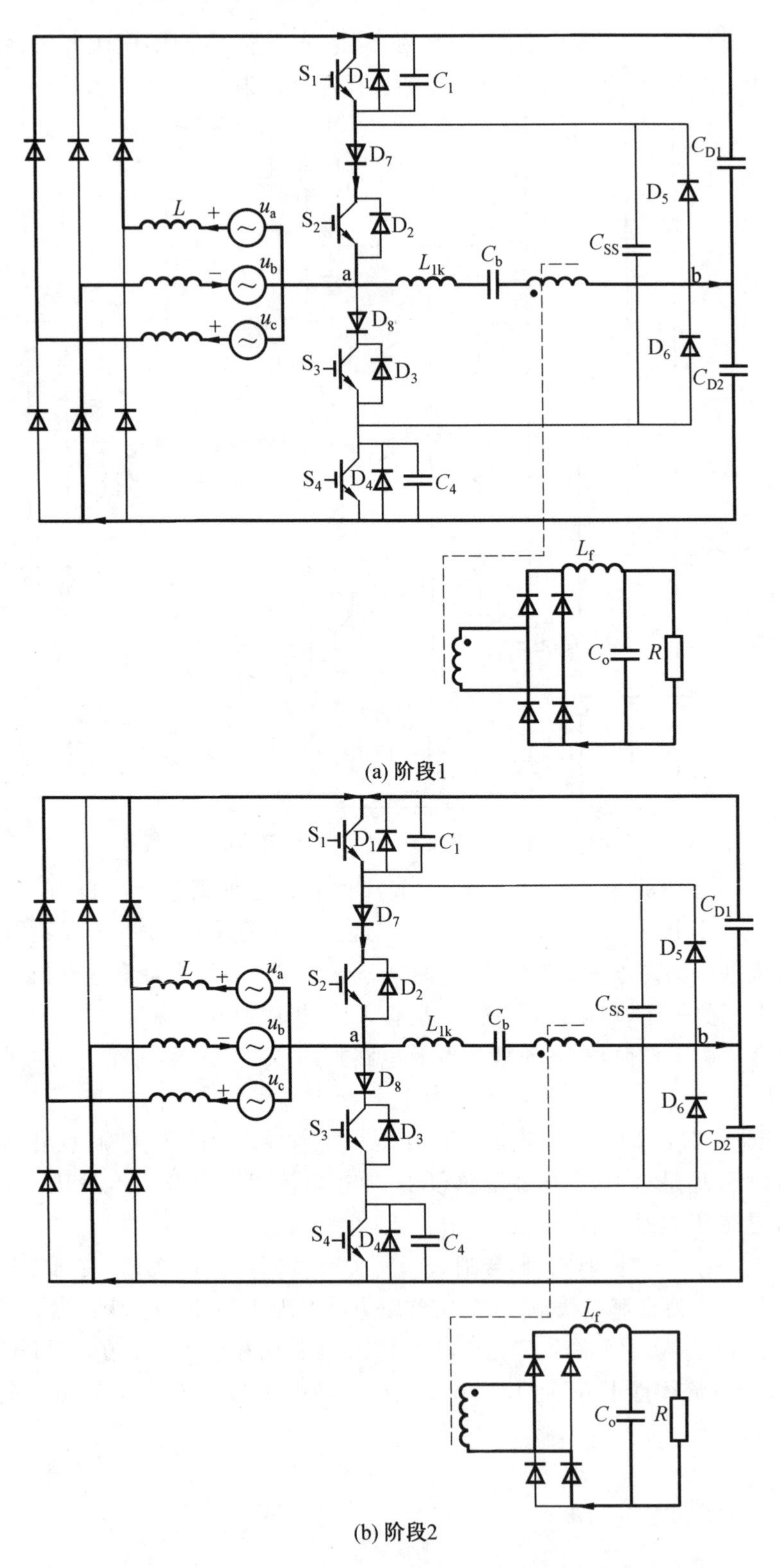

图 5.29　零电压零电流三电平三相单级 APFC 变换器各阶段的等效电路

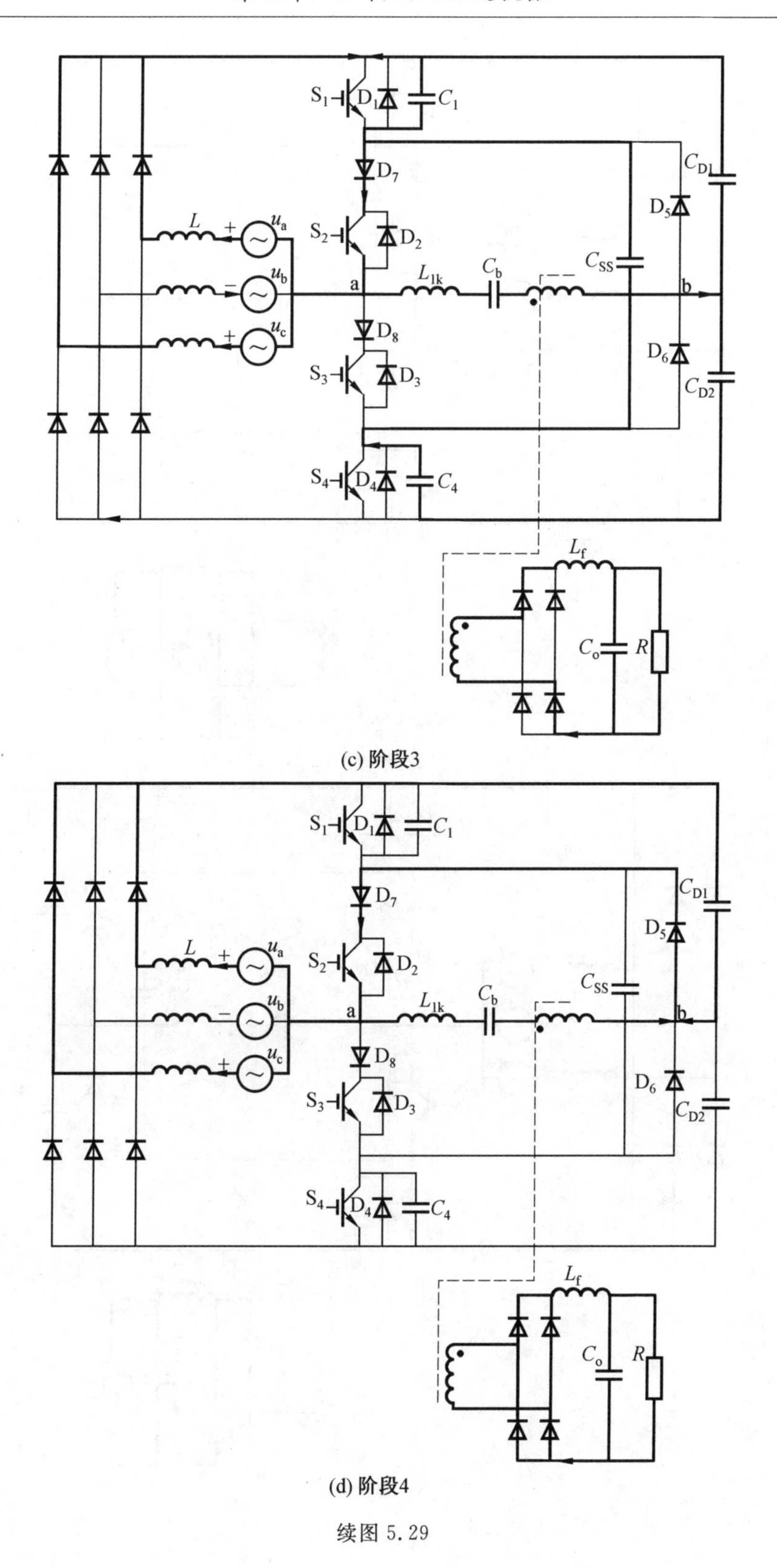

(c) 阶段3

(d) 阶段4

续图 5.29

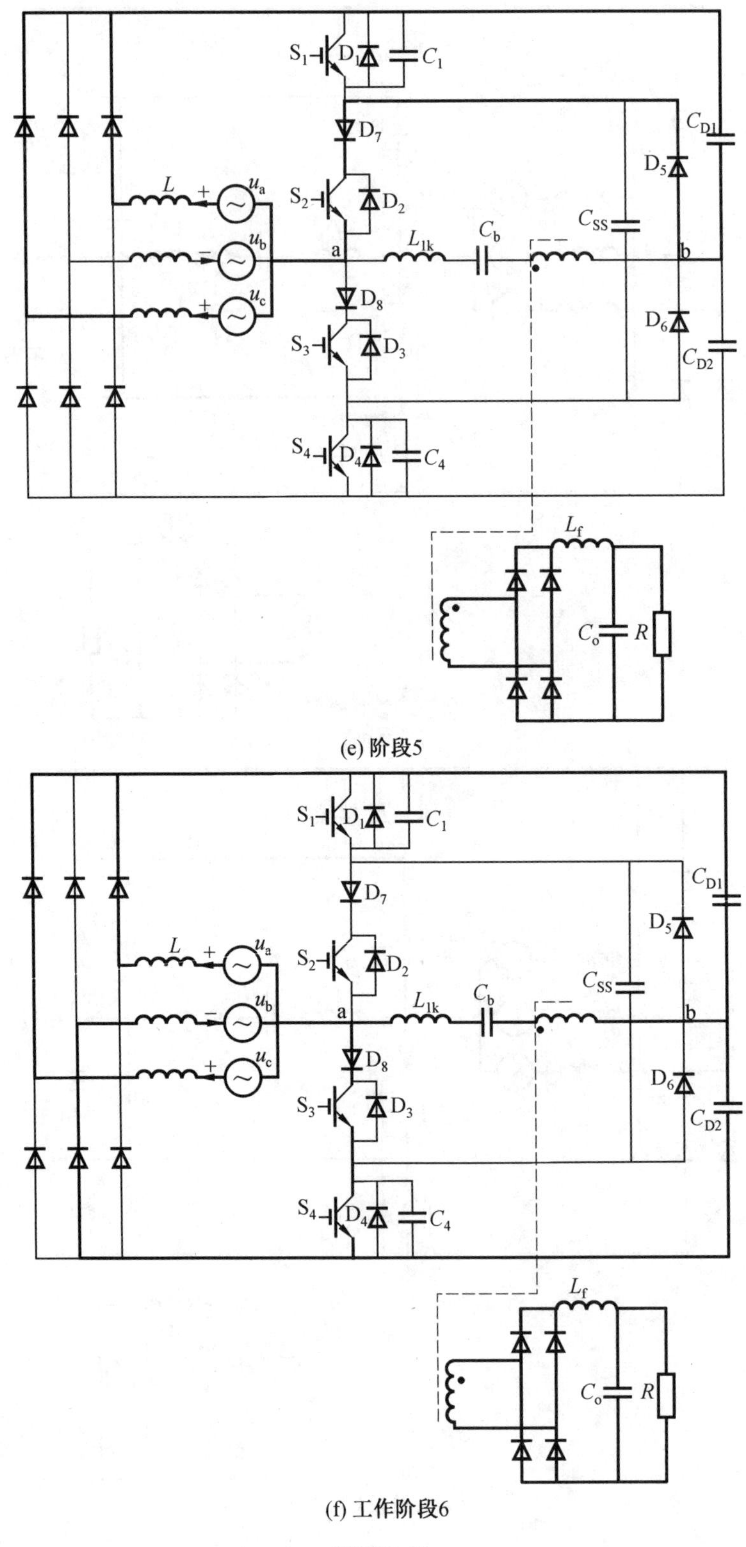

(e) 阶段5

(f) 工作阶段6

续图 5.29

阶段 3 ($t_2 \sim t_3$)：在 t_2 时刻关断 S_1，原边电流 i_p 通过 S_2、D_7、漏感 L_{lk}、阻断电容 C_b、分压电容 C_{D1} 形成回路来给 C_1 充电；i_p 通过 S_2、D_7、漏感 L_{lk}、阻断电容 C_b、分压电容 C_{D2}、联结电容 C_{SS} 形成回路来给 C_4 放电。由于开关管 S_1 上并联有 C_1，其上电压不能突变，因此 S_1 是零电压关断。此时漏感 L_{lk} 和滤波电感 L_f 串联，L_f 一般很大，i_p 近似不变，类似一个恒流源，其大小为 $I_{po}=I_o/n$，i_p 继续给 C_b 充电，C_1 的电压线性上升，C_4 的电压线性下降，有

$$u_{Cb}(t)=u_{Cb}(t_0)+\frac{I_{po}}{C_b}(t-t_0) \tag{5.33}$$

$$u_{C1}(t)=\frac{I_{po}}{2C_1}(t-t_2) \tag{5.34}$$

$$u_{C4}(t)=\frac{U_i}{2}-\frac{I_{po}}{2C_4}(t-t_2) \tag{5.35}$$

到 t_3 时刻，C_1 的电压上升到 $U_i/2$ 时，C_4 的电压下降到零，此时 $U_{ab}=0$。

t_3 时刻，阻断电容 C_b 上的电压为

$$u_{Cb}(t_3)=u_{Cb}(t_2)+\frac{C_1U_i}{C_b} \tag{5.36}$$

在交流侧，同样 A 相、C 相分别通过 C_1、D_7、S_2 来给 C_1 充电，B 相电流处于断续状态。

阶段 4 ($t_3 \sim t_4$)：D_5 导通后，C_4 的电压被钳位在零，S_4 可以实现零电压导通。为了实现 S_4 的零电压导通，死区时间 t_d 必须大于 t_3。这时 D_5、D_7 导通，变压器原边电压 U_{ab} 为零，变压器原边绕组和漏感 L_{lk} 上的电压 U_{Cbp}，i_p 开始减少，不足以提供负载电流，因此副边进入续流状态，使得变压器原、副边电压均为零，此时 U_{Cb} 全部加在漏感 L_{lk} 上，i_p 减小，由于 L_{lk} 较小，C_b 较大，可认为本阶段 U_{Cbp} 基本不变，i_p 线性减少，即有

$$u_{Cb}(t)=u_{Cb}(t_3)=U_{Cbp} \tag{5.37}$$

$$i_p(t)=I_{po}-\frac{U_{Cbp}}{L_{lk}}(t-t_3) \tag{5.38}$$

到 t_4 时刻，i_p 下降到零。交流侧，A 相和 C 相在反向电压的作用下，通过 C_{D1}、D_5、D_7、S_2 构成回路，使得流过输入升压电感的电流继续呈线性下降趋势，B 相电流仍处于断续状态。

阶段 5 ($t_4 \sim t_5$)：i_p 下降到零以后，此时 S_2 中没有电流流过，可以实现 S_2 的零电流关断，这时 S_3 的导通信号还没有到达，S_3 处于关断状态，由于 i_p 为零，不足以提供负载电流，因此副边依旧处于续流状态，使得变压器原、副边电压被钳位在零，变压器原边电压为阻断电容上电压 U_{Cbp}。在交流侧，A 相和 C 相在反向电压的作用下，通过 C_{D1}、变压器原边绕组、L_{lk} 构成回路，使得流过输入升压电感的电流继续呈线性下降趋势，B 相电流仍处于断续状态。

阶段 6 ($t_5 \sim t_6$)：在 t_5 时刻 S_3 导通，由于有漏感 L_{lk} 的存在，i_p 不能突变，因此 S_3 实现了零电流导通。由于 i_p 为零，不足以提供负载电流，因此副边依旧处于续流状态，使得变压器原、副边电压被钳位在零，此时加在漏感 L_{lk} 上的电压为

$$U_{Llk}=-\left(\frac{U_i}{2}+U_{Cbp}\right) \tag{5.39}$$

t_5 时刻，i_p 从零开始反向线性增加，有

$$i_p(t)=-\frac{\frac{U_i}{2}+U_{Cbp}}{L_{lk}}(t-t_5) \tag{5.40}$$

到 t_6 时刻，i_p 反向增加到负载电流，副边续流过程结束，能量开始由变压器原边转移至副边。

t_5 时刻，变压器原边电压为 $-U_i/2$，作用在输入电感上，使得 A 相、C 相电流以一种更快的速率下降，最后直至下降到零为止。而 B 相输入电感通过 S_3、S_4、二极管 D_8 构成反向通路，电感电流从零开始线性增加。开始 $t_6 \sim t_{10}$ 的另半个周期。

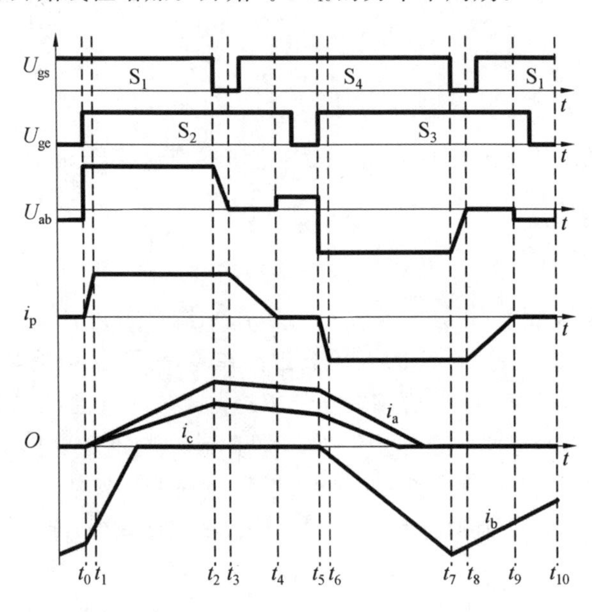

图 5.30 一个开关周期内的主要工作波形

零电压零电流三电平三相单级 APFC 变换器利用变压器既实现了输入输出侧的电气隔离，又可以对输出的直流电压进行适当调整，以满足不同负载对电源输出电压等级的要求；由于采用了三电平变换技术，功率管承受的电压为输入直流电压的一半，解决了一般单开关 Boost 型三相功率因数校正电路中功率管高耐压等级问题。

要实现开关管的零电压导通，在续流阶段必须有足够的能量来抽走即将要导通的开关管结电容和并联电容上的电荷，并且给关断开关管的结电容和并联电容充电。假设超前管死区时间 $t_{d(lead)}$ 已知，根据上述阶段 3 的分析，可以得出实现超前臂 ZVS(零电压开关)的最小负载电流为

$$I_{o(min)}=\frac{U_i(C_1+C_4)}{2nt_{d(lead)}} \tag{5.41}$$

当负载电流大于 $I_{o(min)}$ 时，开关管并联谐振电容的充放电已经完成，此时超前臂只有关断损耗，没有导通损耗，实现了 ZVS。当负载电流小于 $I_{o(min)}$ 时，开关管并联谐振电容的充放电尚未完成，此时超前臂容性导通，没有实现 ZVS。恰当地选择并联谐振电容值和超前臂死区时间，可以在从轻载到重载很宽的范围内实现超前臂 ZVS。

要实现滞后管的零电流关断，变压器原边电流必须在滞后管关断之前减小到零，即

满足

$$\frac{4L_{1k}C_b}{DT_s}<\frac{(1-D)T_s}{2}-t_d-t_{23} \tag{5.42}$$

式中,t_{23}为阶段 3 持续的时间。

5.4.3　全桥型三相单级 APFC 变换器

把全桥拓扑结构应用到三相功率因数校正技术中,结合适当的控制策略,既可以实现功率因数校正,又可以实现 AC/DC 功率变换,同时也实现了高频逆变和隔离输出的双重作用。全桥型三相单级 APFC 变换器主要有基于移相控制的三相单级 APFC 变换器、基于伪移相控制的三相单级 APFC 变换器及电流全桥型三相单级 APFC 变换器等结构。下面以基于双 LC 谐振无源缓冲电路的电流全桥型三相单级 APFC 变换器为例介绍此种 APFC 变换器的基本工作原理。

图 5.31 所示为基于双 LC 谐振无源缓冲电路的电流全桥型三相单级 APFC 变换器,其主要由 7 部分构成,分别是三相三线制输入电源、升压电感($L_a=L_b=L_c=L$)、三相输入整流桥、无源缓冲电路、移相桥、高频变压器和输出整流滤波环节。该电路工作于 DCM 下,当桥臂开关直通时,输入升压电感储能,输入电流上升;在桥臂开关对臂导通阶段,三相输入电源及输入电感向负载释放能量,直至输入电流降低为零。一个开关周期内三相电源各相输入电流的峰值与输入电压成正比,平均值近似各相的输入电压,从而完成功率因数校正的功能。

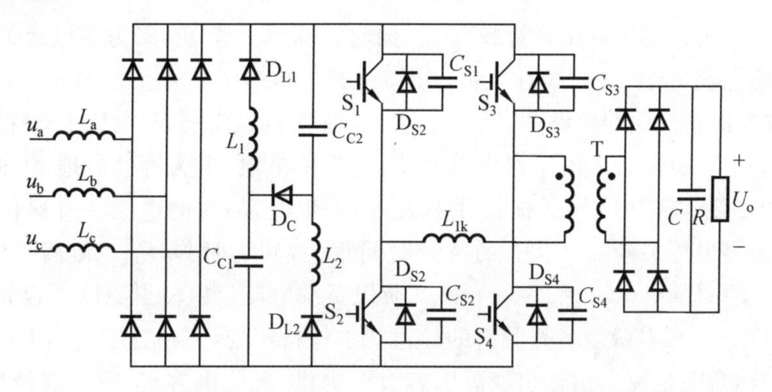

图 5.31　基于双 LC 谐振无源缓冲电路的电流全桥型三相单级 APFC 变换器

以工频周期的 $0\leqslant\omega t\leqslant\pi/6$ 阶段为例对该变换器进行分析,则在升压电感的一个充放电周期内,该变换器共有 9 个工作阶段,其中变换器的主要波形和各阶段的等效电路分别如图 5.32、图 5.33 所示。

阶段 1 (t_0时刻以前):开关管 S_2、S_3导通,S_1、S_4截止。由于变换器工作于 DCM,因此在桥臂开关管对臂导通时,三相升压电感电流开始下降,并最终下降到零。假设在 t_0时刻以前,升压电感电流已经下降到零,则变压器原边各支路电流都为零,变压器原边电压 $U_k=nU_o$,各开关管所承受的电压为 $U_{CS2}=U_{CS3}=0$、$U_{CS1}=U_{CS4}=nU_o$,缓冲电路中吸收电容电压为 $U_{Cc1}=U_{Cc2}=nU_o/2$。变压器副边电流为零,输出整流二极管全部截止,负载电流仅由输出滤波电容放电提供。

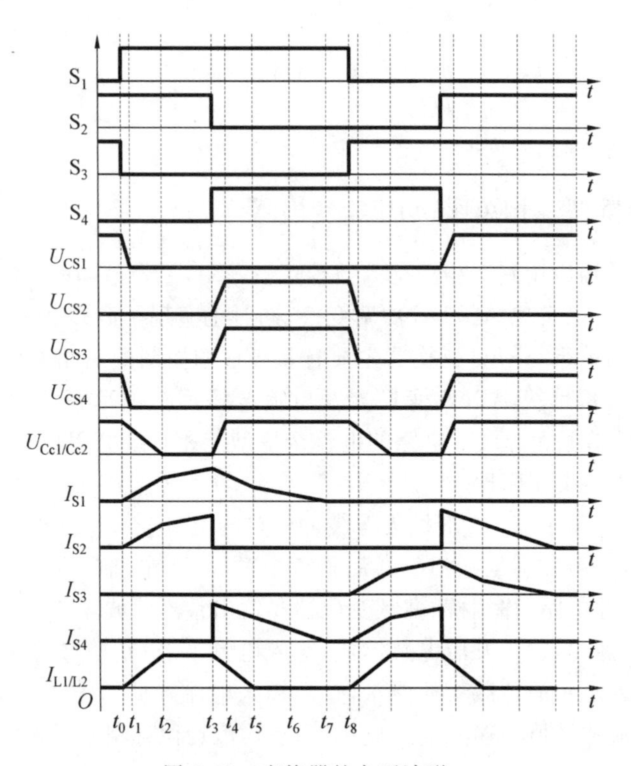

图 5.32　变换器的主要波形

阶段 2 ($t_0 \sim t_1$)：t_0时刻开关管 S_1导通，同时关断开关管 S_3，S_3为零电流关断。此时，三相升压电感电流 i_{La}、i_{Lb}、i_{Lc}线性上升。同时，寄生电容 C_{S1}通过 S_1放电，C_{S4}通过 D_{S3}、S_1、S_2构成放电回路。缓冲电路中，吸收电容 C_{C1}通过 D_{L1}、S_1、S_2与电感 L_1谐振；同时，C_{C2}通过 S_1、S_2、D_{L2}与 L_2谐振。由于寄生电容 C_{S1}、C_{S4}的放电，S_1为容性导通，但此时主电路中流过 S_1的电流为零，因此导通损耗并不大；而寄生电容 C_{S3}的电压一直保持为零，因此 S_3在 t_0时刻为零电压关断。该状态的持续时间很短，到 t_1时刻，C_{S1}、C_{S4}两端电压下降为零，此时有 $U_{CS1}=U_{CS2}=U_{CS3}=U_{CS4}=0$。本阶段负载电流仅由输出滤波电容放电提供。

阶段 3 ($t_1 \sim t_2$)：本阶段各开关管的导通状态保持不变，三相升压电感电流 i_{La}、i_{Lb}、i_{Lc}继续线性上升，负载电流仍由输出滤波电容放电提供，吸收电容 C_{C1}、C_{C2}继续同时与电感 L_1、L_2谐振。如果忽略阶段 2 的持续时间，则本阶段吸收电容 C_{C1}、C_{C2}的电压以及电感 L_1、L_2的电流表达式为

$$\begin{cases} U_{Cc1/Cc2}(t)=\dfrac{nU_o}{2}\cos\dfrac{t-t_1}{\sqrt{L_1C_{C1}}} \\ i_{L1/L2}(t)=\dfrac{nU_o}{2}\sqrt{\dfrac{C_{C1}}{L_1}}\sin\dfrac{t-t_1}{\sqrt{L_1C_{C1}}} \end{cases} \tag{5.43}$$

到 t_2时刻，$U_{Cc1}=U_{Cc2}=0$，吸收电容 C_{C1}、C_{C2}上的能量全部转移至电感 L_1、L_2上。本阶段的持续时间为

$$t_{12}=\frac{\pi}{2}\sqrt{L_1C_{C1}} \tag{5.44}$$

阶段 4（$t_2 \sim t_3$）：本阶段各开关管的导通状态保持不变，三相升压电感电流 i_{La}、i_{Lb}、i_{Lc} 继续线性上升，负载电流仍由输出滤波电容放电提供。由于吸收电容 C_{C1}、C_{C2} 电压已经下降为零，因此二极管 D_C 导通，电感 L_1、L_2 串联，并通过 D_{L1}、S_1、S_2、D_{L2} 以及 D_C 续流。

阶段 5（$t_3 \sim t_4$）：t_3 时刻关断开关管 S_2，同时导通开关管 S_4，S_4 为零电压导通。三相升压电感 L_a、L_b、L_c 与电感 L_1、L_2 共同对吸收电容 C_{C1}、C_{C2} 和寄生电容 C_{S2}、C_{S3} 充电，由于 C_{S2} 电压是逐渐上升的，因此 S_2 为零电压关断。由于升压电感的电感量很大，在短暂的充电时间内可以认为充电电流保持不变。本阶段负载电流仍然仅由输出滤波电容放电提供。t_3 时刻之后，吸收电容 C_{C1}、C_{C2} 和寄生电容 C_{S2}、C_{S3} 的电压表达式为

$$U_{CS2/CS3}(t)=\frac{I_{L1\text{-peak}}-I_{Lb\text{-peak}}}{C_{S2}+C_{S3}+C_{C1}/2}(t-t_3) \tag{5.45}$$

$$U_{Cc1/Cc2}(t)=\frac{1}{2}\frac{I_{L1\text{-peak}}-I_{Lb\text{-peak}}}{C_{S2}+C_{S3}+C_{C1}/2}(t-t_3) \tag{5.46}$$

式中，$I_{L1\text{-peak}}$ 为电感 L_1 于一个谐振周期内的最大值，其表达式为

$$I_{L1\text{-peak}}=\frac{nU_o}{2}\sqrt{\frac{C_{C1}}{L_1}} \tag{5.47}$$

到 t_4 时刻，C_{C1}、C_{C2}、C_{S2}、C_{S3} 充电完毕，有 $U_{CS1}=U_{CS4}=0$，$U_{CS2}=U_{CS3}=nU_o$，$U_{Cc1}=U_{Cc2}=nU_o/2$。本阶段的持续时间为

$$t_{34}=\frac{nU_o(C_{S2}+C_{S3}+C_{C1}/2)}{I_{L1\text{-peak}}-I_{Lb\text{-peak}}} \tag{5.48}$$

阶段 6（$t_4 \sim t_5$）：本阶段各开关管的开关状态保持不变，升压电感 L_a、L_b、L_c 与电感 L_1、L_2 的电流移至开关管 S_1、S_4 以及变压器原边绕组所构成的回路中。三相输入电源、升压电感以及电感 L_1、L_2 共同向负载供电，电感电流 i_{La}、i_{Lb}、i_{Lc}、i_{L1}、i_{L2} 开始下降。此期间，电感电流 i_{L1}、i_{L2} 的表达式为

$$i_{L1/L2}(t)=I_{L1\text{-peak}}-\frac{nU_o}{2L_1}(t-t_4) \tag{5.49}$$

到 t_5 时刻，电感电流 i_{L1}、i_{L2} 下降为零，本阶段的持续时间为

$$t_{45}=\sqrt{L_1C_{C1}} \tag{5.50}$$

阶段 7（$t_5 \sim t_6$）：本阶段各开关管的开关状态保持不变，三相升压电感电流 i_{La}、i_{Lb}、i_{Lc} 继续下降。到 t_6 时刻，A 相升压电感电流 i_{La} 下降为零。

阶段 8（$t_6 \sim t_7$）：本阶段各开关管的开关状态保持不变。升压电感电流 i_{Lb}、i_{Lc} 继续下降。到 t_7 时刻，i_{Lb} 与 i_{Lc} 下降为零，变压器原边电流也下降为零。

阶段 9（$t_7 \sim t_8$）：本阶段各开关管的开关状态保持不变，本阶段的等效电路与阶段 1 相同。变压器原边电路的各支路电流都为零，负载电流由输出滤波电容放电单独提供。

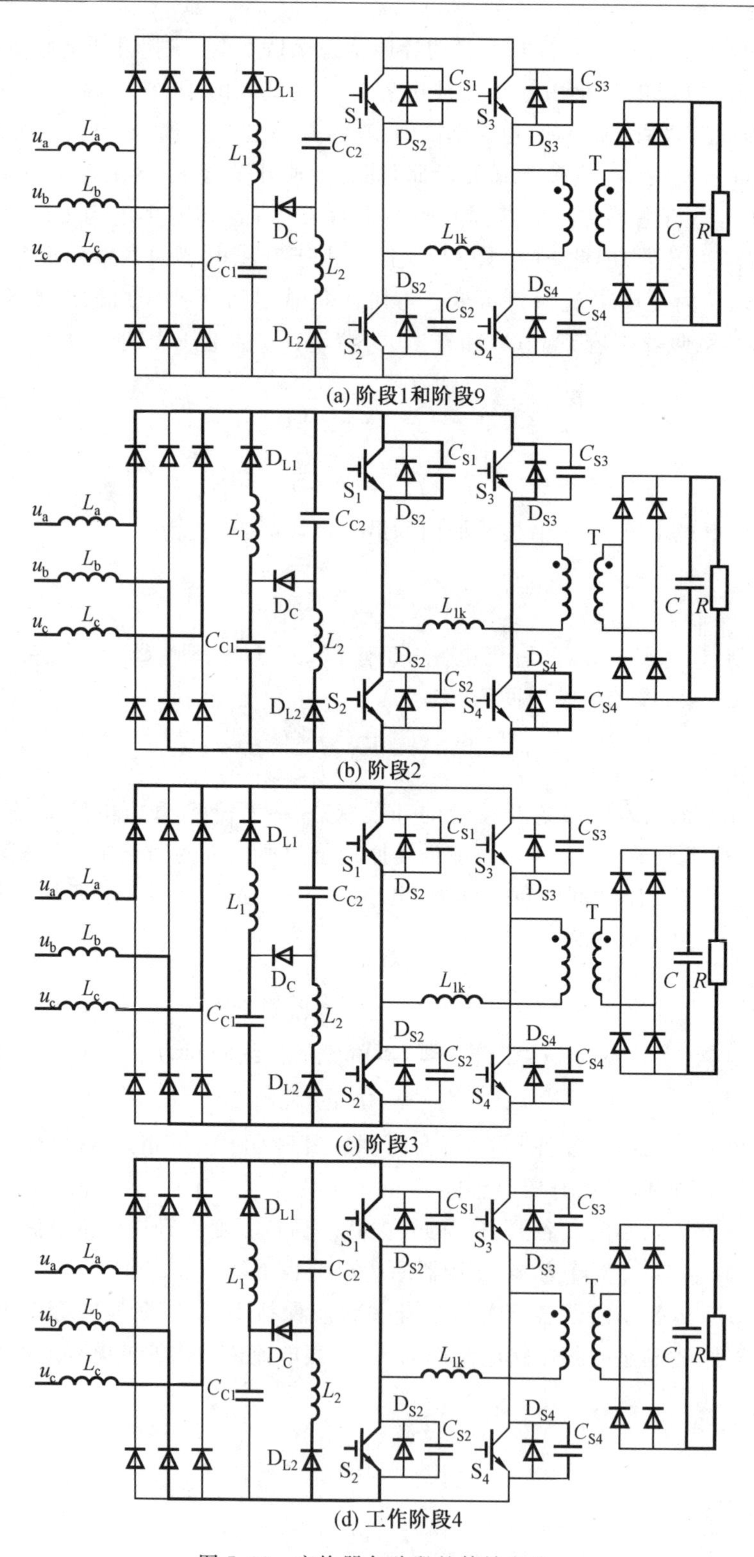

(a) 阶段1和阶段9

(b) 阶段2

(c) 阶段3

(d) 工作阶段4

图 5.33　变换器各阶段的等效电路

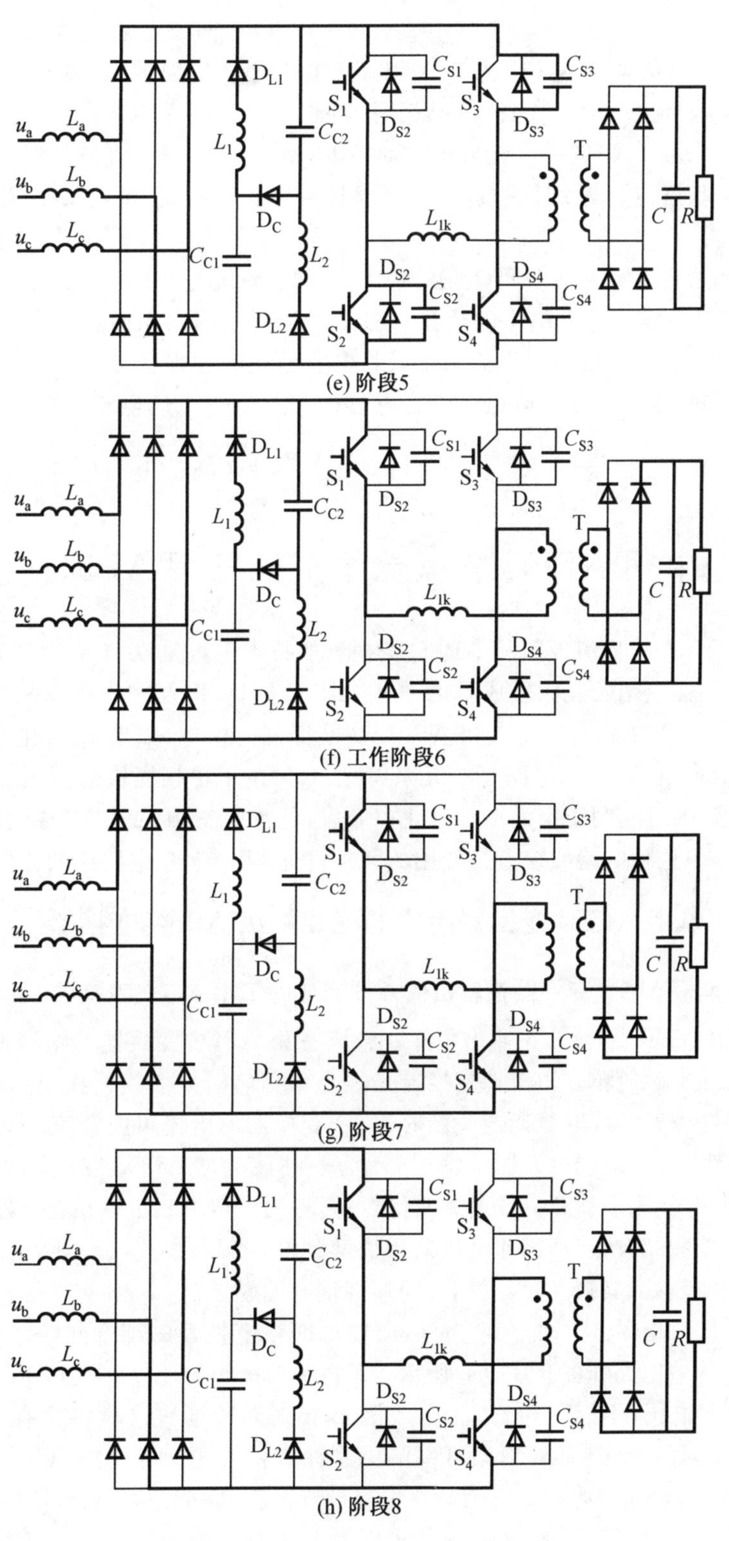

(e) 阶段5

(f) 工作阶段6

(g) 阶段7

(h) 阶段8

续图 5.33

以上分析是在假设A、B、C三相中最小的一相电压，即u_a足够大的情况下进行的，此时认为电感L_1、L_2的电流i_{L1}、i_{L2}先于A相升压电感电流i_{La}回零；如果u_a很小，则i_{La}将先于i_{L1}、i_{L2}回零，其他过程与前一种情况相同，因此这里不再详述。在t_0～t_8时间段内，三相升压电感L_a、L_b、L_c完成一次充放电，t_8时刻以后，L_a、L_b、L_c又将进行下一轮充放电，各阶段中的开关状态与t_0～t_8时间段内各阶段相似，其中S_1与S_3、S_2与S_4的开关状态调换，这里不再叙述。

在桥臂开关管对臂导通期间，电感L_1、L_2中的能量先分别向C_{C2}、C_{C1}转移，再向变换器负载传递。为了避免L_1、L_2中的能量在各个谐振周期内累积而造成电感饱和，则在每个谐振周期内电感电流必须回零。由于吸收电容的充电过程有三相升压电感参与，因此该过程相对很短，如果忽略吸收电容的充电过程，为了使L_1、L_2电流回零，必须满足

$$I_{L1\text{-peak}}=\frac{nU_o}{2}\sqrt{\frac{C_{C1}}{L_1}}\leqslant\frac{nU_o}{2L_1}(1-D_{max})T\Rightarrow L_1C_{C1}\leqslant(1-D_{max})^2T^2 \tag{5.51}$$

5.5 单相APFC变换器组成的三相APFC变换器

单相APFC变换器组成三相APFC变换器的技术优势是：(1) 无须研究新的拓扑和控制方式，可直接应用发展比较成熟的单相APFC拓扑，以及相应的单相APFC控制芯片和控制方法；(2) 电路由多个单相APFC变换器同时供电，如果某一相出现故障，其余两相仍能继续向负载供电，电路具有冗余特性；(3) 由于单相模块的使用，因此需要更少的维护和维修，而且有利于产品的标准化；(4) 与基本的三相APFC变换器相比，不需要高压器件等。但这种电路的缺点是使用的元器件通常比较多，电路结构比较复杂。

5.5.1 单相APFC变换器组成的三相两级APFC变换器

1. 三个单相APFC变换器在输出侧并联组成的三相APFC变换器

三个单相APFC变换器在输出侧并联组成三相APFC变换器的结构框图如图5.34所示，此结构相对较简单。由于该变换器是三个单相APFC变换器在输出侧直接并联而成的，因此当功率开关同时导通或关断时，一个变换器的电流可能会流入另一个变换器，即各相之间存在一定的耦合。图5.35所示为一种该类型APFC变换器的拓扑，该变换器采用CCM，并使用了软开关技术。其优点是，输出电容由三个单相变换器共享，在平衡状态，其上的低频纹波很小，因此可以采用快速的电压调节方式，而不会引起输入电流的畸变，动态性能较好；其缺点是，三相之间存在耦合问题。

现以A、B两相($u_a>0$，$u_b<0$)为例，简要说明该变换器的耦合问题。当两相的开关管都导通时，等效电路如图5.36 (a)所示。B相中二极管D_6和D_7导通，B点电压等于u_b，使D_4承受反向电压，不能导通，A相电流沿B相通路流通。这时将原有的续流二极管(D_{a1}和D_{b1})分为两个(图5.35)，则可以解决这种耦合问题。当两相的开关管都截止时，等效电路如图5.36 (b)所示。仍是B相中二极管D_6和D_7导通，B点电压等于u_b，使A相中的D_4和D_{a1}承受反压，不能导通，A相电流沿B相通路流通。为此，将输入电感分成两个(图5.35)，则可以解决这种耦合问题。但对电路的进一步分析可知，将电感分成两个

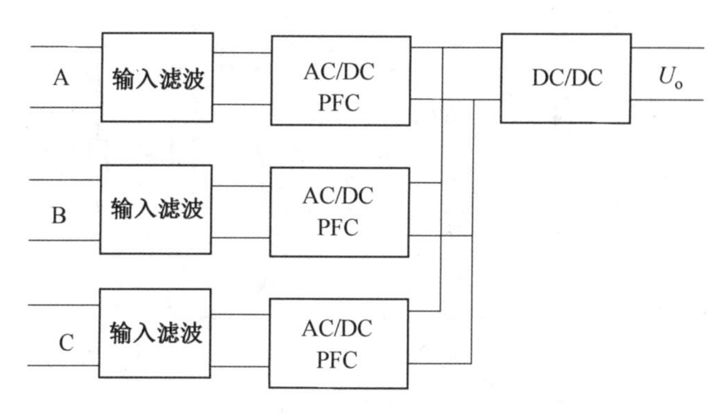

图 5.34　三个单相 APFC 变换器在输出侧并联组成三相 APFC 变换器的结构框图

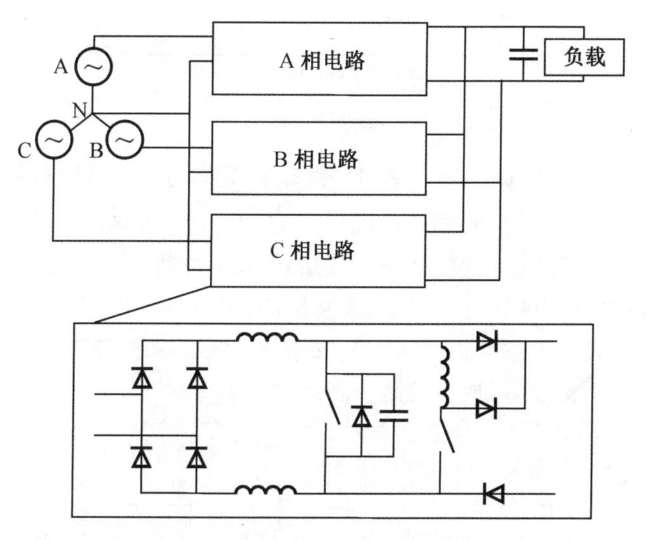

图 5.35　三个单相 APFC 变换器组成的带 ZVT 辅助电路的三相 APFC 变换器

并不能从根本上解决开关截止时的相间耦合问题。加入电感并不能保证 D_4 和 D_{a1} 不被反向偏置,只是改善了耦合状况。因而电流的畸变还是比单相的严重,THD 仍然较大。

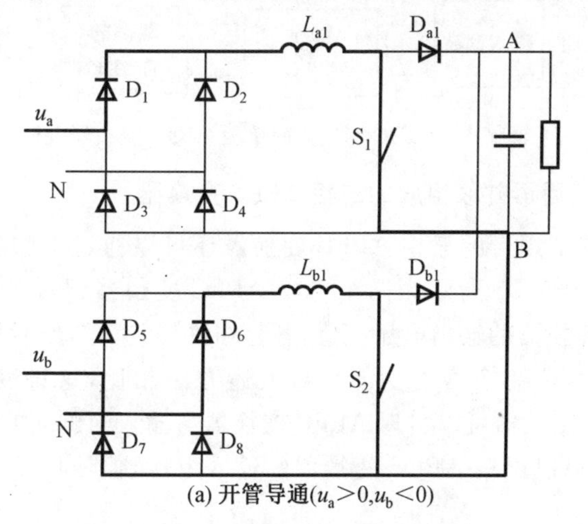

图 5.36　变换器的相间耦合分析图

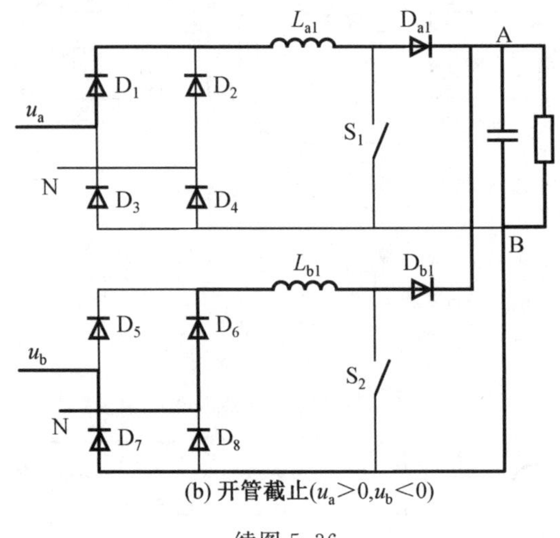

(b) 开管截止($u_a>0,u_b<0$)

续图 5.36

2. 带隔离 DC/DC 变换器的单相 APFC 变换器组成的三相 APFC 变换器

每个单相 APFC 变换器后跟随一个隔离型 DC/DC 变换器，DC/DC 变换器输出端并联起来，形成一个直流回路后向负载供电，其结构框图如图 5.37 所示。此类变换器可以采用三相三线制接法，也可以采用三相四线制接法，很灵活且很简单。但该类变换器由三个完全独立的单相 APFC 变换器及 DC/DC 变换器组成，由于需三个外加隔离的 DC/DC 变换器，因此用的器件比较多，成本较高。

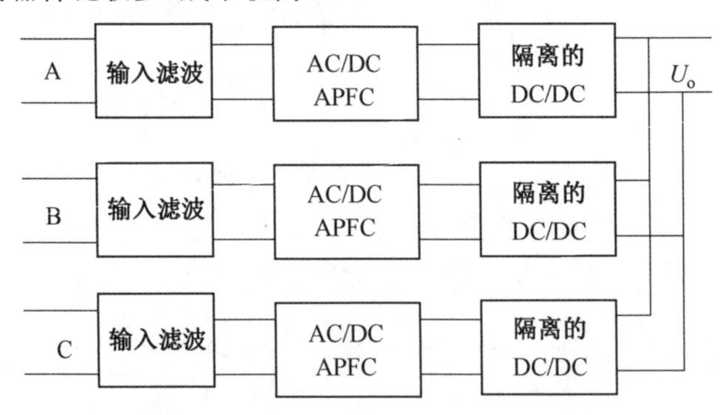

图 5.37　三个带隔离 DC/DC 变换器的单相 APFC 变换器并联的结构框图

3. 三相变成两相后再并联组成的三相 APFC 变换器

单相 APFC 变换器组合的三相 APFC 变换器还可以通过工频变压器把三相电压变换成两个单相电压，图 5.38 所示为两个单相 APFC 变换器组成的三相 APFC 变换器。这两个单相 APFC 变换器的输出电压幅值相同，相位相差 90°，然后用两个单相 APFC 变换器来实现三相 APFC 变换器的功能。与上述方法相比，这种变换器少用一个单相 APFC 变换器模块。变压器可以实现 APFC 变换器与输入网侧间的隔离作用。而且通过变压器变比的设计，可以调整 APFC 变换器的输入电压，但使用工频变压器增大了系统的体积和质量。

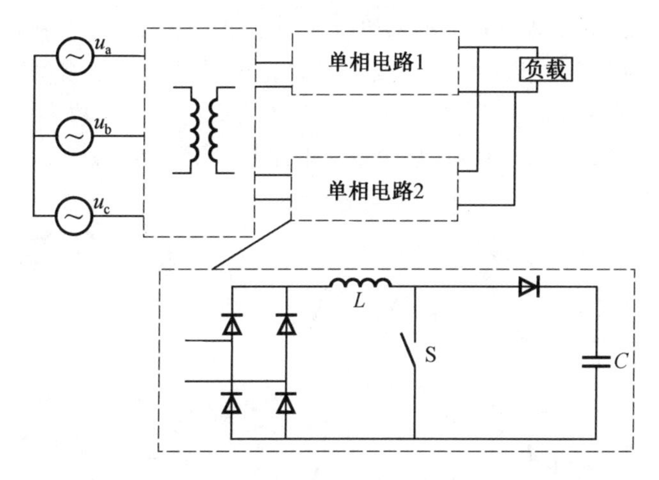

图 5.38　两个单相 APFC 变换器组成的三相 APFC 变换器

三相到两相变压器的两种绕法如图 5.39 所示。在绕法 1 中，$N_2=\frac{2}{\sqrt{3}}N_1$（$N_1$、$N_2$为变压器相应线圈的匝数），变压器的输入、输出电压矢量如图 5.39 (a)中下图所示。在绕法 2 中，$N_1=\sqrt{3}N_2$，$x=\frac{N_1}{3}=\frac{N_2}{\sqrt{3}}$，电压$U_{S1}$、$U_{S2}$的矢量如图 5.39 (b)中下图所示。变压器的这两种绕法都能保证输入侧三相电流的平衡。

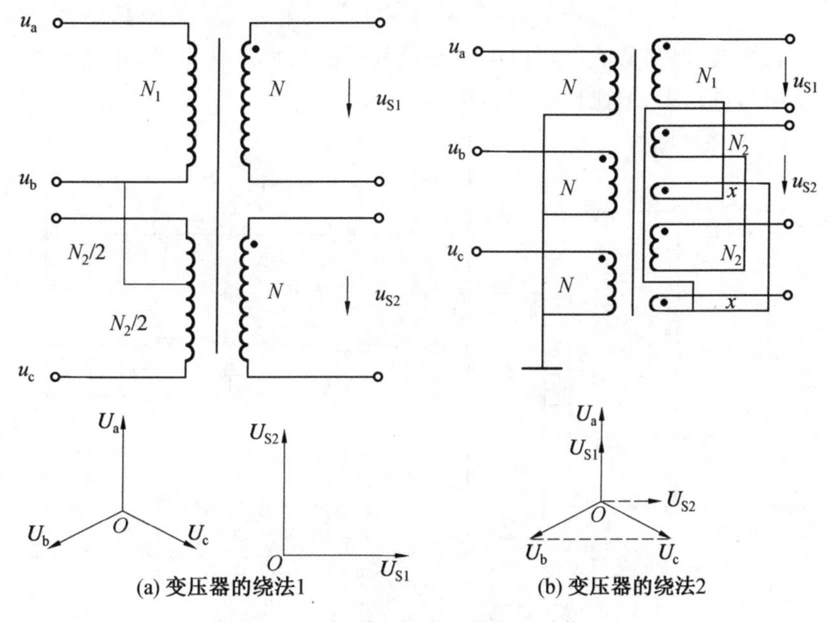

图 5.39　三相到两相变压器的两种绕法

5.5.2　单相 APFC 变换器组成的三相单级 APFC 变换器

与传统的三相两级 APFC 变换器一样，由单相单级 APFC 变换器组合构成的三相单级 APFC 变换器也具有可直接利用发展比较成熟的单相单级 APFC 技术的优势。下面介绍几种典型的单相单级 APFC 变换器组合成的三相单级 APFC 变换器。

图 5.40 所示为三个单相全桥型单级 APFC 变换器组成的三相单级 APFC 变换器。该变换器的特点是控制比较简单，相对于其他变换器更适合于大功率场合的应用。但是由于隔离变压器反射电压的影响，这种全桥型电路相对于反激电路有更高的电流失真。

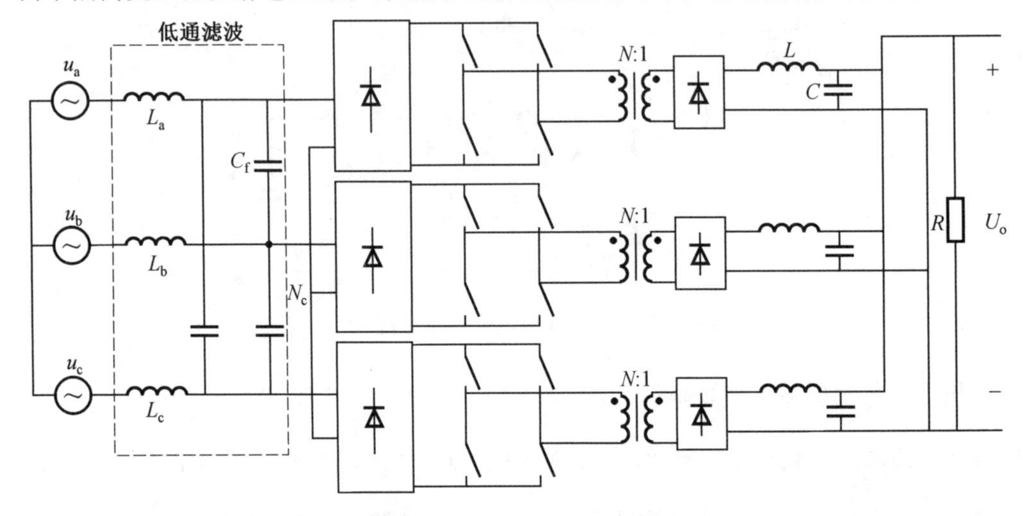

图 5.40　三个单相全桥型单级 APFC 变换器组成的三相单级 APFC 变换器

图 5.41 所示为三个单相 Buck 变换器组成的三相单级 APFC 变换器。该变换器的结构比较简单，与全桥型电路相似，由于隔离变压器反射电压的影响其相对于反激电路也有较大的电流失真，但其谐波仍可以限定在比较低的水平。另外，其可实现的功率等级的大小不如全桥型电路大，但比反激电路要大。

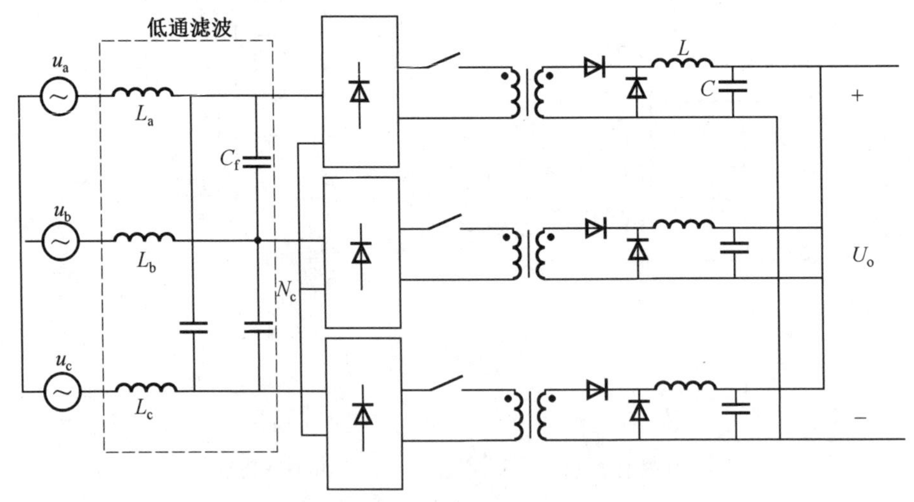

图 5.41　三个单相 Buck 变换器组成的三相单级 APFC 变换器

图 5.42 所示为三个单相反激(Flyback)变换器组成的三相单级 APFC 变换器。该变换器有比较接近正弦的相电流，而且功率因数也更接近于单位功率因数。由于其拓扑结构本身的特点，因此该变换器的功率不容易做大。

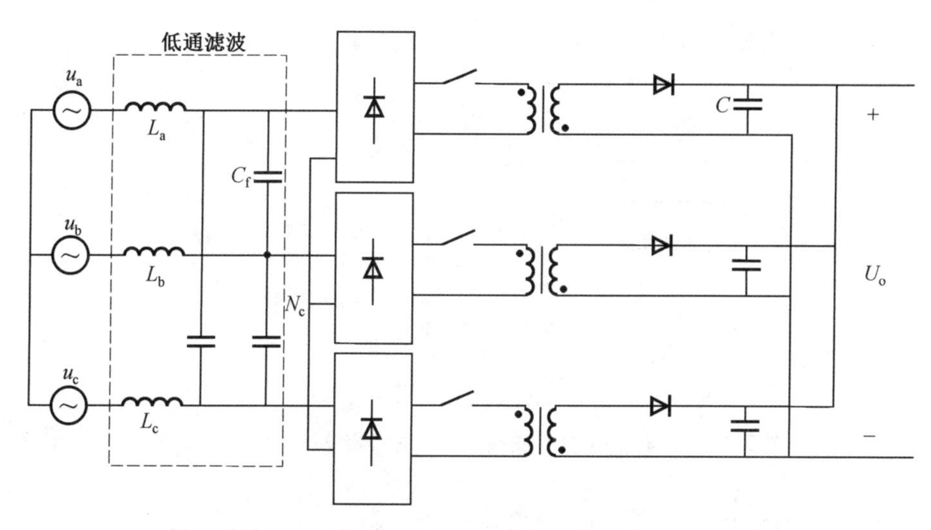

图 5.42　三个单相反激变换器组成的三相单级 APFC 变换器

图 5.43 所示为三个单相隔离式 SEPIC 变换器(SEPIC 变换器是一种既能升压又能降压的变换器)组成的三相单级 APFC 变换器。在该变换器中,三个隔离式 SEPIC 变换器工作在断续导通模式下,采用电压型控制,不需要电流传感器及电流控制环,控制非常简单;隔离式 SEPIC 电路的输入侧与 Boost 电路相类似,具有 Boost 变换器的优点,而输出侧与反激电路相类似,所以既有输入侧电流容易控制,又有输入侧输出侧电气隔离的优点。但该组合式三相单级 APFC 变换器与图 5.42 所示的反激 APFC 变换器类似,也存在变压器单端励磁、电压应力高、THD 较大等问题,因此多用于中小功率场合。

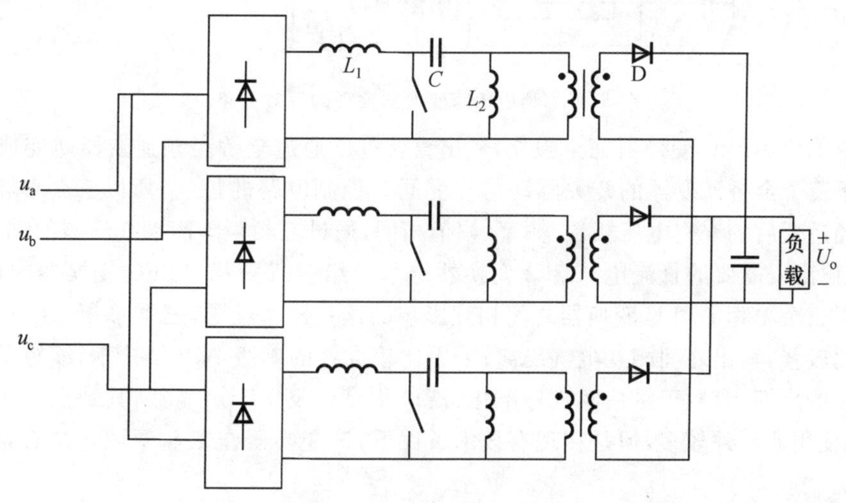

图 5.43　三个单相隔离式 SEPIC 变换器组成的三相单级 APFC 变换器

图 5.44 所示为矩阵式 DC/DC 变换器组成的三相单级 APFC 变换器。该变换器与前面所介绍的三相组合式 APFC 变换器极其相似,不同点在于,其三个单相 APFC 变换器的输出并不是直接将三个单相直流输出电压并联,而是通过高频矩阵式功率变换器,使三个单相 APFC 变换器的直流输出耦合成一路直流输出。该变换器的关键在于引入了

矩阵变压器技术，充分利用了矩阵变压器磁耦合原理，其等效电路如图 5.45 所示。

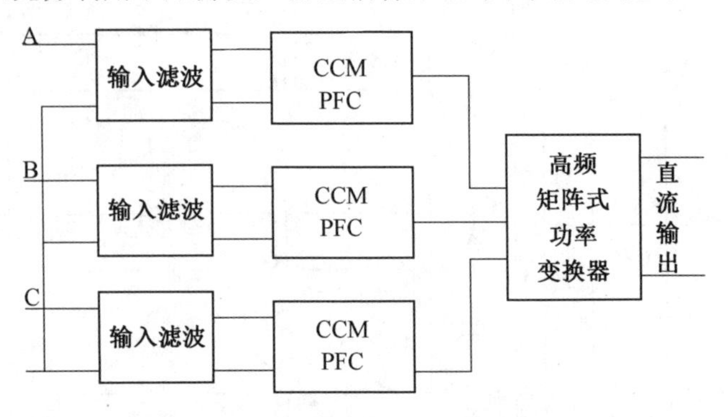

图 5.44　矩阵式 DC/DC 变换器组成的三相单级 APFC 变换器

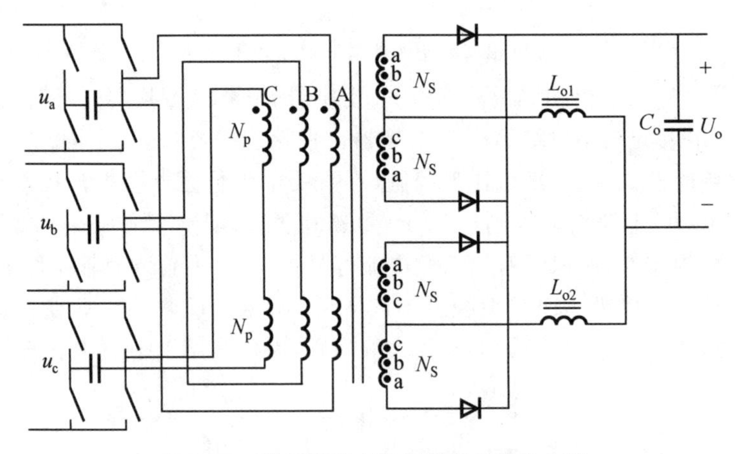

图 5.45　利用矩阵变换器实现的等效电路

三个单相 APFC 变换器完全独立，输出直流电压通过全桥高频逆变器逆变成交变电压。由于三个全桥逆变器的开关驱动信号受同一控制电路的控制，所以三个单相 APFC 变换器经逆变后的交变电压相位、频率、幅值相同，通过三相矩阵高频变压器的耦合、变压及隔离，输出所需要的直流电压。该变换器继承了组合式三相 APFC 变换器的优点，同时解决了三个单相 APFC 变换器之间相互影响的这一技术难题，三个单相 APFC 变换器独立性比较强，输出之间相互电气隔离；采用比较成熟的单级 APFC 技术，缩短了产品研究与开发的周期，有利于尽快实现标准化、模块化设计及生产。显然，其缺点也和前述电路一样，使用元器件较多，但是在现有技术条件下，该变换器在工业领域还是有着广泛应用前景的。

第 6 章　APFC 变换器中的典型磁性器件与设计

磁性器件(主要是电感和变压器)是各种功率变换器中的重要功能元件,主要实现能量的存储与转换、滤波和电气隔离等功能。磁性器件设计的好坏直接影响功率变换器的体积、质量、损耗及 EMI 等方面的特性。据统计,在典型的开关电源中,磁性器件的质量一般占总质量的 30%～40%,体积占总体积的 20%～30%,对于高频工作、模块化设计的电源,磁性器件的体积、质量所占比例是限制模块高度的主要因素。另外,磁性器件还是影响电源输出动态性能和输出纹波的一个重要因素。

APFC 变换器是交流供电的功率变换器实现 AC/DC 转换的常见方式,可在实现 AC/DC 转换的同时实现功率因数校正。APFC 变换器中的电感(典型的单相 Boost 型 APFC 变换器中有一个、三相 Boost 型 APFC 变换器中有三个),除了影响变换器的体积、质量等方面的特性外,还是影响功率因数校正效果的重要因素。因此,在 APFC 变换器中,关于磁性器件的分析与设计更加重要。

6.1　磁性材料与磁芯结构

6.1.1　常用的磁性材料

磁性材料按矫顽力(H_C)的大小可以分为硬磁材料和软磁材料两种。如果一种磁性材料的磁滞回线很宽,需要很大的磁场强度才能将其磁化到饱和,同时也需要很大的反向磁场强度才能将材料中的磁感应强度降为零(即 H_C 较大),则称为硬磁材料;反之则称为软磁材料。硬磁材料通常用来作为永磁材料使用,而软磁材料通常用来作为导磁材料使用,因此开关电源中磁性器件主要应用的是软磁材料。

由于软磁材料应用范围较广,通常要根据不同的工作条件对其提出不同的要求,在开关电源中,对软磁材料的要求基本上可归纳为以下四点。

(1)磁导率高,在较低的磁场强度(对应较小的励磁电流)下,就可以得到较高的磁感应强度值。

(2)矫顽力小,磁滞回线窄,磁滞损耗小。

(3)电阻率高,涡流损耗小。

(4)饱和磁感应强度高,较小的磁芯截面积就可以通过较大的磁通,磁性器件体积小。

常用的软磁材料主要有硅钢片、软磁铁氧体、铁镍合金、非晶态合金、磁粉芯等,它们的特点如下所述。

1. 硅钢片

在电工纯铁中加入少量硅，形成固溶体，可提高合金的电阻率，减少材料的涡流损耗。并且随着电工纯铁中含硅量的增加，材料的磁滞损耗降低，在弱磁场和中等磁场下，材料的磁导率增加。

硅钢片通常也称为电工钢片，随着材料内硅含量的增加，其加工性能变差，其中硅质量的最高限值为占硅钢制品的 5%。在低频场合，硅钢片是最广泛应用的软磁材料。硅钢片的特点是饱和磁感应强度高，价格低廉，硅钢片材料的磁芯损耗取决于带料的厚度和含硅量，含硅量越高，材料的电阻率越大，则损耗越小。硅钢片的制造工艺分为冷轧和热轧两种，它们以结晶温度为区分点。冷轧一般用于生产带料，轧速高，可避免摩擦带来的温度升高，冷轧硅钢沿着碾轧方向的磁感应强度值大，损耗小，具有各向异性，加工难度大的特点；热轧硅钢沿着碾轧方向的磁感应强度值小，损耗大，具有各向同性，加工容易的特点。

2. 软磁铁氧体

软磁铁氧体简称铁氧体，是深灰色或者黑色的陶瓷材料，质地既硬又脆，化学稳定性好。铁氧体是由铁、锰、镁、锌等的金属氧化物粉末模压成型，并经过高温烧结而成。铁氧体磁芯根据不同的原料配比和烧结工艺，可以获得不同的性能，如电阻率、初始磁导率、饱和磁感应强度、居里温度、磁感应强度的温度特性、损耗的温度特性和剩磁特性等。

铁氧体是应用最多的软磁材料，它可以应用于各种功率变压器、滤波电感及电流互感器等磁性器件，其特点是电阻率高，高频损耗小，饱和磁感应强度较低，温度稳定性较差。铁氧体软磁材料主要有镍锌(NiZn)铁氧体和锰锌(MnZn)铁氧体两类。其中，镍锌铁氧体具有更高的电阻率，为 $10^4 \sim 10^6\ \Omega \cdot m$，因此适合工作在 1 MHz 以上的高频场合，镍锌铁氧体的初始磁导率比较低，在 25 ℃时的测试值为 80～1 200 H/m，它的饱和磁感应强度一般为 0.3～0.4 T；与之相比，锰锌铁氧体的电阻率相对较低，大多数磁芯的电阻率为 0.5～5 Ω·m，因此通常工作于开关频率在 1 MHz 以下的场合，锰锌铁氧体具有较高的磁导率，在 25 ℃时测试的最大值可达 1 800 H/m，锰锌铁氧体的饱和磁感应强度一般为 0.3～0.5 T。

3. 铁镍合金

铁镍合金又称为坡莫合金或皮莫合金，铁镍合金的镍含量一般为 30%～80%。铁镍合金是一种具有极高初始磁导率(超过 100 000 H/m)、极低矫顽力(小于 0.002 Oe (1 Oe=79.6 A/m))及磁化曲线高矩形比的软磁材料。铁镍合金的磁性能可以通过改变成分和热处理工艺等进行调节，因此可用作弱磁场下具有很高磁导率的磁芯材料和磁屏蔽材料，也可用作要求低剩磁和恒定磁导率的脉冲变压器材料，还可以用作热磁合金和磁滞伸缩合金等。

虽然铁镍合金具有优良的磁特性，但是由于其电阻率比较低，磁导率又特别高，很难在很高频率的场合下应用。另外，铁镍合金价格比较昂贵，一般的机械应力对其磁性能影响显著，因此通常卷绕成环状，并装在非磁的保护壳内。由于铁镍合金的居里温度高，体积要求严格且温度范围宽，因此其在军工产品中获得了广泛的应用。

4. 非晶态合金

非晶态金属与微晶合金是 20 世纪 70 年代问世的一种新兴材料，其制备技术完全不同于传统的晶态工艺方法，而是采用冷却速度为 10^6℃/s 的超急冷凝固技术，从钢液到薄带成品一次成型。由于采用超急冷凝固，合金凝固时的原子来不及有序排列结晶，得到的固态合金是长程无序结构和短程有序结构，没有晶态合金的晶粒、晶界存在，故称为非晶态合金。这种结构类似于玻璃，因此也称为金属玻璃。

非晶态合金分为铁基、钴基、铁镍基和超微晶合金 4 大类，各类型的磁芯由于成分与配比的不同而具有不同的特点，应用场合也不相同。

铁基非晶合金的主要元素是铁、硅、硼、碳、磷等，其特点是磁性强(饱和磁感应强度为 1.4～1.7 T)，磁导率、激磁电流和磁芯损耗等软磁性能优于硅钢片，价格便宜，最适合替代硅钢片，特别是铁损低(为取向硅钢片的 1/5～1/3)，如果代替硅钢片做配电变压器，可降低损耗 60%～70%。铁基非晶合金的带材料厚度为 0.03 mm，可广泛应用于中、低频(10 kHz 以下)变压器的磁芯，如配电变压器、中频变压器、大功率电感、电抗器等。

钴基非晶合金主要由钴、硅、硼等元素组成，由于含有钴，因此其价格很贵。钴基非晶合金的磁性较弱(饱和磁感应强度一般为 0.5～0.8 T)，但磁导率极高，矫顽力极低，高频下磁芯损耗在前三类非晶态合金中最低，适用于几十到几百千赫兹的工作频率。另外，钴基非晶合金的饱和磁致伸缩系数接近零，受到机械应力后磁化曲线几乎不发生变化。钴基非晶合金通常应用于双极性磁化的小功率变压器，以及磁放大器磁芯和尖峰抑制磁珠，大量应用于高精密电流互感器。一般在要求严格的军工电源或高端民用电源的变压器和电感中，可替代铁镍合金和铁氧体。

铁镍基非晶合金主要由铁、镍、硅、硼、磷等元素组成，其参数介于铁基和钴基非晶合金之间，具有中等饱和磁感应强度(0.7～1.2 T)、较低的磁芯损耗和很高的磁导率，并且经过磁场退火后可得到很好的矩形磁滞回线。在低损耗和高机械强度方面，铁镍基非晶合金远比晶态合金(如硅钢片和铁镍合金)优越。铁镍基非晶合金是开发最早、用量最大的非晶合金，可以替代硅钢片或铁镍合金，用于漏电开关、精密电流互感器磁芯和磁屏蔽等领域。

超微晶合金(铁基纳米晶合金)主要由铁、硅、硼和少量的铜、钼、铌等元素组成，其中铜和铌是获得纳米晶结构必不可少的元素。超微晶合金几乎综合了所有非晶合金的优异性能：高初始磁导率(10^5 H/m)、高饱和磁感应强度(1.2 T)、低损耗及良好的温度稳定性。超微晶合金的磁芯损耗接近钴基非晶合金，明显小于铁基非晶合金，饱和磁感应强度比钴基非晶合金高得多，温度稳定性与铁镍合金相当。在 20 kHz 以上，数百千赫兹以下的应用场合，超微晶合金是其他软磁材料最有力的竞争者，是工业和民用中高频变压器、互感器、谐振电感等的理想材料，也是铁镍合金和铁氧体的换代产品。

5. 磁粉芯

磁粉芯通常是将磁性材料极细的(直径为 0.5～5 μm)粉末和作为黏结剂的复合物混合在一起，通过模压、固化形成的一般为环状的粉末金属磁芯。由于磁粉芯中存在大量的非磁物质，相当于磁芯中存在许多非磁分布的气隙，磁化时，这些分布的气隙中要存储相当大的能量,因此一般可用这种磁芯作为直流滤波电感和反激变压器的磁芯。

磁粉芯根据含磁性材料粉末的不同分为 4 类,分别是铁粉芯、铁硅铝、坡莫合金磁粉芯和高磁通密度铁镍磁粉芯,各种材料特点如下。

(1)铁粉芯。成分为极细的铁粉和有机材料的黏合,相对磁导率为 10～75,成本低,磁芯损耗很大,材料很软,甚至可以用刀片在磁芯上切开缺口。

(2)铁硅铝。合金组成成分为铝 6%、硅 9%和铁 85%,损耗较低,材质硬,相对磁导率为 26～125。

(3)坡莫合金磁粉芯。合金粉末成分为钼 2%、镍 81%和铁 17%,因镍含量高,所以价格昂贵,在所有磁粉芯中,损耗最低,饱和磁感应强度最低,温度稳定性最好,相对磁导率为 14～550。

(4)高磁通密度铁镍磁粉芯。合金粉末由镍和铁各 50%组成,因为镍成本高,所以比铁粉芯和铁硅铝贵,饱和磁感应强度是所有磁粉芯中最高的,可达 0.8 T,磁芯损耗高于铁硅铝,低于铁粉芯,相对磁导率为 14～200。

在各种高频功率变换器中,因铁粉芯损耗最大而很少应用。铁硅铝较好,坡莫合金最好,但价格最高。在滤波电感或连续导通模式反激变压器中,如果磁通摆幅足够小,允许损耗低到可接受的情况下,可以使用这些复合材料磁芯。铁镍和坡莫合金磁粉芯的价格较高,一般用于军工或重要的储能元件中。但应当注意到磁粉芯的磁导率随着磁芯的磁场强度变化较大,如果这种电感量的变化对电源系统造成较大影响时,应当慎用。在开关电源中磁粉芯常用于 EMI 滤波电感。

绝大多数的软磁材料都是在交变磁场下工作的,在选用软磁材料时主要考虑的因素是其最大工作磁感应强度、磁导率、损耗大小、工作环境及材料的价格等。与铁氧体材料相比,钴基非晶合金和铁基微晶合金具有更高的饱和磁感应强度和相对较高的损耗,以及高的居里温度和温度稳定性,但价格比较贵,同时磁芯规格也不十分完善,因此特别适宜用在大功率或耐受高温和冲击的场合。磁粉芯一般比铁氧体有更高的饱和磁感应强度,采用磁粉芯的电感比铁氧体电感的磁芯体积小,但在 100 kHz 以上应用时,由于损耗较大,因此很少应用。铁氧体价格低廉,材质和磁芯规格齐全,最高工作频率可超过 1 MHz,但材质脆,不耐冲击,温度性能差,因此适用于 10 kW 以下的任何功率变换器。

6.1.2 常用的磁芯结构

传统的高频磁芯结构形式有很多种,经常使用的高频磁芯典型结构主要有环形磁芯、E 形磁芯、罐形磁芯和 U 形磁芯等。

1. 环形磁芯

图 6.1 所示为环形磁芯外形图。环形磁芯具有圆周形的磁路,可以将线圈均匀绕在整个磁芯上,这样线圈宽度本质上就围绕整个磁芯,使得漏感最低,线圈层数最少,杂散磁通和 EMI 扩散都很低。环形磁芯的最大问题是绕线困难,而且在匝数少的情况下很难均匀地将线圈绕在磁芯上。

2. E 形磁芯

图 6.2 所示为 E 形磁芯外形图,其中,EI 形、EE 形和 ETD 形都是 E 形磁芯中比较常

图 6.1　环形磁芯外形图

见的细分。这类磁芯相对于外形尺寸来说具有较大的窗口面积及较大的窗口宽度结构，较大的线圈宽度可以减小线圈的层数，使得交流电阻和漏感值减小。开放式的窗口不存在出线问题，线圈和外界空气接触面积大，有利于空气流通散热，因此可应用于大功率场合，但是电磁干扰较大。这类磁芯存在自然的气隙，做电感时开有气隙可以获得稳定的电感量和储存较大的能量。

当 ETD 形磁芯的中柱圆形截面与 EE 形矩形截面积相同时，圆形截面的每匝线圈长度要比矩形截面的短 11%，即材料费用和电阻都要减少 11%，线圈的温升也要相应地降低。但是 EE 形磁芯的尺寸更加齐全，根据不同的工作频率和磁通摆幅，传输功率范围为 5 W～5 kW。如果将两副 EE 形磁芯合并作为一体，其传输功率可达 10 kW。两副磁芯合并使用时，磁芯的截面积加倍，如果保持磁通摆幅和工作频率不变，绕组匝数将减少一半或者传输功率加倍。

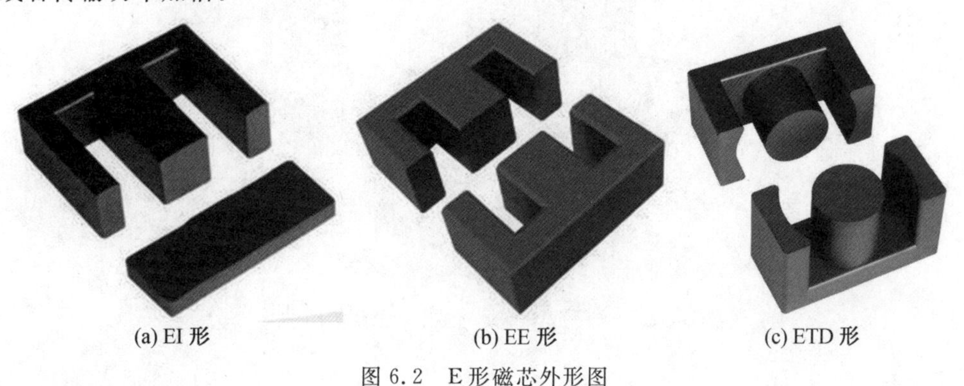

(a) EI 形　(b) EE 形　(c) ETD 形

图 6.2　E 形磁芯外形图

3. 罐形磁芯

图 6.3 所示为典型的罐形磁芯外形图。与 EI 形、EE 形等磁芯相比，罐形磁芯具有更好的磁屏蔽优势，减少了 EMI 的传播，因此可用于电磁兼容要求严格的地方。但是这类磁芯的窗口宽度有限，内部线圈的散热十分困难，一般只适合于小功率场合应用。另外，这类磁芯引出线缺口小，不适宜作为多路输出使用，并且由于出线安全和绝缘处理困难等因素，也不宜用在高压场合。

图 6.3 典型的罐形磁芯外形图

4. U 形磁芯

图 6.4 所示为典型的 U 形磁芯外形图。U 形磁芯一般主要用在高压和大功率场合，很少用在 1 kW 以下场合。这类磁芯具有比 EE 形磁芯更大的窗口面积，因此可以采用更粗的导线和更多的绕组匝数，然而该类磁芯的磁路较长，与 EE 形磁芯相比漏感较大。

图 6.4 典型的 U 形磁芯外形图

6.2 电感及其设计方法

在各类变换器中，电感器件储存的是磁场能量，它是与电容器互为对偶的无源储能元件。带有磁芯的电感器件，其电感量不是常数，而是与磁芯材料的磁导率、绕组的匝数及磁芯的几何尺寸大小有关。电感大致可以分为线性电感和非线性电感两大类，其中线性电感器件的电感量为常数，电感量不随绕组电流的大小而变化，如空心绕组电感；非线性电感器件通常是带磁芯的绕组，其电感量与磁芯的非线性磁特性有关，如自饱和电感器件和可控饱和电感器件。一般情况下，当磁芯有气隙时，可以近似认为是线性电感，而当磁芯无气隙时则认为是非线性电感。

6.2.1　电感的基本公式和磁芯气隙

1. 电感的基本公式

带磁芯的线圈电感值基本计算公式为

$$L=\frac{N\Phi}{i}=\frac{\mu_c N^2 A_c}{l_c} \tag{6.1}$$

式中，N 为绕组线圈的匝数；Φ 为磁芯中的磁通；i 为线圈电流；μ_c 为磁芯材料的磁导率，由磁芯的磁化曲线可以看出，在磁芯的磁化过程中，μ_c 是变化的，通常磁芯材料的磁导率 μ_c 为 $(10\sim10^6)\mu_0$；A_c 为磁芯截面积；l_c 为磁芯磁路的平均长度。

无磁芯线圈（即空心线圈）电感值的基本计算公式为

$$L=\frac{\mu_0 N^2 A_0}{l_0} \tag{6.2}$$

式中，A_0 为空心线圈的等效截面积；l_0 为空心线圈的等效磁路长度。

2. 磁芯气隙

带气隙的环形磁芯如图 6.5 所示，磁芯的励磁安匝数为

$$F_i=H_\delta l_\delta+H_m l_c \tag{6.3}$$

式中，H_δ 为气隙的磁场强度；H_m 为磁芯的磁场强度；l_δ 为气隙的长度；l_c 为磁芯磁路的平均长度。

由于磁感应强度 $B=\mu_0 H_\delta=\mu_c H_m$，因此由式(6.3)可得

$$H_m=\frac{F_i}{l_c}-\frac{Bl_\delta}{\mu_0 l_c} \tag{6.4}$$

式(6.4)在 $B-H$ 平面上为一条直线。

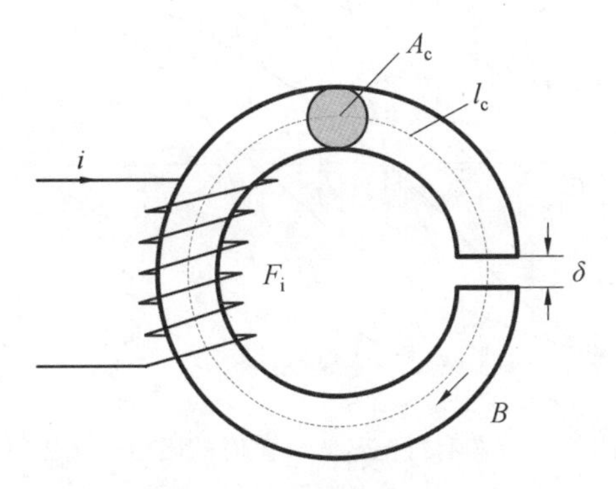

图 6.5　带气隙的环形磁芯

图 6.6 所示为磁芯有气隙和无气隙时的磁滞回线比较。有气隙时磁芯的磁特性具有如下几方面的特点。

(1)磁芯的饱和磁感应强度 B_S 和矫顽力 H_C 不变。

(2)为了产生相同的磁感应强度 B，有气隙的磁芯需要的励磁更大。

(3)有气隙磁芯的剩余磁感应强度 B_r 大幅度下降，甚至接近于零。

(4)有气隙磁芯的等效磁导率会下降，其表达式为

$$\mu_e=\frac{B}{H_e}=\frac{B(l_c+l_\delta)}{H_e(l_c+l_\delta)}=\frac{B(l_c+l_\delta)}{F_i}=\frac{\mu_0\mu_c(l_c+l_\delta)}{\mu_0 l_c+\mu_c l_\delta}\ll\mu_c \tag{6.5}$$

式中，μ_e为有气隙磁芯的等效磁导率；H_e为其平均磁场强度。

当磁芯有气隙时，电感器件电感量的计算式为

$$L=N\frac{\Phi}{i} \tag{6.6}$$

这里磁通 Φ 可以表示为

$$\Phi=\frac{F_i}{R_c+R_\delta} \tag{6.7}$$

式中，R_c、R_δ分别为磁芯的磁阻以及气隙的磁阻，其表达式分别为

$$\begin{cases}R_c=\dfrac{l_c}{\mu_c A_c}\\[2ex] R_\delta=\dfrac{l_\delta}{\mu_0 A_c}\end{cases} \tag{6.8}$$

由此，可以得到

$$L=\frac{N^2}{R_c+R_\delta}=\frac{N^2 A_c}{\dfrac{l_c}{\mu_c}+\dfrac{l_\delta}{\mu_0}} \tag{6.9}$$

当 $l_\delta/\mu_0\gg l_c/\mu_c$时，可以忽略磁芯材料的影响，因此当磁芯有气隙时，电感器件的电感量可以近似地表示为

$$L=\frac{\mu_0 N^2 A_c}{l_\delta} \tag{6.10}$$

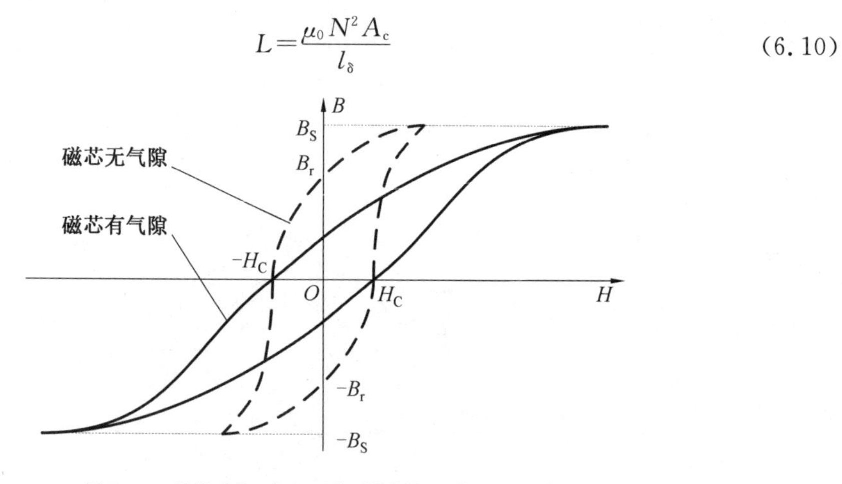

图 6.6 磁芯有气隙和无气隙时的磁滞回线比较

6.2.2 电感的储能及其等效电路模型

1. 电感器件的储能

在磁芯无气隙的情况下，当电感电流由 i_1变化至 i_2时，电感的储能变化可计算为

$$E=\int_{i_1}^{i_2}Li\,\mathrm{d}i \tag{6.11}$$

将式(6.1)代入式(6.11)可得

$$E=\int_{B_1}^{B_2}\frac{BA_c l_c}{\mu_c}\mathrm{d}B=\frac{(\Delta B)^2 V_c}{2\mu_c} \tag{6.12}$$

式中，A_c为电感磁芯的截面积；l_c为电感磁芯磁路的平均长度；V_c为电感磁芯的体积；μ_c为电感磁芯材料的磁导率；$\Delta B=B_2-B_1$，B_1、B_2分别为电感电流变化前、后磁芯的磁感应强度值。

当 $B_1=0$，$B_2=B$ 时，则有

$$E=\frac{B^2 V_c}{2\mu_c} \tag{6.13}$$

而当磁芯有气隙时，电感储能为

$$E=\frac{B^2 V_c}{2\mu_c}+\frac{B^2 V_\delta}{2\mu_0}\approx\frac{B^2 V_\delta}{2\mu_0} \tag{6.14}$$

式中，V_δ为气隙的等效体积。

式(6.12)～(6.14)说明，电感的储能与其绕组的匝数无关。当磁芯有气隙时，由于磁芯的等效磁导率 μ_e下降，其存储磁能 E 上升，这时大部分的磁场能量储存在气隙中。为了产生相同的磁感应强度 B，有气隙时需要更大的励磁安匝数，因而线圈绕组的铜损将增加。

2. 高频电感器件的等效电路模型

APFC 变换器中的电感大都工作在高频状态，而高频时，电感器件中的寄生电容将不容忽视。图 6.7 所示为考虑寄生电容时高频电感的等效电路模型。图中，C 为等效的电感绕组寄生电容值，R_c为表征磁芯损耗的等效电阻，R 为表征线圈绕组铜损的电阻。

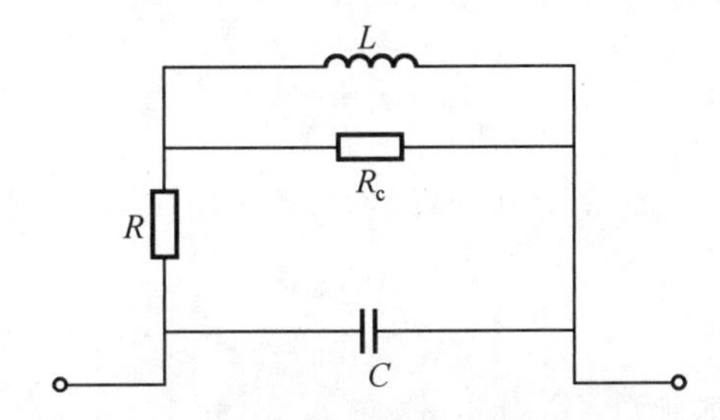

图 6.7　考虑寄生电容时高频电感的等效电路模型

6.2.3　电感的设计方法——面积乘积(AP)法

电感的设计任务通常是在已知电感量、流过电感最大电流的条件下，选择磁芯材料、确定磁芯尺寸，计算磁路中的非磁性气隙、绕组匝数和导线的线径。电感的设计也有面积乘积(AP)法和几何参数(K_G)法两种常用的方法，这里主要介绍 AP 法。

根据法拉第定律，电感有如下关系式：

$$L\frac{\mathrm{d}i}{\mathrm{d}t}=N\frac{\mathrm{d}\Phi}{\mathrm{d}t}=N\frac{\mathrm{d}BA_e}{\mathrm{d}t} \tag{6.15}$$

对式(6.15)进行积分得

$$LI=NBA_e\Rightarrow I=\frac{NBA_e}{L} \tag{6.16}$$

式(6.16)两边均乘绕组匝数 N 得

$$NI=\frac{N^2BA_e}{L} \tag{6.17}$$

根据安培定律,安匝磁动势为

$$F=\oint H\mathrm{d}l_c \Rightarrow NI=Hl_c \tag{6.18}$$

由式(6.17)和式(6.18)可得

$$L=\frac{N^2BA_e}{Hl_c}=\frac{N^2\mu_0\mu_r A_e}{l_c} \tag{6.19}$$

由式(6.16)可得

$$\frac{1}{2}LI^2=\frac{NIBA_e}{2} \tag{6.20}$$

由式(6.18)和式(6.20)可得

$$\frac{1}{2}LI^2=\frac{1}{2}Hl_cBA_e=\frac{1}{2}HBV_c \tag{6.21}$$

式(6.15)～(6.21)描述了电感各种量之间的关系,主要是电磁及其能量与基本参数(如绕组匝数 N、磁路有效截面积 A_e、磁路有效长度 l_c、相对磁导率 μ_r、真空磁导率 μ_0 等)的关系。其中,F 为磁动势,$V_c=A_el_c$ 为磁路的体积。

由式(6.16)可得

$$N=\frac{LI}{BA_e} \tag{6.22}$$

由式(6.22)可得

$$NI=\frac{LI^2}{BA_e} \tag{6.23}$$

考虑电感的有效安匝值是由有效铜窗口面积 K_wA_w 中的电流构成的,有

$$NI=JK_wA_w \tag{6.24}$$

由式(6.23)和式(6.24)可得

$$\mathrm{AP}=A_wA_e=\frac{LI^2}{BJK_w} \tag{6.25}$$

式(6.25)说明,电感磁芯的面积乘积(AP)值与其可以储能的值 LI^2 成正比,与其工作磁感应强度 B、电流密度 J、窗口利用系数 K_w 成反比;在合理的 L、B、J 和 K_w 的选值下,电流 I 会产生合适的温升。因此,可以通过计算 AP 值来设计电感。

绕组电流密度 J 的选取直接影响磁性器件的温升,进而又影响其 AP 值。这里电流密度表示为

$$J=K_j(A_wA_e)^X \tag{6.26}$$

式中,K_j 为电流密度比例系数;X 为由磁芯形状确定的常数。

将式(6.26)代入式(6.25)中可得

$$\mathrm{AP}=\frac{LI^2}{BK_wK_j\mathrm{AP}^X} \tag{6.27}$$

即

$$\mathrm{AP}=\left(\frac{LI^2}{BK_\mathrm{w}K_\mathrm{j}}\right)^{\frac{1}{1+X}} \tag{6.28}$$

式(6.28)中的 B 和 I 的关系可以用图 6.8 来表示，由图可得

$$B=B_\mathrm{dc}+B_\mathrm{ac} \tag{6.29}$$

式(6.29)中的 B_dc 和 B_ac 值可以推证为

$$\begin{cases} B_\mathrm{dc}=\dfrac{0.4\pi NI_\mathrm{dc}}{l_\delta+l_\mathrm{c}/\mu_\mathrm{r}}\times 10^{-4}(\mathrm{T}) \\ B_\mathrm{ac}=\dfrac{0.4\pi N\Delta I/2}{l_\delta+l_\mathrm{c}/\mu_\mathrm{r}}\times 10^{-4}(\mathrm{T}) \end{cases} \tag{6.30}$$

式中，l_δ 是电感磁芯的气隙长度，并考虑 $I=I_\mathrm{dc}+\Delta I/2$。

由式(6.19)、式(6.29)和式(6.30)可得

$$L=\frac{0.4\pi N^2 A_\mathrm{e}}{l_\delta+l_\mathrm{c}/\mu_\mathrm{r}}\times 10^{-8}(\mathrm{H}) \tag{6.31}$$

如果 $l_\delta \gg l_\mathrm{c}/\mu_\mathrm{r}$，即 μ_r 值很大，则式(6.31)可简化为

$$L=\frac{0.4\pi N^2 A_\mathrm{e}}{l_\delta}\times 10^{-8}(\mathrm{H}) \tag{6.32}$$

如果气隙边缘效应不能忽略，则要考虑窗口长度 G 与气隙长度 l_δ 的比值，即磁通边缘效应因素 F，其表达式为

$$F=1+\frac{l_\delta}{\sqrt{A_\mathrm{e}}}\ln\frac{2G}{l_\delta} \tag{6.33}$$

则式(6.32)可修正为

$$L=\frac{0.4\pi N^2 A_\mathrm{e} F}{l_\delta}\times 10^{-8}(\mathrm{H}) \tag{6.34}$$

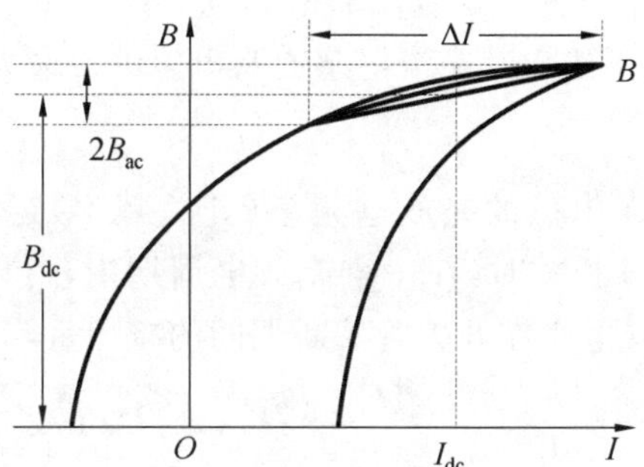

图 6.8　B 和 I 的关系图

6.3　单相 Boost 型 APFC 变换器校正电感设计

Boost 型 APFC 变换器具有结构简单、功率因数高、效率高等优势，是目前单相 APFC 技术广泛采用的方式。单相 Boost 型 APFC 变换器最典型的工作模式有两种：CCM 模式和 DCM 模式。图 6.9 和图 6.10 所示分别为该变换器工作于 CCM 模式和 DCM 模式下的电感电流波形，以及输入电压、电流波形，其中输入电压 $u_\mathrm{i}=U_\mathrm{i}\sin\omega t$，变换

器的占空比为 $D=(t_1-t_0)/T$，T 为开关周期。

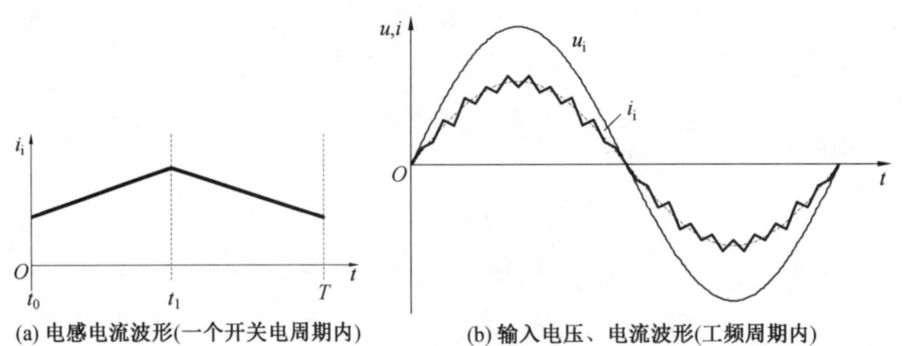

图 6.9　单相 Boost 型 APFC 变换器工作于 CCM 模式下的波形

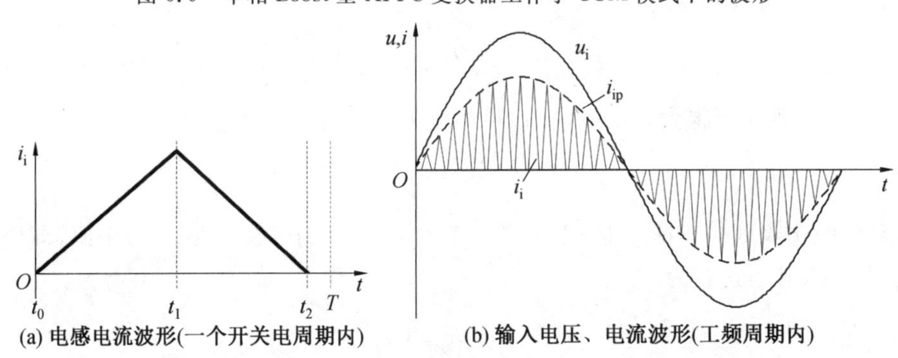

图 6.10　单相 Boost 型 APFC 变换器工作于 DCM 模式下的波形

对于开关电源中的高频功率电感而言，其设计首先要通过对电路的分析、计算，确定其电感值，以及在电路运行过程中流过该电感电流的最大值，再利用 6.2.3 节介绍的面积乘积法来确定所需磁芯的体积。下面结合单相 Boost 型 APFC 变换器的工作原理，分别在 CCM 模式和 DCM 模式下给出其交流电感值及电感电流最大值的计算(估算)方法。

1. CCM 模式

由于 APFC 变换器升压电感的充放电频率(开关频率)远大于输入侧的电网频率。因此，当变换器工作于 CCM 模式时，在一个充放电周期内，可以近似认为升压电感电流在开关管导通期间的增加量等于在开关管关断期间的减少量，有

$$\frac{|u_i|}{L}DT=\frac{U_o-|u_i|}{L}(1-D)T \tag{6.35}$$

式中，U_o 为变换器输出电压。

由式(6.35)可以得到，CCM 模式下单相 Boost 型 APFC 变换器的占空比在整个工频周期内的变化规律为

$$D=1-\frac{|u_i|}{U_o}=1-\frac{U_i}{U_o}|\sin\omega t| \tag{6.36}$$

对于交流输入的 APFC 变换器，通常允许电网电压有一定的变化范围，如输入电压的幅值为 $U_i(1\pm\Delta\%)$。为了使电感在任何时候都能满足设计要求，也即在输入电流最大时不饱和，这里考虑输入电压最低时的情况(功率不变的情况下，输入电压最低时输入电流最大)。这里定义变换器的输入电流为 $i_i=I_i\sin\omega t$，则输入电流的最大幅值为

$$I_{\text{imax}}=\frac{2P_{\text{o}}}{U_{\text{imin}}\eta} \tag{6.37}$$

式中，P_{o} 为输出功率；U_{imin} 为最低输入交流电压的幅值，$U_{\text{imin}}=U_{\text{i}}(1-\Delta\%)$；$\eta$ 为变换器的效率。

在输入电压的波峰（$\omega t=\pi/2$）处，电感电流的波动量为

$$\Delta I_{\text{L}}=\frac{U_{\text{imin}}}{L}\left(1-\frac{U_{\text{imin}}}{U_{\text{o}}}\right)T=\frac{U_{\text{imin}}(U_{\text{o}}-U_{\text{imin}})T}{U_{\text{o}}L} \tag{6.38}$$

在输入电压的波峰（$\omega t=\pi/2$）处，考虑对电感电流的波动量进行限制，即 $\Delta I_{\text{L}}=kI_{\text{imax}}$，系数 $k=0.1\sim0.3$（具体根据实际设计指标要求确定），则校正电感值为

$$L=\frac{U_{\text{imin}}(U_{\text{o}}-U_{\text{imin}})T}{U_{\text{o}}kI_{\text{imax}}} \tag{6.39}$$

在变换器运行过程中，流过校正电感的电流最大值为

$$I_{\text{Lmax}}=I_{\text{imax}}+\frac{\Delta I_{\text{L}}}{2} \tag{6.40}$$

2. DCM 模式

当变换器工作于 DCM 模式时，在输入交流电的一个周期内，变换器的占空比一般保持恒定，以确保输入电流峰值包络线为正弦，并且跟踪输入电压波形。在一个开关周期内，变换器工作于 DCM 模式的条件为

$$\frac{|u_{\text{i}}|}{L}DT\leqslant\frac{U_{\text{o}}-|u_{\text{i}}|}{L}(1-D)T\Rightarrow D\leqslant1-\frac{U_{\text{i}}}{U_{\text{o}}}|\sin\omega t| \tag{6.41}$$

由式(6.41)可以看出，在输入电压波峰处，变换器最难实现 DCM 模式工作。为了保证变换器在整个输入交流电周期里工作于 DCM 模式，必须满足

$$D\leqslant1-\frac{U_{\text{i}}}{U_{\text{o}}} \tag{6.42}$$

在整个输入交流电周期里，流过校正电感的电流最大值为

$$I_{\text{Lmax}}=\frac{U_{\text{i}}}{L}DT \tag{6.43}$$

在 DCM 模式工作时，校正电感值的设计与变换器传输功率紧密相关。在整个输入交流电周期里，单相 APFC 变换器的输入功率波动很大，很难计算。因此，下面将该单相 APFC 变换器等效为如图 6.11 所示的 Boost 型 DC/DC 变换器（U_{eq}、L_{eq} 为等效输入直流电压和等效电感值），再对其输入功率进行估算。

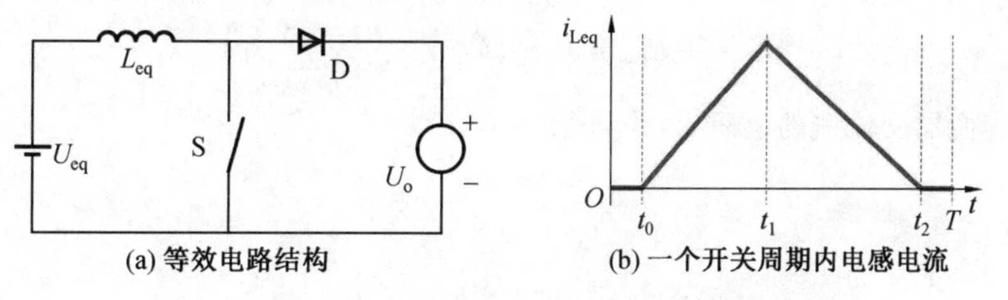

图 6.11　等效的 Boost 型 DC/DC 变换器及其电感电流

在输入交流电周期的 $0\sim\pi/2$ 区间进行分析，按照如下等效原则进行估算：

$$i_{\mathrm{Leq}}(t_1)=\frac{U_{\mathrm{eq}}}{L_{\mathrm{eq}}}DT=\frac{2}{\pi}\int_0^{\frac{\pi}{2}} i_{\mathrm{L}}(t_1)\mathrm{d}\omega t \tag{6.44}$$

$$\frac{1}{2}L_{\mathrm{eq}}i_{\mathrm{Leq}}^2(t_1)=\frac{2}{\pi}\int_0^{\frac{\pi}{2}}\frac{1}{2}Li_{\mathrm{L}}^2(t_1)\mathrm{d}\omega t \tag{6.45}$$

由式(6.44)和式(6.45)可得

$$\begin{cases} U_{\mathrm{eq}}=\dfrac{\pi}{4}U_{\mathrm{i}} \\ L_{\mathrm{eq}}=\dfrac{\pi^2}{8}L \end{cases} \tag{6.46}$$

由式(6.46)可得,t_1时刻L_{eq}的电流及L_{eq}电流降为零的时间分别为

$$i_{\mathrm{Leq}}(t_1)=\frac{2U_{\mathrm{i}}}{\pi L}DT \tag{6.47}$$

$$t_2-t_1=\frac{\pi U_{\mathrm{i}}}{4U_{\mathrm{o}}-\pi U_{\mathrm{i}}}DT \tag{6.48}$$

由式(6.47)和式(6.48)可以计算图 6.10 (a)中等效电路的输入功率为

$$P_{\mathrm{i}}=U_{\mathrm{o}}\frac{i_{\mathrm{Leq}}(t_1)}{2}\frac{t_2-t_1}{T}=\frac{U_{\mathrm{i}}^2U_{\mathrm{o}}D^2T}{(4U_{\mathrm{o}}-\pi U_{\mathrm{i}})L} \tag{6.49}$$

由输入输出功率的关系($\eta P_{\mathrm{i}}=P_{\mathrm{o}}$)估算校正电感$L$值为

$$L=\frac{U_{\mathrm{i}}^2U_{\mathrm{o}}D^2T\eta}{(4U_{\mathrm{o}}-\pi U_{\mathrm{i}})P_{\mathrm{o}}} \tag{6.50}$$

6.4　三相六开关 Boost 型 APFC 变换器交流侧电感设计

在三相六开关 Boost 型 APFC 变换器中,其交流侧电感的取值不仅影响到电流环的响应,还制约着变换器输出功率、功率因数及输出直流电压值。在实际应用中,其交流电感的设计还需要考虑满足变换器瞬态电流跟踪指标要求,既要求快速电流跟踪,又要抑制谐波电流。以正弦波电流控制为例,当电流过零时,其电流变化率最大,此时电感应足够小,以满足快速跟踪电流要求;另外,在正弦波电流峰值处,谐波电流脉动最为严重,此时电感应足够大,以满足抑制谐波电流要求。为了简化分析,下面讨论只考虑变换器单位功率因数正弦波电流控制时的情况。

图 6.12 所示为三相六开关 Boost 型 APFC 变换器模型,考虑该电路的 A 相电压方程,有

$$L\frac{\mathrm{d}i_{\mathrm{a}}}{\mathrm{d}t}+Ri_{\mathrm{a}}=e_{\mathrm{a}}-\left(u_{\mathrm{dc}}s_{\mathrm{a}}-\frac{u_{\mathrm{dc}}}{3}\sum_{k=\mathrm{a,b,c}}s_k\right) \tag{6.51}$$

如果忽略变换器交流侧的电阻R,并且令

$$u_{\mathrm{sa}}=e_{\mathrm{a}}+\frac{u_{\mathrm{dc}}}{3}\sum_{k=\mathrm{a,b,c}}s_k \tag{6.52}$$

则式(6.51)可简化为

$$L\frac{\mathrm{d}i_{\mathrm{a}}}{\mathrm{d}t}\approx u_{\mathrm{sa}}-u_{\mathrm{dc}}s_{\mathrm{a}} \tag{6.53}$$

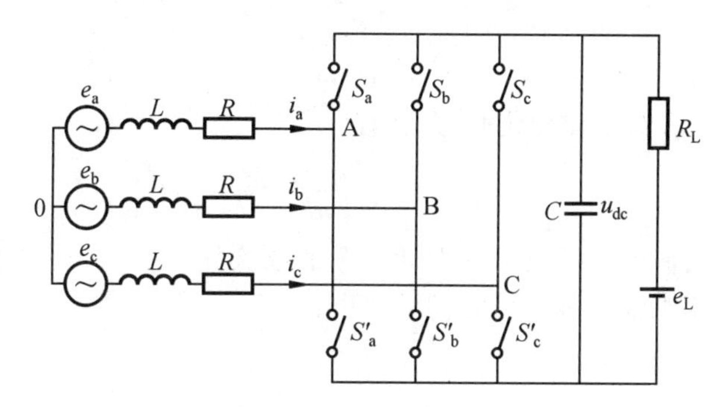

图 6.12 三相六开关 Boost 型 APFC 变换器模型

$$s_k=\begin{cases}1, & \text{上桥臂导通,下桥臂关断}\\ 0, & \text{上桥臂关断,下桥臂导通}\end{cases}\quad (k=a,b,c) \tag{6.54}$$

式中,s_k为二值逻辑开关函数。

考虑变换器单位功率因数正弦波电流控制,并讨论满足瞬态电流跟踪要求时的电感设计。首先分析满足快速电流跟踪要求时的电感设计。

考虑电流过零($\omega t=0$)处附近一个 PWM 开关周期 T 中的电流跟踪瞬态过程,其波形如图 6.13 所示。

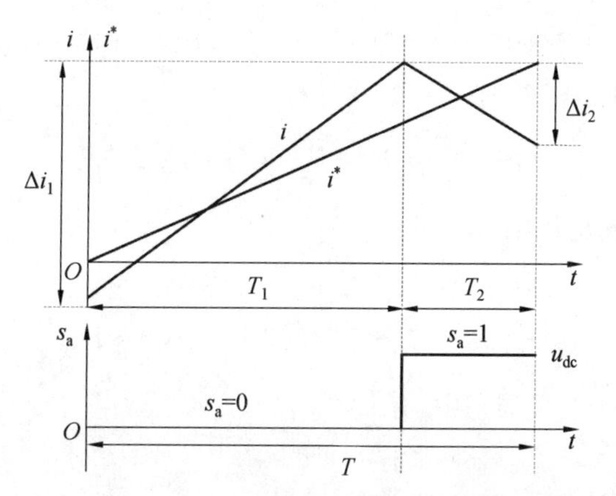

图 6.13 电流过零($\omega t=0$)处附近一个开关周期中的电流跟踪波形

稳态条件下,当 $0\leqslant t\leqslant T_1$ 时,$s_a=0$,并且有

$$u_{sa}-s_a u_{dc}=\frac{u_{dc}}{3}(s_b+s_c)\approx L\,\frac{\Delta i_1}{T_1} \tag{6.55}$$

当 $T_1\leqslant t\leqslant T$ 时,$s_a=1$,并且有

$$u_{sa}-s_a u_{dc}=\frac{u_{dc}}{3}(-2+s_b+s_c)\approx L\,\frac{\Delta i_2}{T_2} \tag{6.56}$$

若满足快速电流跟踪要求,则必须有

$$\frac{|\Delta i_1|-|\Delta i_2|}{T}\geqslant\frac{I_m\sin\omega T}{T}\approx I_m\omega \tag{6.57}$$

式中,I_m为变换器交流侧基波相电路的幅值。

综合式(6.55)~(6.57),并考虑 $s_b=s_c=1$,可得

$$L \leqslant \frac{2Tu_{dc}}{3I_m \omega T} \tag{6.58}$$

当 $T_1 = T$ 时，将取得最大电流变化率，并且有

$$L \leqslant \frac{2u_{dc}}{3I_m \omega} \tag{6.59}$$

以下分析抑制谐波电流时电感的设计。考虑电流峰值($\omega t = \pi/2$)处附近一个 PWM 开关周期中的电流跟踪瞬态过程，其波形如图 6.14 所示。

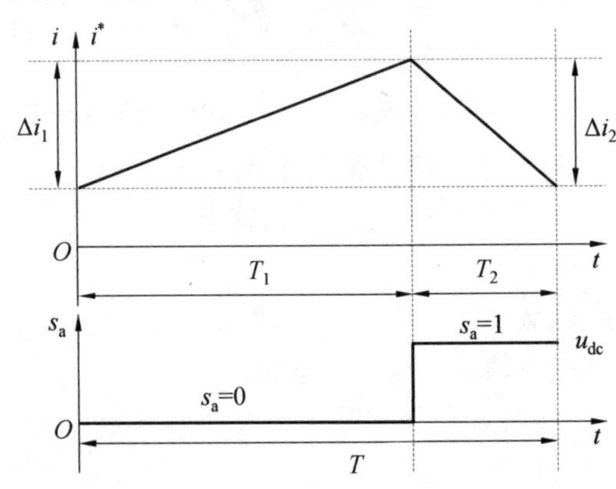

图 6.14　电流峰值($\omega t = \pi/2$)处附近一个开关周期中的电流跟踪波形

稳态条件下，当 $0 \leqslant t \leqslant T_1$ 时，$s_a = 0$，并且有

$$u_{sa} - s_a u_{dc} = E_m + \frac{u_{dc}}{3}(s_b + s_c) \approx L\frac{\Delta i_1}{T_1} \tag{6.60}$$

式中，E_m 为交流输入相电压幅值。

当 $T_1 \leqslant t \leqslant T$ 时，$s_a = 1$，并且有

$$u_{sa} - s_a u_{dc} = E_m + \frac{u_{dc}}{3}(-2 + s_b + s_c) \approx L\frac{\Delta i_2}{T_2} \tag{6.61}$$

在电流峰值附近的一个开关周期中，有

$$|\Delta i_1| = |\Delta i_2| \tag{6.62}$$

综合式(6.60)～(6.62)，并考虑 $s_b = s_c = 0$，可得

$$L \geqslant \frac{(2u_{dc} - 3E_m)E_m T}{2u_{dc}\Delta i_{max}} \tag{6.63}$$

式中，$u_{dc} > 1.5E_m$；Δi_{max} 是最大允许谐波电流脉动量。

因此，当满足电流瞬态跟踪指标时，该变换器电感取值范围为

$$\frac{(2u_{dc} - 3E_m)E_m T}{2u_{dc}\Delta i_{max}} \leqslant L \leqslant \frac{2u_{dc}}{3I_m \omega} \tag{6.64}$$

要想使式(6.64)成立，其电感取值的上、下限比值 λ_L 必须满足

$$\lambda_L = \frac{2u_{dc}/3I_m \omega}{(2u_{dc} - 3E_m)E_m T / 2u_{dc}\Delta i_{max}} > 1 \tag{6.65}$$

即

$$\frac{\Delta i_{max}}{I_m} > \frac{3(2u_{dc} - 3E_m)E_m \omega T}{4u_{dc}^2} \tag{6.66}$$

第 7 章　APFC 数字控制技术

由于数字控制器具有体积小、功耗低、运算能力强、处理精度高、易于扩展和升级等优点，随着 APFC 变换器逐渐向小型化、轻量化、高效化、智能化方向发展，数字控制的功率因数校正电路引起了人们的青睐。随着高速、廉价数字处理器的推出，数字控制技术成为有源功率因数校正领域中的一个重要研究方向。利用数字处理器运算能力强、数据处理精度高、对外部干扰不敏感等优点，借鉴模拟控制中的经典控制方法，数字控制技术得到了快速发展。

7.1　APFC 数字控制简介

APFC 数字控制是用数字信号对功率开关管的动作及电路工作过程进行编程控制的自动化方法。图 7.1 所示为 APFC 数字控制系统的组成，输入电压、输入电流和输出电压信号通过采样和调理电路以后变成幅值合适的模拟信号，模拟信号经过 A/D 转换器后变成数字信号，数字信号在数字处理器中经过数字算法编程处理后，通过 I/O 口将控制信号以 PWM 信号形式输出，由于数字处理器输出的 PWM 信号的幅值为数字芯片电源电压，其驱动能力不强不能直接与主电路的功率开关管相连，一般需要经过驱动电路后才可以驱动功率开关管工作。

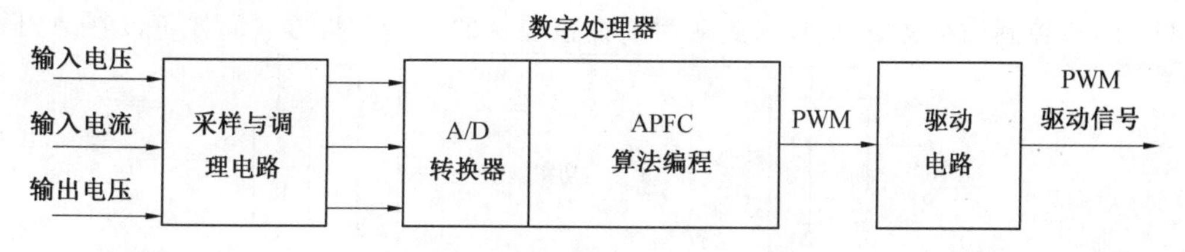

图 7.1　APFC 数字控制系统的组成

当采用数字方式实现 APFC 功能时，采样信号质量的好坏关乎后续数字处理的准确程度和控制效果，为此采样算法也是研究 APFC 数字控制过程中比较关注的一个问题。对采样算法而言，比较常用的方法是单周采样(Single Sampling in One Period，SSOP)，即在每个开关周期采样一次，除此之外还有改进的 SSOP 算法、固定延时采样算法、交替边沿采样算法等。改进的 SSOP 算法的设计思想是考虑开关管导通和关断过程中噪声振荡时间和 A/D 采样保持时间，调节采样点的选取，使之在每次采样时并不固定在某一点，以当前的采样信号计算下个周期的开关导通时间，避免开关噪声的影响，提高抗干扰能力。固定延时采样算法是以每个开关周期的起始时刻为起点，延迟一定时间后 A/D 转换器开始采样，这种方法虽然能够使采样点避开开关振荡区，但容易导致实际采样值与理想控制值之间产生较大误差，最终使控制效果不太理想。交替边沿采样法是在电感电流上升或者下降的两个尖峰之间的中点进行采样，当电感电流上升时间大于下降时间时选取上升区间中点作为采样点，当电感电流上升时间小于下降时间时选取下降区间的中点作为采样点，这种方法可避免上升或下降区间非常窄时采样信号受到噪声影响，具有计算量小，在数字控制中易于实现等优点。

7.2　APFC 经典数字控制算法

目前在 APFC 数字控制方法中，大部分控制方法采用的依然是传统模拟控制策略，只是采用数字形式实现了而已。其中采用电压电流双环方式的平均电流控制在实际中应用最多，该控制算法采用经典的 PI 控制，结构简单，实现起来比较容易，再加上软件控制的灵活性，PI 算法可以得到不断修正和完善，因此能够满足一般系统的设计要求。

7.2.1　平均电流数字控制算法

在平均电流控制模式中，控制环路通常包括电压环和电流环两部分，通过电压环调节平均输入电流以保持输出电压稳定，而电流环控制输入电流使之跟踪输入电压。图7.2所示为以传统 Boost 型 APFC 为主电路结构的基于平均电流控制模式的 APFC 数字控制算法框图，从图中可以看出，输入电压、电感电流和输出电压经过硬件电路采样后首先送入 A/D 转换器中，将模拟采样信号转换成数字信号。数字量利用电压外环保持输出电压稳定，电压环的输出信号与输入电压采样值相乘后作为电流参考值，经过电流环 PI 调节后使电感电流跟踪电流参考值，电流环的输出经比较器后产生 PWM 信号，数字处理器输出的 PWM 信号经过驱动电路后可驱动功率开关管工作。由此可见，平均电流控制模式的数字 APFC 算法与模拟控制模式的区别在于一个处理的是数字量而另一个处理的是模拟量，其控制思路是相同的，因此适用于模拟控制的一些分析方法同样可以在 APFC

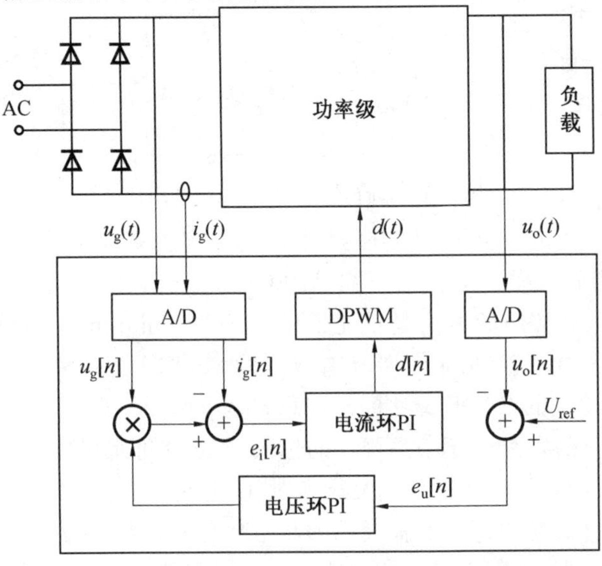

图 7.2　基于平均电流控制模式的 APFC 数字控制算法框图

数字控制中加以借鉴和使用。

在 APFC 电路中有两个被控对象，一个是输入电流，另一个是输出电压，这两个被控对象在平均电流控制模式中通过电流环和电压环得以控制。图 7.3 所示为采用数字控制时电压环和电流环的通用控制框图，与模拟控制相比，除了被控对象和反馈环节依然是模拟量可采用频域函数表示外，控制环节 $G_c(z)$是需要设计的数字控制器，用 Z 域传递函数表示。H_m是模拟信号转化为数字信号时所对应的转换系数，不同的数字处理器对应的系数不同。控制框图中零阶保持器 ZOH 用来实现数字量与模拟量的转换，F_m是延迟环节以及数字芯片进行 PWM 调节时的转换参数。除此之外，在电压环中通常还包含一个数字滤波环节(虚线框部分)，用来减小输出电压纹波。

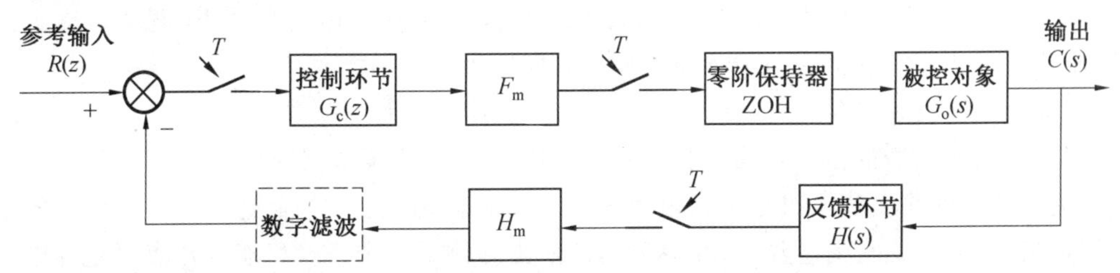

图 7.3　采用数字控制时电压环和电流环的通用控制框图

在 APFC 数字控制中，控制器的设计最为关键，因为它关系到整个控制系统的性能。目前数字控制器的设计主要分为两类，一类是数字式再设计法，另一类是直接数字设计法。数字式再设计法就是先按照模拟控制器的设计方式设计连续域中的控制器，然后再进行离散化，常用的离散方法有后向差分法、双线性变换法、阶跃响应不变法和极点一零点匹配映射法。直接数字设计法就是先将连续域中的被控对象离散化后直接在离散域中对控制器进行设计，常用的方法有频率响应法、根轨迹法和无差拍法，通常先采用频率响应法获得最初的控制器模型，然后再使用根轨迹法对控制器进行优化。数字控制器的设计方法有不少文献对其进行了相应介绍，设计过程中可以加以参照，并在实际过程中对设计参数进一步调试改进以获得最佳性能。

平均电流控制模式理论成熟、方法简单，其控制效果已在各种模拟控制芯片中得到验证。当采用数字信号处理器(Digital Signal Processor，DSP)等数字方式实现时，由于电流的 PI 环节受带宽限制，同时采样和计算延时减小了闭环增益的相补角，因此 APFC 数字控制很难像模拟芯片那样实现几乎无延时的占空比实时计算。解决问题的办法有两种，一种是提高采样频率，另一种是寻求新的控制算法。对 APFC 数字控制来说，提高采样频率就需要选择采样和计算能力更强的数字处理芯片，这就意味着提高芯片的成本，因此在 APFC 数字控制中，高性能和低成本是一对矛盾的因素。所以寻求新型或者改进控制算法是一种经济实用的解决方案，尤其适用于低成本数字控制器应用场合。

7.2.2　带前馈的平均电流数字控制算法

平均电流控制包括电压环和电流环两部分，电压环的带宽比较低，主要决定 APFC 系统的动态特性；电流环的带宽通常比较高，主要决定系统的稳态特性。高功率因数和低输入电流畸变是 APFC 的控制目标，而在 APFC 控制系统中电流环是影响输入电流畸变的主要因素，所以电流环设计的好坏直接影响着输入电流的畸变程度和总谐波含量(THD)。从图 7.3 中可以看出，APFC 数字控制相对于模拟控制存在一个附加的延迟环节 F_m，延时可能导致电流环的稳态性能不理想。如果在平均电流控制中加入一个前馈环节，可以在一定程度上减少对电流环好坏的依赖。

图 7.4 所示为带前馈的平均电流控制框图，从图中可以看出，该控制方法就是在平均电流控制算法的基础上增加了一个前馈环节，前馈环节的表达式为

$$d_{FF}=1-\frac{U_i}{U_{ref}} \tag{7.1}$$

式中，d_{FF}为前馈环节的输出值；U_i为整流输入电压采样值；U_{ref}为输出电压参考值。

增加前馈环节后 PWM 比较器的占空比命令不再单独由电流环的 PI 调节器输出提供，而是由调节器的输出和前馈环节的输出共同提供，表达式为

$$d_{PWM}=d_{PI}+d_{FF} \tag{7.2}$$

式中，d_{PWM}是比较器的占空比命令信号；d_{PI}是电流环的 PI 调节器输出。

前馈环节的输出值取决于输入电压的瞬时值和输出电压，它能提供占空比命令的主要波形信息，或者说它为电流环 PI 调节器的输出提供了一个“准”稳态工作点。这样电流环只要在“准”稳态工作点附近调节小的高频动态信号即可，与单纯平均电流控制算法相比可以降低电流环的带宽和增益，减轻电流环的负担。

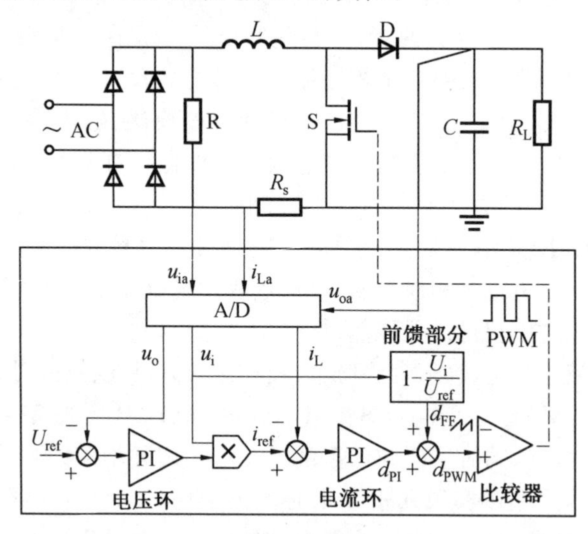

图 7.4 带前馈的平均电流控制框图

在传统平均电流控制方式中，如果输入电压发生变化，则需要经过乘法器和电流环 PI 调节后才能改变占空比命令信号，从而使 PWM 占空比发生改变以保持功率平衡。而在图 7.4 所示的控制方案中，当输入电压发生变化时，前馈环节的存在导致占空比命令信号直接变化而无须经过电流环调节，因此带前馈的平均电流控制方式不仅能减轻电流环 PI 调节器的负担，同时能提高输入电压的动态响应能力。除此之外，在 360～800 Hz 变频交流供电体制的航空电源系统中，前馈控制对减小电感电流超前输入电压角度、降低电流过零点畸变、保持输入阻抗稳定有良好效果。

7.2.3　占空比预测数字控制算法

除了平均电流和前馈控制外，占空比预测控制算法可通过建立占空比、输入电压、输出电压和电感电流之间的约束关系，实现功率因数校正功能。下面以 Boost 型 APFC 电路为例进行相应介绍，在介绍之前首先做如下假设。

①电路工作在电感电流连续导通模式。

②电路中所有半导体器件均为理想器件。

③由于 APFC 输出电容很大，因此输出电压 U_o 可看作恒定值。

④由于开关频率远大于交流输入电压频率，因此在一个开关周期内输入电压可近似看作恒定值。

在以上假设条件下，Boost 型 APFC 电路在一个开关周期内的等效电路如图 7.5 所示，图 7.5 (a)和图 7.5 (b)分别表示开关管导通和关断时的等效电路。

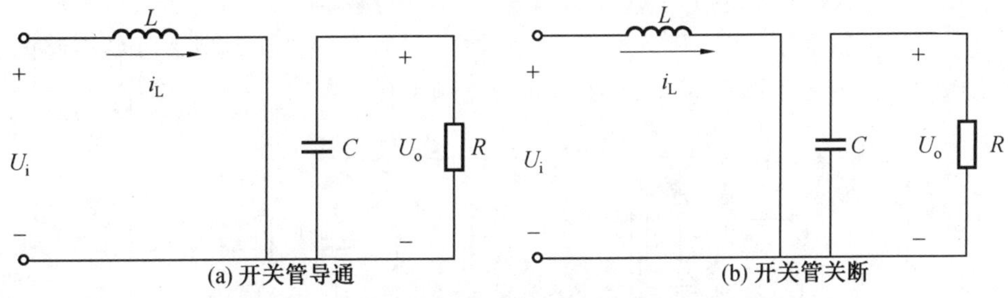

图 7.5　Boost 型 APFC 电路在一个开关周期内的等效电路

假设第 n 个开关周期的起始时刻和结束时刻分别为 t_n 和 t_{n+1}，占空比为 d_n，输入电压为 $U_i(n)$，开关周期为 T_s。根据图 7.5 所示等效电路，在第 n 个开关周期内电感电流与输入输出电压的关系可表示为

$$L\frac{di_L}{dt}=U_i(n)\quad(t_n<t<t_n+T_sd_n)\tag{7.3}$$

$$L\frac{di_L}{dt}=U_i(n)-U_o\quad(t_n+T_sd_n<t<t_{n+1})\tag{7.4}$$

第 n 个开关周期结束时的电感电流可表示为

$$i_L(n+1)=i_L(n)+\int_{t_n}^{t_{n+1}}di_L\tag{7.5}$$

联立式(7.3)、式(7.4)和式(7.5)可得

$$i_L(n+1)=i_L(n)+\frac{1}{L}\int_{t_n}^{t_n+T_sd_n}U_i(n)dt+\frac{1}{L}\int_{t_n+T_sd_n}^{t_{n+1}}(U_i(n)-U_o)dt\tag{7.6}$$

根据上面所做的假设，在一个开关周期内输入电压 $U_i(n)$ 可看作不变的常量，由式(7.6)可得

$$i_L(n+1)=i_L(n)+\frac{U_i(n)T_s}{L}-\frac{U_o(1-d_n)T_s}{L}\tag{7.7}$$

整理式(7.7)可以得到占空比的表达式为

$$d(n)=\frac{L}{T_s}\frac{i_L(n+1)-i_L(n)}{U_o}+\frac{U_o-U_i(n)}{U_o}\tag{7.8}$$

在 APFC 数字控制系统中，电感电流要跟踪电流参考值，即在第 n 个开关周期结束时 $i_L(n+1)$ 应该等于所期望的参考值 $i_{ref}(n+1)$。因此，在式(7.8)中用正弦电流参考值 $i_{ref}(n+1)$ 来代替 $i_L(n+1)$，从而得到第 n 个开关周期的占空比 $d(n)$，这就是占空比预测的基本依据；同时在式中 U_o 是 APFC 输出母线电压采样值，由于 U_o 存在纹波，为了避免把纹波直接引入占空比计算中，因此用输出电压给定值 U_{ref} 代替 U_o，于是式(7.8)可变为

$$d(n)=\frac{L}{T_s}\frac{i_{ref}(n+1)-i_L(n)}{U_{ref}}+\frac{U_{ref}-U_i(n)}{U_{ref}} \tag{7.9}$$

在式(7.9)中，令 $d_1(n)=\frac{L}{T_s}\frac{i_{ref}(n+1)-i_L(n)}{U_{ref}}$、$d_2(n)=1-\frac{U_i(n)}{U_{ref}}$，可以得到

$$d(n)=d_1(n)+d_2(n) \tag{7.10}$$

式(7.10)中第一项与电感电流 $i_L(n)$ 紧密相关，称 $d_1(n)$ 为电流项，第二项与输入电压 $U_i(n)$、输出电压参考值 U_{ref} 紧密相关，因此称 $d_2(n)$ 为电压项，通过两项的共同作用，使每个开关周期结束时电感电流 $i_L(n+1)$ 等于正弦电流参考值 $i_{ref}(n+1)$。

根据上述分析和推导，尤其是式(7.9)和式(7.10)，可得 Boost 型 APFC 电路的占空比预测算法控制框图如图 7.6 所示，图中 h 为比例系数。

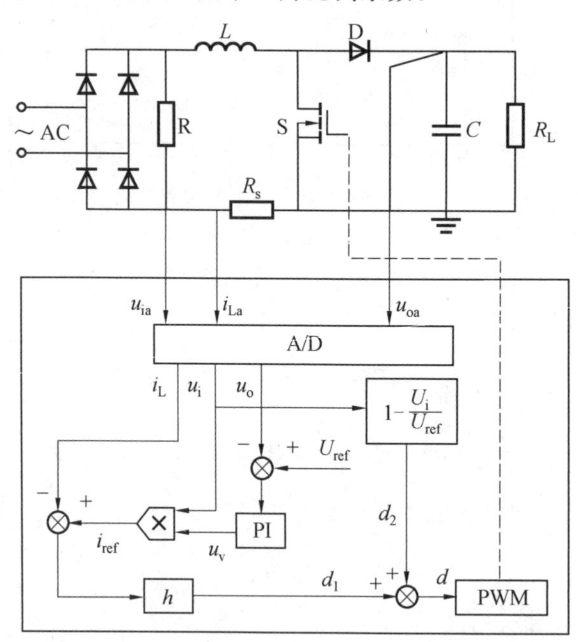

图 7.6　Boost 型 APFC 电路的占空比预测算法控制框图

与目前应用最多的平均电流控制模式相比，占空比预测能降低运算量，下面对占空比预测和平均电流控制模式的不同之处进行具体分析。

(1)输入电压前馈的实现方式不同。要想实现高品质的功率因数校正功能，开关频率应远大于电网频率，由于 APFC 变换器的效率很高(往往大于 95%)，因此忽略变换器的损耗，则电路在工频周期内从电网吸收的瞬时功率 P_i 和输出的瞬时功率 P_o 相等，即

$$P_o(t)=P_i(t) \tag{7.11}$$

按照定义，如果功率因数为 1，则电网电压和电流的波形为同相位的正弦波。设

$u_i(t)=\sqrt{2}U\sin\omega t$，$i_i(t)=\sqrt{2}I\sin\omega t$，则有

$$\begin{cases}P_i(t)=2UI\sin^2\omega t\\P_o(t)=2UI\sin^2\omega t\end{cases}\tag{7.12}$$

由式(7.12)可知，如果输入电源电压发生变化，想要维持恒功率输出，则 APFC 电路的输入电流必然随着输入电压呈反比例变化；另外，如果电压环输出电压保持恒定，由乘法器所调制的瞬时电流参考值正比于瞬时电压，则瞬间输入电流必然正比于瞬间输入电压。显然，同时实现上述要求是相互矛盾的。因此，APFC 电路的输入功率将随着输入电网电压的变化而发生改变，而在功率平衡条件下输出电压也将随着电网输入电压的变化而变化，这将导致环路调整率变差，需用速度较快的电压环去调整。但实际情况是电压环的带宽往往设定得比较低，因此电网电压的变化就会引起直流输出电压的变化。

平均电流控制模式采用一种称为间接电压前馈的方式来解决上述问题。在乘法器中增加第三项，即输入电压有效值的平方 U^2，使得电感电流的参考值为

$$i_{\text{ref}}(t)=k\frac{U_v u_i(t)}{U^2}=k\frac{U_v\sqrt{2}U\sin\omega t}{U^2}\tag{7.13}$$

式中，U_v 为电压环输出值；k 为比例系数。

当输入电压增大时，电流参考值的幅值降低，且波形和输入电压同相位。在平均电流控制策略中，电感电流 $i_L(t)$的平均值等于参考电流 $i_{\text{ref}}(t)$，因此

$$i_L(t)=k\frac{U_v\sqrt{2}U\sin\omega t}{U^2}\tag{7.14}$$

此时，输入功率为

$$P_i(t)=u_i(t)i_L(t)=2kU_v\sin^2\omega t\tag{7.15}$$

因此在包含电压前馈的 APFC 电路中，输入功率为恒定值，即使输入电压有效值发生波动，输出功率和输出母线电压也能保持稳定。但是这种前馈不直接作用和体现在占空比表达式中，需要经过电流环，因此要若干个调整周期。

而占空比预测控制是采用直接电压前馈方式来抑制因电网电压变化而导致的输出电压波动。由式(7.9)可知占空比中有输入电压的成分，当输入电压有效值 U 增大时，$d(n)$减小从而使输入电流$i_L(n)$减小；当输入电压有效值 U 减小时，$d(n)$增大使输入电流$i_L(n)$增大。因此不管输入电压有效值 U 是否变化，都能保证输入功率和输出电压的稳定。

直接电压前馈的好处是，输入电压成分直接体现在占空比中，一旦输入电压发生变化，占空比直接反方向变化，反应速度要比间接电压前馈快，而且不用检测输入电压有效值(通常用两级滤波电路实现)，节省了这部分检测电路。

(2)更快的电流跟踪速度。如果扰动使第 n 周期开始时的电感电流 $i_L(n)$与正弦电流参考值 $i_{\text{ref}}(n)$有偏差。在平均电流 PI 环节控制下，经过一段调整时间后两者的误差可以达到要求的范围内，而这个调整时间与带宽和增益有关。根据占空比预测控制的推导可知，不管第 n 个周期开始时的电感电流 $i_L(n)$是否与电流参考值 $i_{\text{ref}}(n)$有偏差。在这个周期结束时，都可以做到 $i_L(n+1)=i_{\text{ref}}(n+1)$，这就说明占空比预测控制的电流误差调整是在一个周期内完成的，而且不会出现平均电流控制中的超调现象。

(3)较小的运算量。对于平均电流控制模式，其动态调节完全依靠电流环的比例积分

环节。由于积分环节的存在，其占空比不能跳变，因此想要获得很好的跟踪效果，电流环的带宽和增益需设得很高。这就意味着很大的运算量。而占空比预测控制采用电压前馈控制，它相当于取消了平均电流控制模式中的电流 PI 环节，因此运算量小。

(4)占空比预测控制的不足。从占空比预测控制的推导中可知，它把输入电压的采样信息直接引进占空比计算公式中，这样是为了在输入电压发生变化时，输入电流迅速做出反方向的变化，保持恒功率输入，同时维持输出电压不变。但如果在电路工作过程中输入电压有尖峰干扰，输入电流也会产生反方向的尖峰，这将削弱 APFC 数字控制算法的稳定性。针对这一问题，在设计控制电路时，需要从硬件和软件两个方面来考虑加以抑制。

APFC 数字控制策略有很多种，除了以上三种常用的算法外，还有一些其他控制算法，如模糊控制、滑模变结构控制、自适应控制、无差拍控制等智能控制策略，并且随着对 APFC 数字控制研究的不断深入，必将会出现更多控制算法，满足各种不同应用场合的需要。总之，不管采用什么样的控制和实现方式，运算量、成本、控制效果是衡量 APFC 数字控制算法的重要指标。

7.3 提高动态响应的 APFC 数字控制算法

在各种 APFC 数字控制策略中，通常依靠电压环来稳定输出电压，电压环中又常包含截止频率很低的低通滤波器，这一用来衰减输出电压谐波的措施却降低了输出电压对负载变化的动态响应能力。对于负载基本稳定的应用场合，较低的电压环带宽就能满足系统要求；但在负载经常快速变化的应用场合，电压环带宽不够会导致输出母线电压长时间大幅度波动，这不仅使系统控制性能下降，同时对负载也是一种危害。

7.3.1 电压环带宽设计原则

为了分析电压环对 APFC 性能的影响，以基于平均电流控制模式的 APFC 变换器(图 7.7)为例进行分析。当主电路发生改变，或者控制策略发生改变时，只要控制电路中存在类似的电压环，以下分析过程和结果具有普遍适用性。在图 7.7 所示电路中，电压环将得到的输出母线电压采样值 βU_o 与电压基准值 U_{ref} 相比较，通过 PI 调节器来保持输出电压稳定，同时电压环反馈回路中的电容与采样电阻 R_1 构成一个低通滤波器，用来衰减输出电压谐波分量。

当低通滤波器的设定截止频率很低时(对应的电压环带宽很窄)，电压环的输出是一个直流量(设为 U_v)，该输出量与输入电压采样值相乘后产生电感电流参考值，在电流环理想状态下(与电压环相比，电流环带宽通常设定得很宽，对动态响应速度影响很小)，电感电流 i_L 没有畸变也是正弦量，输入电流 i_i 等于电感电流 i_L，即

$$i_i(t)=i_L(t)=\frac{U_{ip}\,|\sin\omega_i t\,|\,U_v}{k} \tag{7.16}$$

式中，U_{ip}、ω_i、k 分别是交流输入电压的峰值、角频率和常量系数。

若 APFC 变换器的效率为 η，根据瞬时功率平衡原则，有

$$i_i(t)u_i(t)\eta=U_o i_o(t) \tag{7.17}$$

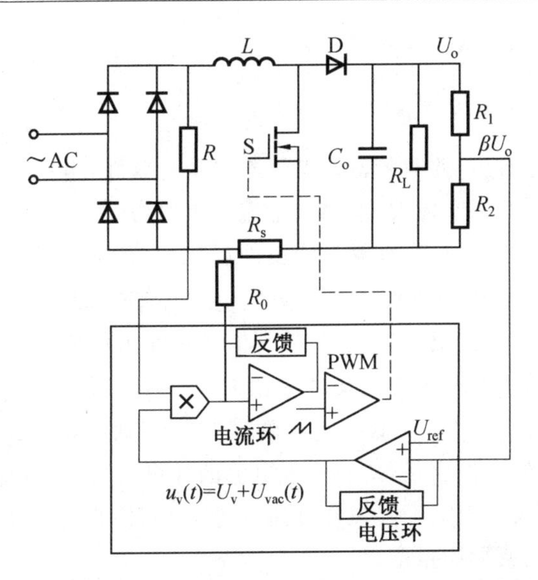

图 7.7　基于平均电流控制模式的 APFC 变换器

设交流输入电压的表达式为

$$u_i(t)=U_{ip}\sin\omega_i t \tag{7.18}$$

由于输出电容 C_o 足够大，因此输出电压 U_o 为稳定值。由式(7.16)～(7.18)得到输出电流的表达式为

$$i_o(t)=\frac{i_i(t)u_i(t)\eta}{U_o}=\frac{U_{ip}^2 U_v}{2KU_o}(1-\cos 2\omega_i t) \tag{7.19}$$

式中，K 为常数，$K=\dfrac{k}{\eta}$。

由式(7.19)可以看出，输出电流 $i_o(t)$ 由直流分量和二次谐波分量两部分组成，其中电流的二次谐波分量流过输出电容，当电网频率为 50 Hz 时对应 100 Hz 的输出电压纹波。如果不对输出电压纹波加以限制，它将通过电压环进入控制环节影响电感电流参考值的正弦度，使输入电流产生畸变，因此需要降低电压环带宽来抑制二次谐波。在一般 APFC 电压环设计中，常将低通滤波器的截止频率设定在 10～20 Hz 之间，用来抑制输出电压采样值中含有的二次谐波分量。

7.3.2　电压环带宽对输入和输出电流谐波的影响

较低的电压环带宽虽然能抑制输出电压采样值中的二次谐波分量，但同时也使系统输出电压的动态响应能力变差，而增大电压环带宽是提高输出电压动态响应能力的一种最直接的办法。从式(7.19)可以看出，输出电压纹波的频率为输入电压频率的两倍，对工频 50 Hz 来说，当电压环截止频率大于 100 Hz 时，输出电压的二次谐波将顺利通过电压环，此时电压环的输出不再是一个恒定值，也含有二次谐波分量，即

$$u_v(t)=U_v+U_{vac}\sin(2\omega_i t-\varphi) \tag{7.20}$$

式中，U_v 是电压环输出的直流分量；U_{vac} 是电压环输出二次谐波分量的峰值，φ 是二次谐波分量与输入电压之间的相位差。

用式(7.20)中的 $u_v(t)$ 取代式(7.16)中的 U_v，则输入电流的表达式变为

$$i_i(t)=\frac{U_{ip}}{k}\left[\left(U_v\sin\omega_i t+\frac{U_{vac}}{2}\cos(\omega_i t-\varphi)\right)-\frac{U_{vac}}{2}\cos(3\omega_i t-\varphi)\right] \tag{7.21}$$

从式(7.21)中可以看出，此时的输入电流不再是正弦波，电压环输出含有的二次谐波分量导致输入电流中含有三次谐波，使输入电流发生畸变。

为了抑制输出电压纹波对 i_{ref} 所带来的负面影响，一般采用降低电压环带宽的方式，以减小电压环输出信号 u_v 中的纹波含量。降低电压环带宽即通过调整电压调节器的参数，使其截止频率尽量低于二倍工频，从而使得电压环输出信号中的二次及高次分量得以有效抑制。图 7.8 和图 7.9 所示为电压环带宽为 20 Hz 和 200 Hz 下，输入电压、电流波形及输入电流频谱。由图可知，较低的电压环带宽能够减小电流给定信号 i_{ref} 的纹波含量，进而减小输入电流的谐波含量，提高输入电流的波形质量。当电压环带宽大于二倍工频时，输出电压的二次纹波就会通过电压环进入电流环，使得输入电流的谐波(主要为三次)含量增大，输入电流波形质量变差。

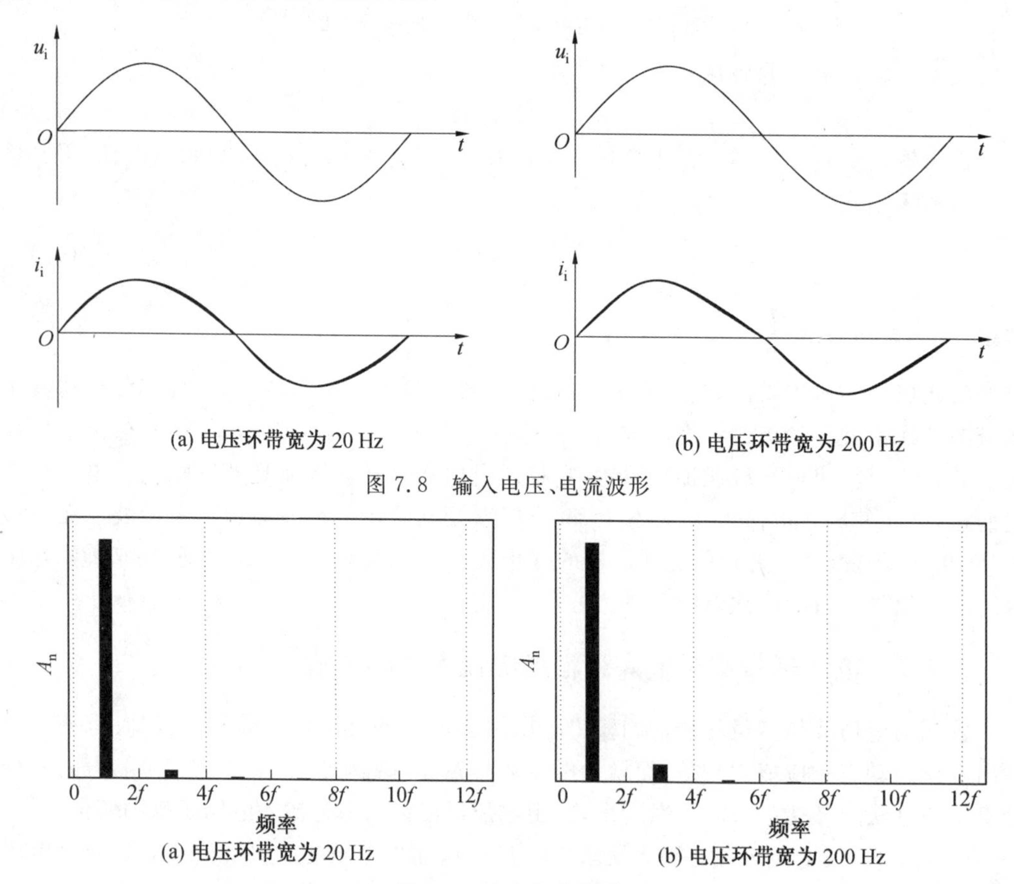

图 7.8　输入电压、电流波形

图 7.9　输入电流频谱

将式(7.21)代入式(7.19)，可得输出电流的表达式为

$$i_o(t)=I_o+i_{o2}(t)+i_{o4}(t) \tag{7.22}$$

式中，

$$I_{o}=\frac{U_{ip}^{2}}{2KU_{o}}\left(U_{v}+\frac{U_{vac}}{2}\sin\varphi\right)$$

$$i_{o2}(t)=\frac{U_{ip}^{2}}{2KU_{o}}[U_{vac}\sin(2\omega_{i}t-\varphi)-U_{v}\cos 2\omega_{i}t]$$

$$i_{o4}=\frac{U_{ip}^{2}}{2KU_{o}}\frac{U_{vac}}{2}\sin(4\omega_{i}t-\varphi)$$

从式(7.22)中可以看出，输入电流含有的三次谐波进一步导致输出电流含有四次谐波分量。通过以上电压环带宽与输入输出电流的谐波分析，可以得出两个重要结论：第一，输出电流谐波主要是偶次谐波，而输入电流谐波主要是奇次谐波；第二，电压环输出含有的偶次谐波分量进入控制环节后使输入电流产生奇次谐波并导致电流畸变，并且电压环带宽越宽，输出的偶次谐波分量和输入的奇次谐波分量越多。

7.3.3　采用数字滤波器的平均电流控制

采用降低电压环带宽抑制谐波的方式具有实现简单、有效滤除二次纹波等优势，但是较低的电压环带宽会使变换器不能及时对输出电压的变化做出响应，降低系统的响应速度，因此该种方式不适合应用于系统动态特性要求较高的场合。

为了兼顾较快的响应速度和较好的滤波效果，可以采用数字滤波器，对电压环输出信号进行滤波，以消除输出电压纹波的影响，具体原理如下。

以半个工频周期为积分周期 T_s，对电压环输出信号进行平均值计算，有

$$\frac{1}{T_s}\int_0^{T_s}u_v\,dt=\frac{1}{T_s}\int_0^{T_s}U_v\,dt+\frac{1}{T_s}\int_0^{T_s}u_{vac}\,dt \tag{7.23}$$

式中，u_v 是电压环输出；U_v 是电压环输出直流分量；u_{vac}是电压环输出交流分量。

对于以 T_s为周期的二次纹波分量，其积分为零，滤波输出后只剩直流分量 U_v。因此，经过数字滤波器，可以有效滤除输出电压中的二次电压纹波，使得电流参考值 i_{ref}的波形质量显著提高。但与此同时，滤波器也存在一定的问题，滤波器的输出值每 T_s时间内更新一次，此时电压环带宽仍然较低，还不能满足变换器调节速度的要求。

为此，采用如图 7.10 所示的窗口滑动式平均值求法。对每个工频周期进行 n 等分(这里取 $n=8$)，在对应的固定时间点(图 7.10 中 $t_1\sim t_{10}$)计算电压环输出信号在 $T_s/8$ 的平均值 X_i，即

$$X_i=\frac{8}{T_s}\int_{(i-1)T_s/8}^{iT_s/8}u_v\,dt \tag{7.24}$$

再对相邻 8 个区间平均值 X_i 取平均值作为滤波器的输出，即

$$U_{v\text{-}out}=\frac{1}{8}\sum_{i=1}^{8}X_i \tag{7.25}$$

此时，数字滤波器的更新周期缩短到了 $T_s/8$，较改进前响应速度大幅提高。

根据上述原理，得到采用数字滤波器的平均电流控制模式，其框图如图 7.11 所示。变换器稳定运行时，由于数字滤波器的存在，因此输出电压纹波对电流参考信号 i_{ref}基本没有影响，i_{ref}呈标准正弦波形。此时，较高的电压环带宽将不会影响输入侧功率因数校正效果，且在负载变化时又能使变换器具有良好的动态调节性能，因此该种方式下电压环

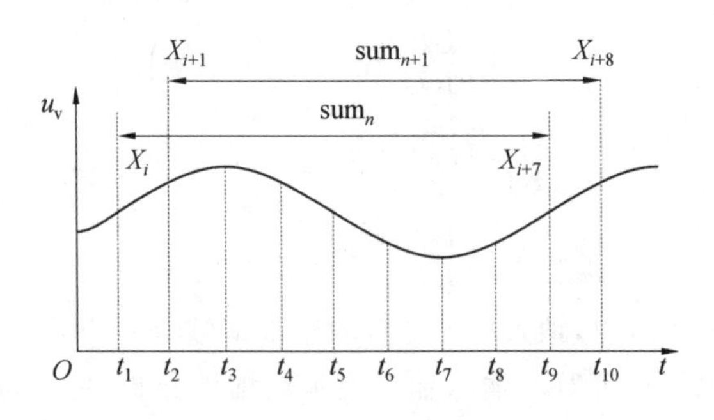

图 7.10　窗口滑动式平均值求法

带宽通常设置较高。

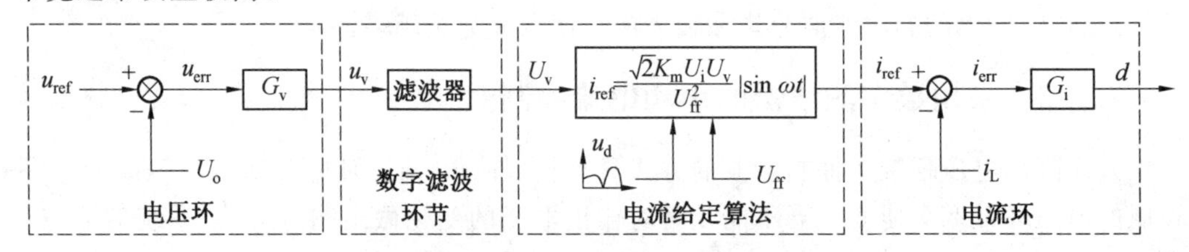

图 7.11　采用数字滤波器的平均电流控制模式框图

当负载发生大幅度变化时，由于数字滤波器的存在，因此电压环响应较慢，输出电压的调节需要一定时间，且存在一定的超调。针对该种情况，当控制器检测到实际输出电压存在大幅度变化时，则判定此时变换器处于动态调节过程，为了获得更快的动态响应，可暂停数字滤波器作用，直接将电压环输出信号用于 i_{ref}的计算。

在电压环带宽设为 200 Hz 的情况下，采用数字滤波器后输入侧波形情况如图 7.12 所示。可以看出，在采用滤波器后，输出电压纹波的存在对电流给定信号基本没有影响，且输入电流的谐波含量明显减小，电流的波形质量显著提高。

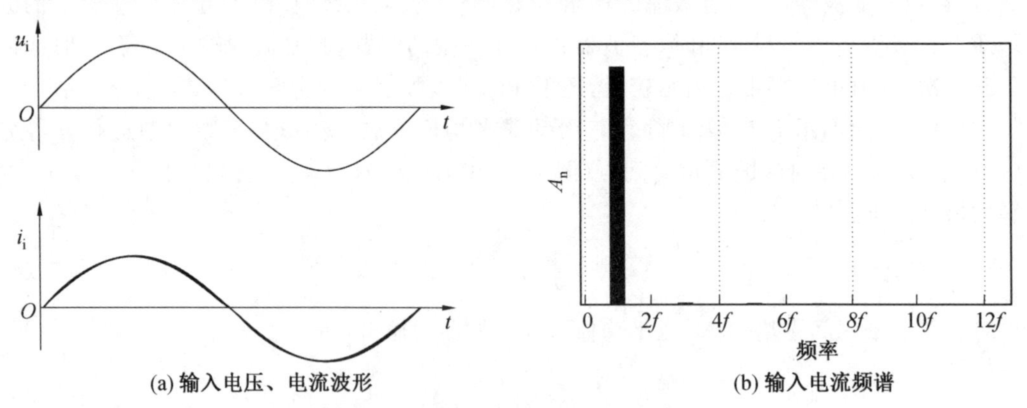

图 7.12　采用数字滤波器后输入侧波形情况

对采用数字滤波器后变换器动态性能的变化进行仿真分析，其输出侧波形的动态响应如图 7.13 所示。可以看出，增大电压环带宽可显著提高变换器对输出电压的响应速度，而数字滤波器的引入(图 7.13 (c))降低了变换器的响应速度，但与降低电压环带宽(图 7.13 (a))相比，其对输出电压的响应速度还是较快的。由此可知，数字滤波器的引

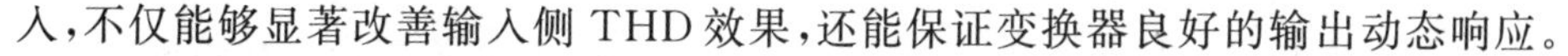
入，不仅能够显著改善输入侧 THD 效果，还能保证变换器良好的输出动态响应。

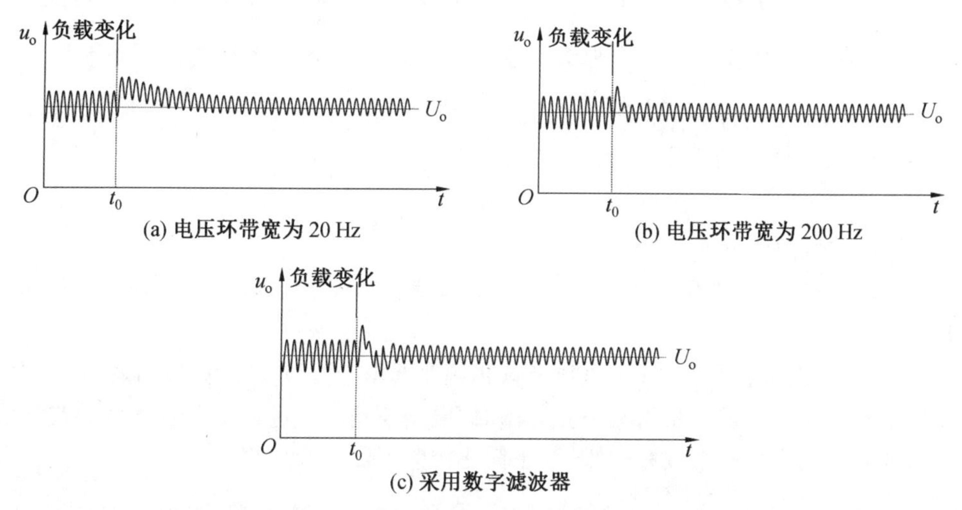

(a) 电压环带宽为 20 Hz　　(b) 电压环带宽为 200 Hz

(c) 采用数字滤波器

图 7.13　变换器输出侧波形的动态响应

7.3.4　快速动态响应 APFC 数字控制算法

提高 DC/DC 变换器动态响应的方法有波动补偿、内模控制、负载电流前馈控制、带阻滤波法、死区控制、非线性控制等方法。前三种方法实现快速动态响应通常需要增加负载电流检测电路、乘/除法器、滤波器、相移网络等模拟电路，或者在模拟芯片基础上增加数字处理器，总之这些方法多数属于模拟电路的范畴；带阻滤波法和死区控制属于数字实现方法，目前有不少的相关文献；而非线性控制通常难用数字方式实现。本节重点介绍一种基于波动补偿法的快速动态响应 APFC 数字控制实现方法。

从上述分析可知，为了提高动态响应而增大电压环带宽会使输入输出谐波含量增加，下面进一步分析在增大电压环带宽的情况下，使输入电流发生畸变的具体影响因素。将式(7.22a)代入式(7.21)消去常量系数 K 得到输入电流的表达式为

$$i_i(t)=\frac{2P}{U_{ip}\left(1+\frac{U_{vac}}{2U_v}\sin\varphi\right)}\left[\left(\sin\omega_i t+\frac{U_{vac}}{2U_v}\cos(\omega_i t-\varphi)\right)-\frac{U_{vac}}{2U_v}\cos(3\omega_i t-\varphi)\right] \tag{7.26}$$

从式(7.26)中可以看出，输入电流的畸变程度受 $\frac{U_{vac}}{U_v}$ 和 φ 的影响，同时电压环的输出表达式(7.20)也可写为

$$u_v(t)=U_v\left[1+\frac{U_{vac}}{U_v}\sin(2\omega_i t-\varphi)\right] \tag{7.27}$$

由以上分析可知，通过增大电压环带宽提高快速动态响应的同时却使电压环输出含有偶次谐波，谐波分量导致输入电流发生畸变。分析各次谐波的影响可以看出，二次谐波在整个输出电压谐波中含量最多，它也是导致输入电流产生畸变的主要影响因素。为了降低二次谐波对输入电流的影响，人为设计一个与该谐波分量相对应的量加入控制环节中用来补偿和抵消谐波带来的影响。

本节加入的二次谐波补偿量为 $1+\dfrac{U_{\text{vac}}}{U_{\text{v}}}\sin(2\omega_{\text{i}}t-\varphi)$ 时，将输入电压采样值除以这个补偿量后再与电压环输出相乘作为电流参考值，此时的电流参考值变为

$$i_{\text{ref}}(t)=\frac{U_{\text{ip}}\left|\sin\omega_{\text{i}}t\right|}{k'\left(1+\dfrac{U_{\text{vac}}}{U_{\text{v}}}\sin(2\omega_{\text{i}}t-\varphi)\right)}U_{\text{v}}\left(1+\frac{U_{\text{vac}}}{U_{\text{v}}}\sin(2\omega_{\text{i}}t-\varphi)\right)=\frac{U_{\text{ip}}U_{\text{v}}\left|\sin\omega_{\text{i}}t\right|}{k'} \tag{7.28}$$

式中，k'为比例系数。

从式(7.28)中可以看出，此时的电流参考值不再受二次谐波的影响，与输入电压同相。

式(7.28)存在的前提条件是电压环截止频率低于 200 Hz，即电压环输出谐波中只含有二次谐波分量。当进一步增大截止频率时，电压环输出将进一步含有其他谐波分量，由于四次或者更高次数的谐波幅值小，为了简化控制可以将其忽略。

对于二次谐波补偿量 $1+\dfrac{U_{\text{vac}}}{U_{\text{v}}}\sin(2\omega_{\text{i}}t-\varphi)$ 的实现形式有多种，当采用 DSP 实现时二次谐波可采用查表法实现，当采用现场可编程门阵列(Field Programmable Gate Array, FPGA)或者其他控制芯片时，可以结合芯片的资源灵活选择合适的实现形式。

图 7.14 所示为采用矢量旋转方式产生的快速动态响应算法系统框图，其中过零点检测、角度计算、矢量旋转、加法器为实现二次谐波补偿量的环节。过零点检测部分主要实现与输入电压的实时同相控制，即检测到输入电压过零点时，斜坡函数开始进行角度计算。根据所得的角度量，采用矢量旋转方式计算出补偿量中的交流成分，用加法器将交流成分和芯片内部设定的直流成分叠加，形成一个完整的补偿量。

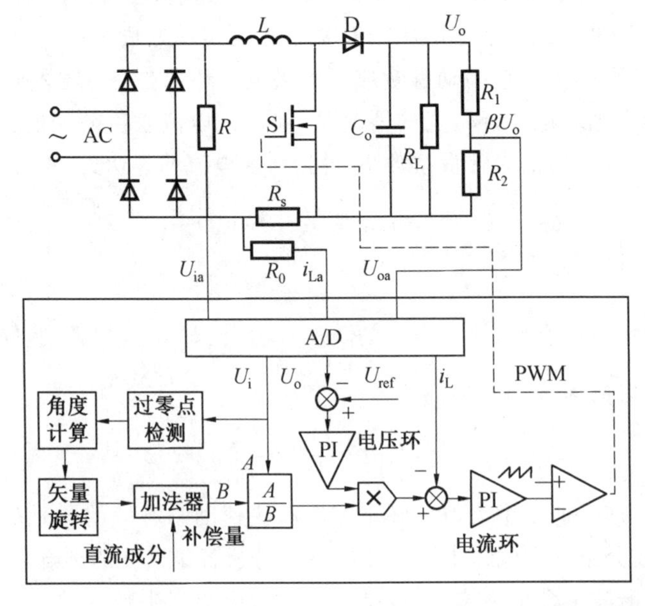

图 7.14　采用矢量旋转方式产生的快速动态响应算法系统框图

7.4　APFC数字控制实现方式及特点

APFC数字控制实现方式是将电路中的模拟量通过模拟数字(A/D)转换器数字化后传入微处理器芯片,微处理器完成数字控制算法后,通过输入输出(I/O)口输出脉宽调制(PWM)信号控制功率开关管的导通和关断。目前,主流的数字控制微处理器采用数字信号处理器(DSP)和现场可编程门阵列(FPGA)。

7.4.1　基于DSP的APFC数字控制方式

1. DSP简介

DSP是一种独特的微处理器,它以数字形式处理大量信息,有自己完整的指令系统。DSP芯片内部包括控制单元、运算单元、各种寄存器及一定数量的存储单元等,在其外围还可连接扩展存储器(RAM或者EEROM),并可以与一定数量的外部设备进行通信。与单片机相比,DSP具有更快的CPU运算速度、更高的集成度和更大容量的存储器。DSP采用并行体系的哈佛结构,即数据总线和地址总线分开,使程序和数据分别存储在两个空间,允许取指令和执行指令完全重叠,即在执行上一条指令的同时可以取出下一条指令,并进行译码,从而提高处理器的速度。DSP不仅具有可编程性,而且实时运行速度可达每秒数以千万条复杂指令程序,具有强大的数据处理能力和高运行速度。DSP与一般微处理器(如单片机)的主要区别在于它具有体积小、功耗低、使用方便、实时处理迅速、处理数据量大、处理精度高、集成度和性价比高等优点。

关于DSP芯片的研究和开发可以追溯到20世纪70年代,1978年,AMI公司发布了S2811;1979年,Intel公司推出商用可编程器件2920,但这两款芯片内部都没有现代DSP芯片所必需的乘法器。1980年,日本NEC公司推出的μPD7720是第一个具有乘法器的商用DSP芯片。在这之后,最成功的DSP芯片当数美国德州仪器公司(Texas Instruments,TI)的一系列产品。TI公司在1982年成功推出其第一代DSP芯片TMS32010及其系列产品TMS32011、TMS320C10/C14/C15/C16/C17等,之后相继推出了第二代DSP芯片TMS32020、TMS320C25/C26/C28,第三代DSP芯片TMS320C30/C31/C32,第四代DSP芯片TMS320C40/C44,第五代DSP芯片TMS320C5X/C54X,以及第六代DSP芯片TMS320C62X/C67X等。如今,TI公司的一系列产品已经成为当今世界上最具影响的DSP芯片,TI公司也成为世界上最大的DSP芯片供应商。

2. 基于DSP的APFC数字控制

采用DSP实现APFC数字控制,很多文献都有相关介绍,芯片厂家的网站也提供了一些参考设计。在设计和实现过程中主要考虑DSP芯片型号、控制算法、采样算法、采样频率和开关频率等因素。DSP芯片型号的选择需要考虑功能、价格、硬件设计的简单性和软件支持等方面,目标是选择一款性价比高的控制芯片。对于控制算法,除了经典的平均电流控制方法外,还有其他一些简化或新型控制算法,根据应用场合的需要和芯片功能，可以灵活选择，并在实际应用过程中研究和开发新型控制算法。合适的采样算法和采样频率在 APFC 数字控制器设计过程中扮演重要角色，因为采样频率直接影响到要实现的 APFC 功能和数字控制系统的可靠性。在工程设计中，通常希望使用最低的采样频率达到给定的设计要求。在 APFC 数字控制设计中，采样频率通常与开关频率同步，采样点选择在开关管导通或者关断的中点，从而避开功率开关管导通或者关断瞬间的干扰。至于开关频率的选择，根据具体应用场合、所用芯片处理能力、控制算法及对磁性器件和功率密度的要求等因素综合考虑。

采用 DSP 实现 APFC 数字控制过程中，在确定主电路拓扑结构后，主电路和控制电路的具体设计步骤如下。

(1)确定 APFC 的设计指标，包括额定功率、输入输出电压、开关频率、功率因数、效率等。

(2)进行主电路参数设计，包括 APFC 电感量、输出电容值和半导体器件的选择。

(3)选择合适的 DSP 芯片型号。

(4)根据所选择的控制芯片、APFC 算法和主电路结构，设计合适的采样电路，采样信号通常包括输入电压、电感电流和输出电压。

(5)采用汇编语言或高级语言(如 C 语言)进行算法编程，目前有些 DSP 芯片生产厂家给出了一些程序样例，在实际编程过程中可以加以借鉴。

(6)硬件和软件调试。

采用 DSP 实现 APFC 数字控制在很多文献中都有介绍，在此不再详述，感兴趣的读者可查阅相关文献，如文献[119,122]。

7.4.2　基于 FPGA 的 APFC 数字控制方式

虽然 DSP 有许多优点，但受采样频率、采样延时、运算时间等因素的制约，主要适合应用于采样速率低和软件复杂程度高的场合。而当系统采样速率高、条件操作少、任务比较固定时，另一种数字控制器——现场可编程门阵列(FPGA)更有优势。

FPGA 是一类高集成度的可编程逻辑器件(Programmable Logic Device，PLD)，它起源于美国的 Xilinx(赛灵思)公司，该公司于 1985 年推出了世界上第一块 FPGA 芯片。在随后的发展过程中，FPGA 的硬件体系结构和软件开发工具都得到不断完善，并日趋成熟。从最初的 1 200 个可用门，到 90 年代时几十万个可用门，发展到数百万可用门至上千万可用门的单片 FPGA 芯片。目前生产 FPGA 的公司主要有 Xilinx、Altera(阿尔特拉)、Lattice(莱迪思)、Microsemi(美高森美)等，世界级厂商已经将 FPGA 器件的集成度提高到一个新的水平。FPGA 结合了微电子技术、电路技术、EDA 技术，作为专用集成电路领域中的一种半定制电路，既解决了定制电路的不足，又克服了原有可编程器件门电路数有限的缺点，使设计者可以集中精力进行所需逻辑功能的设计，能缩短设计周期，提高设计质量。

典型的 FPGA 芯片内部通常包含三类基本资源，分别是可编程逻辑功能块、可编程输入/输出块和内部互连资源。可编程逻辑功能块是实现用户功能的基本单元，多个逻辑功能块通常规则地排成一个阵列结构，分布于整个芯片；可编程输入/输出块完成芯片内部逻辑与外部管脚之间的接口,围绕在逻辑单元阵列四周;内部互连资源包括各种长度的连线线段和一些可编程连接开关,它们将各个可编程逻辑块或输入/输出块连接起来,构成特定功能的电路。用户可以通过编程决定每个单元的功能及它们的互连关系,从而实现所需要的逻辑功能。不同厂家或不同型号的 FPGA,在可编程逻辑块的内部结构、规模、内部互连结构等方面经常存在较大差异,但它们都有一个共同之处,即逻辑功能块排成阵列,由互连资源连接这些逻辑功能块实现不同设计功能。

目前大部分 FPGA 都基于静态随机存储器(SRAM)工艺,而采用 SRAM 工艺的芯片在掉电后储存的信息就会丢失,因此在使用 FPGA 芯片时通常需要外加一片专用存储芯片(如 EEPROM),在上电时由这个专用存储芯片把程序和数据加载到 FPGA 中,然后 FPGA 正常工作,由于配置时间很短不会影响系统正常工作。当芯片掉电后,FPGA 恢复成白片,内部逻辑关系消失,因此 FPGA 能够反复使用。

FPGA 的编程可以通过原理图法或硬件描述语言(Hardware Description Language, HDL)来设计。原理图法采用图形法实现算法编程,优点是简单直观,符合思维习惯,但效率低,通用性差。硬件描述语言是一种以文本形式来描述数字系统硬件结构和行为的语言,用它可以表示逻辑电路图、逻辑表达式,还可以表示数字逻辑系统所完成的逻辑功能,它具有效率高,通用性强等优点,只是在设计程序之前需要花些时间对语言进行学习。一个数字系统被设计完成后,可以通过与芯片相对应的软件开发环境进行仿真,事先验证设计的正确性。在 PCB 完成以后,还可以利用 FPGA 的在线修改能力,随时修改设计而不必改动硬件电路。因此使用 FPGA 来开发数字电路,可以大大缩短设计时间,提高系统的可靠性。

FPGA 采用“硬件方式”实现复杂控制算法,因此在处理速度和成本方面更有优势,鉴于 FPGA 的诸多优点,研究人员开始用 FPGA 实现 APFC 数字控制。当采用 FPGA 实现 APFC 数字控制时,主电路拓扑结构和采样电路等与采用 DSP 实现的 APFC 数字控制电路没有太大区别,主要的不同点是芯片的编程开发环境和算法的实现方式,只要对两者的区别了解清楚,剩下的就是算法的实现问题。采用 FPGA 实现 APFC 数字控制也有一些相关文献,如文献[116,118],有兴趣的读者可以查阅。

7.4.3　APFC 数字控制特点

与模拟控制相比,数字控制采用集成度很高的商业化集成电路芯片,该芯片具有体积小、功耗低、处理数据量大、处理精度高、可以实现复杂控制算法的优势;当系统参数变化时,数字控制方法大多不需要改变硬件电路,就可以实现快速调节,易于功能扩展和升级;数字控制采用的数字处理器具有更强的信号抗噪声能力,消除了模拟控制中存在的温漂和老化问题;此外,采用数字控制方便对接人机接口,有利于提高系统信息交互能力,便于实现系统的监控、诊断、分级控制、维护及智能化。

数字控制在设计时可以采用转换模拟控制的方法,将模拟控制的反馈环路从 S 域转换到 Z 域,但需要注意数字电路中会出现模拟电路中没有的延时问题。数字控制回路中的延时包括采样延时、占空比计算延时、占空比更新延时、PWM 调制延时等,延时不仅会影响系统稳定性,还会给系统动态性能带来不利影响。此外,受限于数字芯片的工作频率和精度，采样和量化过程必然存在误差，采样和量化过程产生的误差使系统性能有所下降。随着宽禁带功率半导体器件在 APFC 电路中的应用，电路的开关频率向几百千赫兹和兆赫兹迈进，在高开关频率下，如何充分发挥数字控制的优点，并消除其存在的固有问题，是 APFC 数字控制中一个值得研究的重要内容。

第8章　APFC技术在车载充电电源中的应用设计与调试

在纯电动车或插电式混合动力车等“绿色”汽车中，具有交流接口、在家用配电条件下完成慢充的车载充电电源是必不可少的标准配件，为了充分利用有限的容量、同时避免对电网造成谐波污染，就需要用到APFC技术来提高车载充电电源的功率因数、抑制其电流谐波。本章以采用APFC作为前级的车载充电电源为例，说明根据其技术指标与性能要求进行系统设计与调试的过程。

8.1　技术指标与系统结构

车载充电电源不应对电网造成谐波污染，而且在民用配电容量有限的条件下，其功率因数应等于或接近1。另外，与场站充电电源相比，车载充电电源虽然功率不是很大，但其安放空间有限且运行工况相对恶劣，因此要求其体积小且防护等级高。

为满足上述要求，车载充电电源应采用APFC技术，以抑制网侧电流谐波并提高功率因数；应采用软开关变换技术，以提高充电电源的功率密度和变换效率；在最大限度减小能量变换热损耗的前提下，采用密封结构和自然冷却方式，以提高防护等级；根据动力电池的充电特性，车载充电电源应能在较宽的电流、电压范围内进行输出特性调节。

包含APFC功能的充电变换器按其电路结构可分为单级式和两级式。单级式电路结构简单，但是难以兼顾APFC和输出特性调节的高性能要求；相比之下，两级式电路结构较为复杂，但是其前级APFC级和后级DC/DC级的功能各自独立，更容易实现性能的综合提升。

综合考虑车载充电电源的功能和主要性能指标，其技术参数见表8.1。选用两级式电路结构，即前级有源功率因数校正电路和后级DC/DC直流变换器电路的整体结构框图，如图8.1所示。

表8.1　车载充电电源的主要技术参数

技术指标	参数
输入交流电压	AC220 V(1±20%)，50 Hz
输出额定电压	DC120 V，连续可调
输出直流电流	DC0～20 A，连续可调
输出最大功率	2.4 kW
整机额定效率	≥94%
功率因数PF	≥0.98
总谐波畸变率THD	≤3%
防护等级要求	IP65

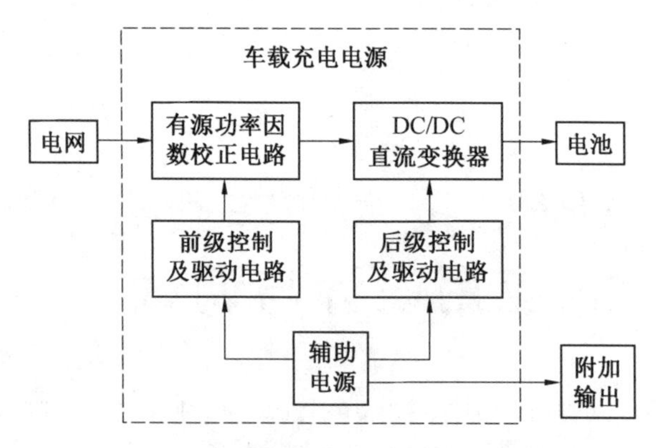

图 8.1　车载充电电源的整体结构框图

8.2　有源功率因数校正电路设计

有源功率因数校正(APFC)利用电流反馈技术,使输入电流跟踪电网电压的正弦波形,可以得到 0.99 以上的功率因数,被广泛应用在 AC/DC 开关电源领域。

8.2.1　APFC 的主电路选择

从基本原理上说,Boost、Buck、Buck-Boost、Flyback 及 Cuk 等变换器都可以作为 APFC 的主电路。在单相 APFC 电路中, Boost 电路的电感与输入端串联,既可以储存能量又可以实现滤波的功能,降低了系统对输入滤波器的要求,其拓扑结构简单,有利于提高功率密度和获得高质量的输入电流波形,可提高功率因数,应用非常广泛。另外,由于 Boost 型 APFC 电路允许输入电压范围非常宽,有利于车载充电电源适应世界各国不同的电网电压,大大提高了车载充电电源的适应性和灵活性。

但是,随着变换器功率等级的不断提高,单相 Boost 型 APFC 的开关管必然要承受更大的电流应力,不利于元器件的选型和参数配置,而且大电流导致热损耗大,再加上纹波大、EMI 问题严重,使得设计复杂化;而磁性元件体积随电流成倍增加,也不利于变换器功率密度的提高。

为解决传统单相 Boost 型 APFC 变换器的上述问题,将交错并联技术引入 Boost 型 APFC 变换器中,能有效减小输入电流纹波,减少单个磁性器件容量,降低电路中功率器件承受的电压、电流应力,能大幅度增加输出功率等级,降低整个系统的成本。因此,交错并联 Boost 型 APFC 适合于大功率、大电流等领域。早期研究的交错并联 APFC 电路,采用四个以上的基本单元并联组成的拓扑较多。但是由于并联模块较多,电路复杂性提高,设计和控制难度增加,并且由于元器件的增多,电路损耗也增加,反而不利于中小功率场合效率的提高。因此,对于 2～3 kW 的车载充电电源来说,选择两单元交错并联电路作为前级主电路是比较适合的。包括 EMI 滤波电路在内的前级 APFC 主电路如图 8.2 所示。

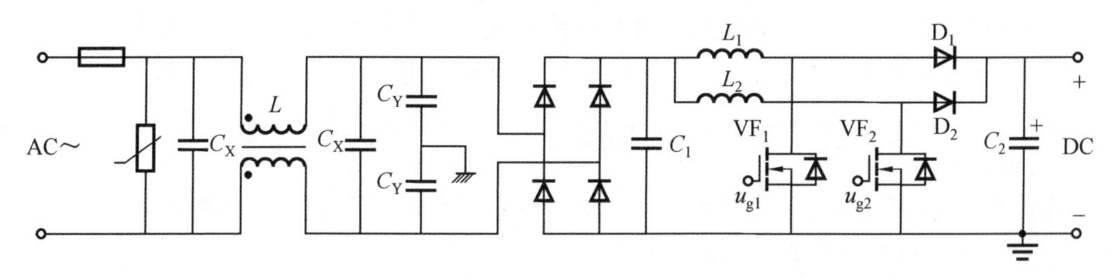

图 8.2　前级 APFC 主电路

8.2.2　APFC 控制方式选择

按照电感电流状态，Boost 型 APFC 电路的工作模式可以分为三种，分别是断续导通模式（DCM）、临界导通模式（CRM）及连续导通模式（CCM），而交错并联 Boost APFC 电路也可以工作在这三种工作模式下。

工作在断续导通模式或临界导通模式下，电路结构相对简单，电流不连续，不存在二极管的反向恢复损耗问题，开关管可以实现零电流导通，减少开关损耗，电感量小，但是电流峰值较大，并且较大的电流纹波会带来更强的电磁干扰，对于临界导通模式，变换器开关频率不固定，THD 较大，这两种模式适用于小功率传输的场合。

相比于以上两种模式，工作在连续导通模式时，开关管工作在硬开关状态，开关损耗较大，并且由于电流连续，二极管存在一定的反向恢复损耗，但是电流尖峰及纹波小，功率器件的导通损耗小，THD 和 EMI 都较小，适用于功率较大的场合。电流连续导通模式下应用较多的电流控制方式主要有峰值电流控制（PCC）、滞环电流控制（HCC）及平均电流控制（ACC）方式，这三种电流控制方式比较见表 8.2。

表 8.2　电流连续导通模式下三种电流控制方式比较

控制方式	开关频率	工作模式	对噪声	适用拓扑	其他
滞环电流	变频	CCM	敏感	Boost	需要逻辑控制
峰值电流	恒频	CCM	敏感	Boost	需要斜坡补偿
平均电流	恒频	任意	不敏感	任意	需要电流误差放大

半个周期内，CCM 模式下三种电流控制方式下的电感电流波形如图 8.3 所示。

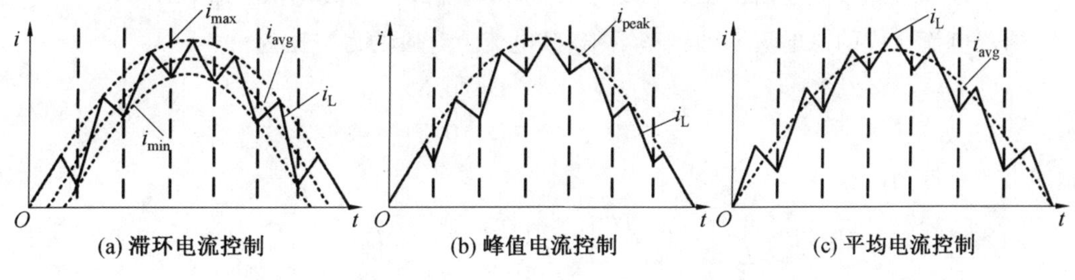

图 8.3　CCM 模式下三种电流控制方式下的电感电流波形

平均电流控制使电感电流的平均值跟踪给定电流，电感电流纹波小，对噪声不敏感，抗干扰能力强，并有利于实现较高的功率因数，在车载充电电源中采用是适合的。

8.2.3　交错并联 APFC 的电路设计

在确定了主电路拓扑及其控制方式之后，即可根据车载充电电源的功能和性能指标进行主电路参数的计算和控制电路的设计。

1. 主电路参数计算

(1)Boost 电感。在前级 APFC 变换器中，两个并联 Boost 电路参数完全相同，以限制总的电流脉动率低于 10%为原则来设计电感。

在电感电流连续导通模式下，两单元交错并联 APFC 变换器的控制信号以 180°相位差交错进行，所以两路电感中的电流相位也存在 180°的相位差，两路电感电流相互叠加后，总的输入电流在占空比为 50%时完全抵消，在占空比大于或者小于 50%的其他占空比区域，电路工作模型不同，但是纹波也以部分抵消的形式减小。两路电感电流叠加波形如图 8.4 所示。

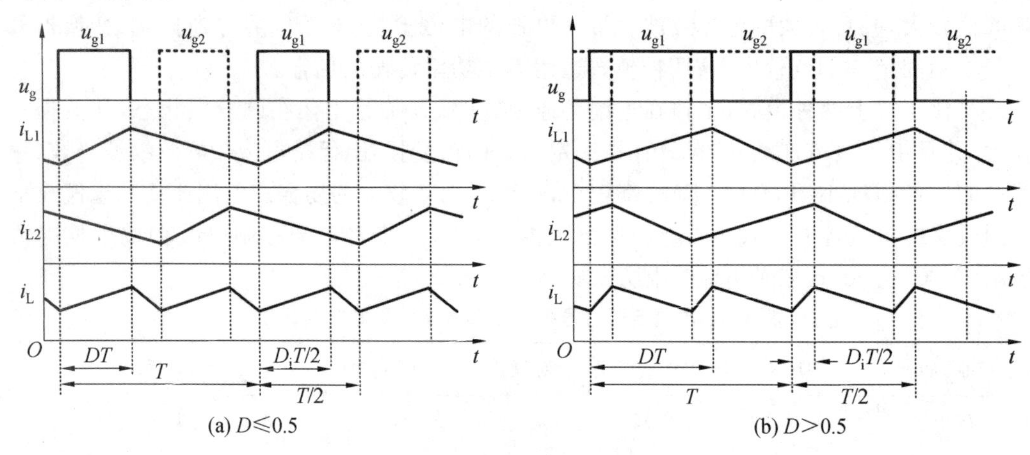

图 8.4　两路电感电流叠加波形

设两路电感完全相同，即 $L_1=L_2=L$。两路电感的电流纹波为

$$\Delta i_{L1}=\Delta i_{L2}=\frac{1}{L}U_i DT=\frac{1}{L}U_o TD(1-D) \tag{8.1}$$

式中，U_o 为 APFC 直流输出电压。在 $D=0.5$ 时，电流纹波最大，为 $U_oT/(4L)$。

两路电流合成的总电流 i_L 的频率翻倍，其电流上升段的占空比为

$$D_i=\begin{cases}2D & (D\leqslant 0.5)\\ 2D-1 & (D>0.5)\end{cases} \tag{8.2}$$

总的电流纹波为

$$\Delta i_L=\begin{cases}\frac{1}{L}U_i DT-\frac{1}{L}U_i DT\,\frac{D}{1-D}=\frac{1}{L}U_o TD(1-2D) & (D\leqslant 0.5)\\ \frac{1}{L}U_i DT-\frac{1}{L}U_i DT\,\frac{1-D}{D}=\frac{1}{L}U_o T(1-D)(2D-1) & (D>0.5)\end{cases} \tag{8.3}$$

当 D 为 0.5 时，总电流纹波为零；当 D 为 0.25 和 0.75 时，总电流纹波最大，为 $U_{o}T/(8L)$。两路电感电流纹波及总电流纹波与占空比关系如图 8.5 所示。

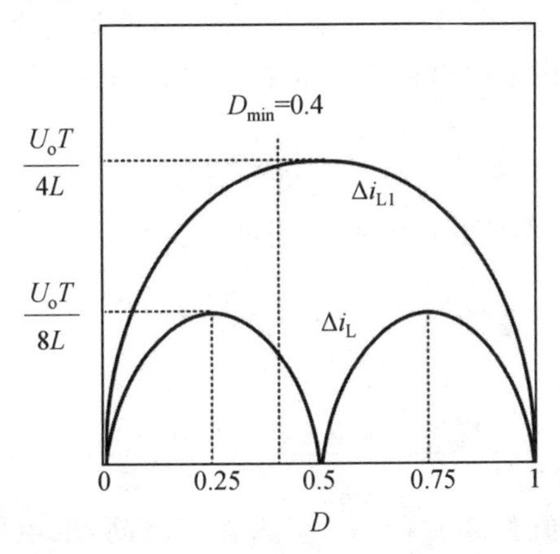

图 8.5　两路电感电流纹波及总电流纹波与占空比关系

电感电流连续导通模式下，Boost 型拓扑的输入电压、输出电压与占空比满足

$$D_{min}=\frac{U_{o}-U_{i\text{-}pk}}{U_{o}} \tag{8.4}$$

式中，U_{o} 为 400 V；$U_{i\text{-}pk}$ 为输入电压峰值。

当输入电压有效值为最大值 264 V 时，对应最小占空比约为 0.07，即占空比变化范围为 0.07～1；当输入电压有效值为最小值 176 V 时，对应最小占空比约为 0.4，即占空比变化范围为 0.4～1。因输入电压最低时，输入电流有效值最大，仅考虑输入电压最低时的情况即可。由图 8.5 可知，在占空比为 0.4～1 的范围内，当占空比为 0.75 时(对应输入电压有效值约为 70 V)总电流纹波最大，但其对应的电流值较小，因此考虑占空比为 0.4、电流为最大值处即可。

影响开关频率选择的因素有很多，综合考虑磁性器件体积、功率密度、开关管损耗、效率等因素后，折中选择每一路的开关频率为 70 kHz，两路电感电流合成后，总电流 i_{L} 纹波频率为 140 kHz，则当占空比为 0.4 时，由式(8.3)可知，总电流纹波为

$$\Delta i_{L}=0.08\frac{1}{L}U_{o}T \tag{8.5}$$

将其限制在 10% 的输入电流范围之内，即

$$\Delta i_{L}\leqslant 10\%\times I_{i\text{-}max} \tag{8.6}$$

最大输入电流 $I_{i\text{-}max}$ 出现在输入电压最低时，设 APFC 效率为 95%，可得

$$I_{i\text{-}max}=\frac{\sqrt{2}P_{o}}{\eta U_{i\text{-}min}}=\frac{\sqrt{2}\times 2\,400}{0.95\times 170}=21\ (\text{A})$$

由式(8.4)～(8.6)可计算电感值为 $L_{1}=L_{2}\geqslant 214\ \mu\text{H}$，实际取值为 $L_{1}=L_{2}=230\ \mu\text{H}$。两个电感中的电流有效值均为

$$I_{L1\text{-}rms}=I_{L2\text{-}rms}=\frac{P_{o}}{2\eta U_{i\text{-}min}}=\frac{2\,400}{2\times 0.95\times 170}=7.43(\text{A})$$

流经电感电流的最大峰值为

$$I_{\text{L1-pk}}=I_{\text{L2-pk}}=\sqrt{2}I_{\text{L1-rms}}+\frac{U_{\text{i-min}}D_{\min}T}{L_1}=11.65\ \text{A}$$

根据电感电流计算结果和 400 V 的输出电压，考虑到输出电压可能存在尖峰及电感电流纹波的影响，实际应用中留出相应的裕量，可进行功率开关管的选择。

(2)输出滤波电容。

主要考虑保持时间和输出电压纹波这两方面因素。假设保持时间是指关机后输出电压跌落到正常电压的 $a\%$时所经历的时间，则能量关系为

$$\frac{1}{2}C_{\text{o}}U_{\text{o}}^2-\frac{1}{2}C_{\text{o}}(a\%U_{\text{o}})^2=P_{\text{o}}T_{\text{hold}}\tag{8.7}$$

由此可得输出电容为

$$C_{\text{o}}\geqslant\frac{2P_{\text{o}}T_{\text{hold}}}{U_{\text{o}}^2-(a\%U_{\text{o}})^2}=\frac{2\times2.4\times10^3\times0.01}{400^2-300^2}=686\ (\mu\text{F})$$

式中，P_{o} 为输出功率，取值为 2.4 kW；T_{hold} 为保持时间，取电网周期的 50%，为 10 ms；$a\%$为 75%。

为了减小输出电容的等效串联电阻(ESR)，实际应用中，可选用三个 220 μF 或 330 μF、耐压 450 V 的电解电容并联使用。

2. 控制电路设计

根据已确定的交错并联 APFC 电路及其电感电流连续模式下的平均电流控制方式，选择 TI 公司推出的一款专用集成控制器 UCC28070 作为主控芯片，设计的交错并联 APFC 控制电路如图 8.6 所示。

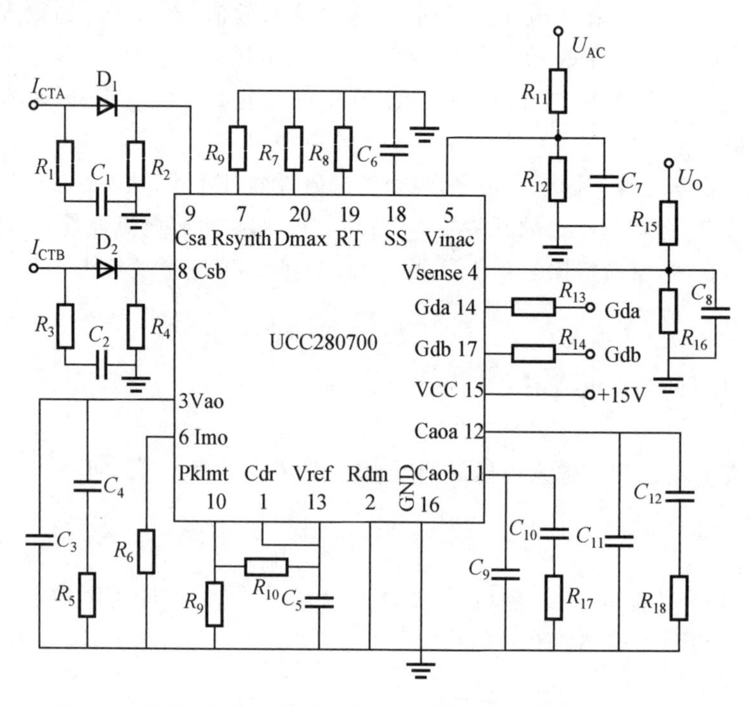

图 8.6　以 UCC28070 作为主控芯片的交错关联 APFC 控制电路

UCC28070内部集成了两路单独的PWM脉冲宽度调制器，它们以180°的相位差同频、同步工作，PWM频率和最大占空比钳制通过选择RT脚和Dmax脚上的电阻来设置，两路电感电流交错以后，实际输入电流纹波的频率加倍。UCC28070最突出的设计之一是电流合成电路，其原理是通过取样开关管导通时电感的上升电流来仿真开关管关断时电感的下降电流，从而实现电感电流的瞬时检测，有利于获得更高的效率和功率因数。此外，UCC28070内部还集成有量化电压前馈校正、高线性度的乘法器、最大占空比钳制、可调的峰值电流限制等丰富的功能环节。具体使用时可查阅该产品的详细资料。

(1)PWM频率设定。UCC28070的两路驱动信号没有主从之分，其PWM频率和最大占空比钳制通过选择RT脚和Dmax脚上的电阻来统一设置，RT直接决定了PWM频率大小，这里单路开关频率设定为70 kHz，频率设定电阻为

$$R_T=\frac{7.5\times10^9\ \Omega\cdot\text{Hz}}{f_s}=\frac{7.5\times10^9\ \Omega\cdot\text{Hz}}{70\ \text{kHz}}=107\ \text{k}\Omega$$

最大占空比为$D_{max}=0.97$，则

$$R_{Dmax}=R_{RT}(2D_{max}-1)=110\times(2\times0.97-1)=103\ (\text{k}\Omega)$$

(2)电流检测互感器选择。

$$N_{CT}=\frac{N_S}{N_P}\geqslant\frac{I_{peak}}{I_{rs}}=\frac{11.65\ \text{A}}{0.1\ \text{A}}=116.5$$

式中，N_S为电流互感器的副边匝数；N_P为电流互感器的原边匝数；I_{rs}为检测到的电流峰值，为100 mA；实际应用中选取$N_{CT}=200$。

(3)分压电阻设计。为了减小Vsense端的输入电流，使禁止APFC工作时的功耗最小，电阻R_A用三个电阻串联以满足高压需要。电阻R_B用来决定U_o的值，$R_A=3\ \text{M}\Omega$，所以有

$$R_B=\frac{\frac{U_{REF}}{2}R_A}{U_o-\frac{U_{REF}}{2}}=\frac{3\ \text{V}\times3\ \text{M}\Omega}{400\ \text{V}-3\ \text{V}}=22.7\ \text{k}\Omega$$

UCC28070需要检测线路输入电压送到Vinac端，对此采用与调节输出电压相同的电阻分压网络，以确保控制器正常工作。

(4)峰值电流限制设计。UCC28070有可调的峰值电流限制比较器，它用来选择R_{PK1}并计算R_{PK2}，该电阻网络建议工作电流为0.5 mA。为了保持电流互感器的复位电压，限制值定位3.7 V，$R_{PK1}=3.6\ \text{k}\Omega$，所以有

$$R_{PK2}=\frac{U_sR_{PK1}}{U_{REF}-U_s}=\frac{3.7\times3.6\ \text{k}\Omega}{6\ \text{V}-3.7\ \text{V}}=5.8\ \text{k}\Omega$$

(5)电流合成设计。电感电流合成波形如图8.7所示。其原理是在驱动输出端Gda和Gdb输出导通期间，电感电流对每一个Boost单元的输出电流分别被记录在Csa和Csb端所对应的电流互感器网络上。与此同时，经过Vinac端和Vsense端对输入输出电压的连续监视，UCC28070内部电路在每个驱动信号为低电平期间重新仿真出电感电流的下斜坡。通过对Rsynth端电阻的选择，内部电路还可以相应地调节对电感量的适应宽度，从而拓宽应用范围。

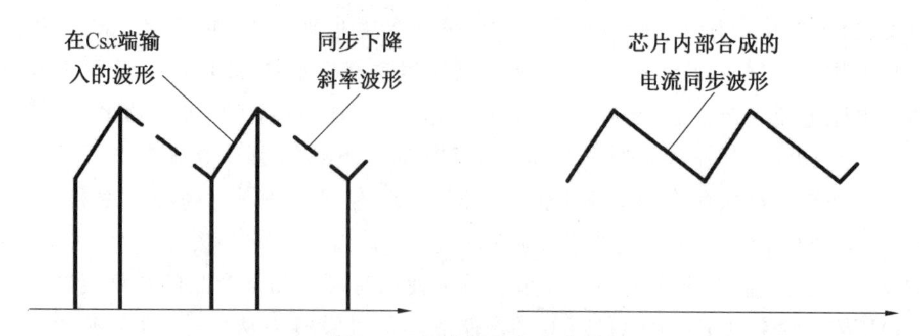

图 8.7　电感电流合成波形

Rsynth 端电阻阻值满足

$$R_{\mathrm{SYN}}=\frac{10N_{\mathrm{CT}}L_{\max}R_{\mathrm{B}}}{R_{\mathrm{S}}(R_{\mathrm{A}}+R_{\mathrm{B}})}=\frac{10\times 634\ \mu\mathrm{H}\times 200\times 22\ \mathrm{k}\Omega}{56\times 3.02\ \mathrm{k}\Omega}=164.8\ \mathrm{k}\Omega$$

式中，$L_{\max}$为升压电感最大值，取 634 μH；R_{S}为检测电阻，取 56 Ω。

8.2.4　交错并联 APFC 的仿真与实验

利用 Saber 建立交错并联 APFC 的电路仿真模型，模型主要参数为：网侧单相交流输入 AC 220 V，50 Hz；电路工作在额定负载条件下，即输出直流电压为 DC 400 V，输出功率为 2.4 kW；两个 Boost 单元的升压电感值相等，均为 230 μH；开关频率为 70 kHz，两路电感电流交错以后，实际输入电流纹波的频率为 140 kHz。两单元交错并联 APFC 主要仿真波形如图 8.8 所示。

从图中可以看出，网侧输入电流无相位差地跟踪电网输入电压，而且无论占空比大于还是小于 50%，两个相等的电感电流纹波叠加后，总输入电流纹波显著减小，低于单路电感电流纹波的 50%。

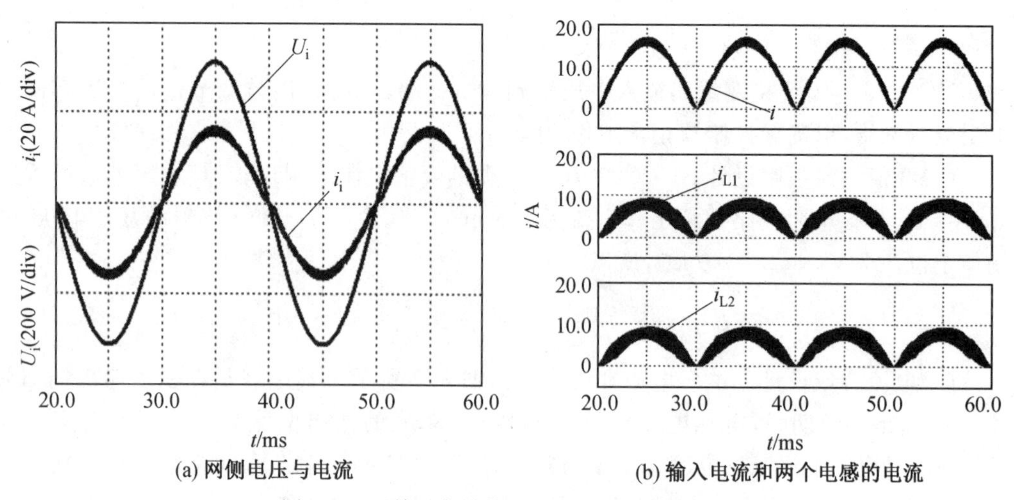

(a) 网侧电压与电流　　(b) 输入电流和两个电感的电流

图 8.8　两单元交错并联 APFC 主要仿真波形

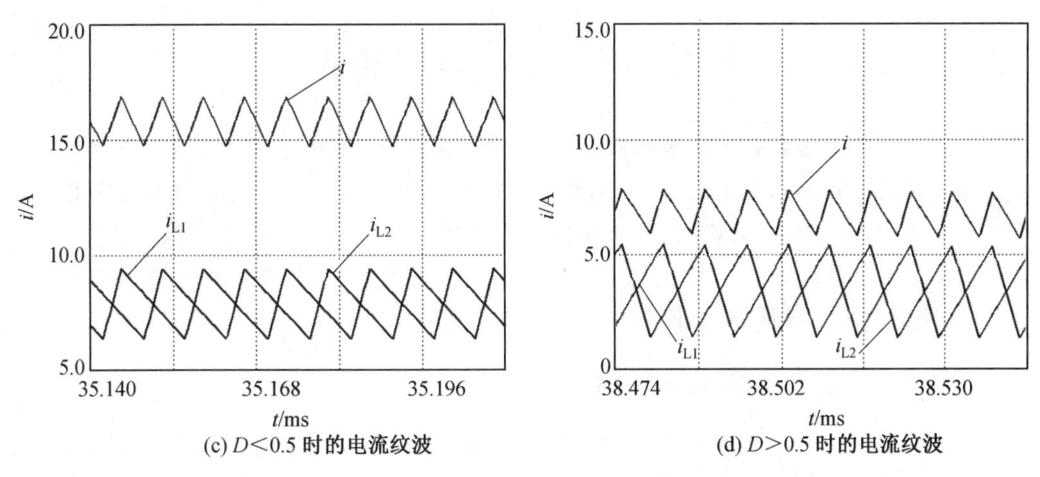

(c) $D<0.5$ 时的电流纹波

(d) $D>0.5$ 时的电流纹波

续图 8.8

相同参数条件下的实验结果与仿真结果近似，测得的实验波形如图 8.9 所示。受电能质量分析仪的精度限制，PF 值应理解为接近于 1。

为检验两单元交错并联 Boost APFC 电路的功率提升效果，在对其进行效率测试的同时也对一台相同规格的常规单路 Boost APFC 电路的效率进行了测试。两单元交错并联电路的最大效率可达 97.3%，在 600～2 400 W 输出功率范围内，变换效率较常规电路均有提高。

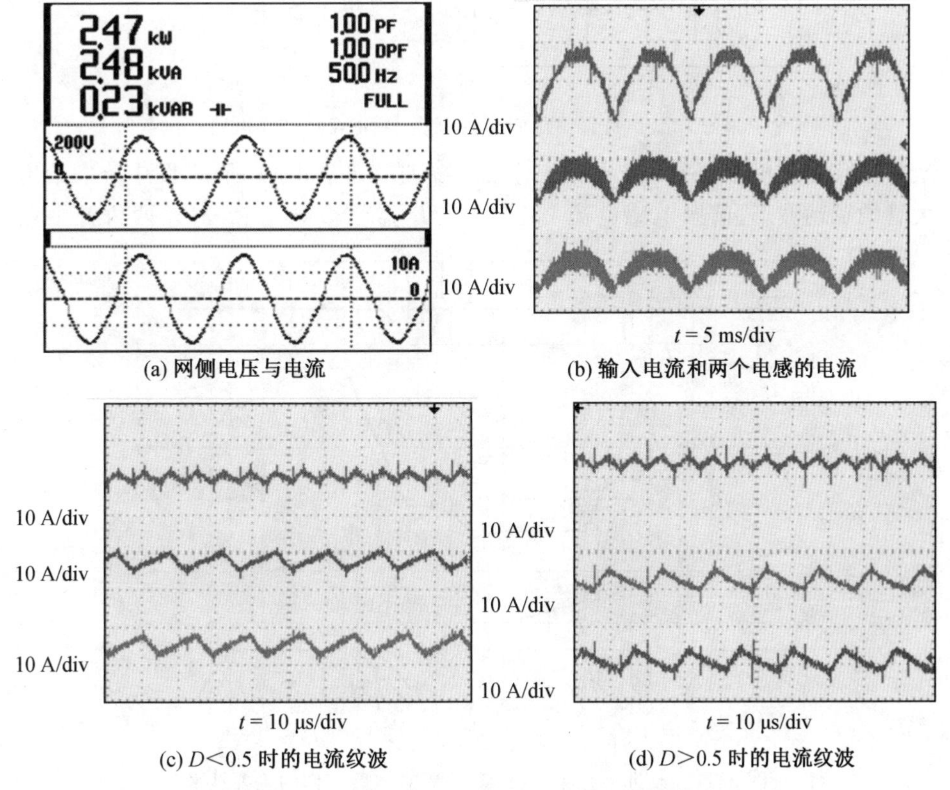

(a) 网侧电压与电流

(b) 输入电流和两个电感的电流

(c) $D<0.5$ 时的电流纹波

(d) $D>0.5$ 时的电流纹波

图 8.9 两单元交错并联 APFC 主要实验波形

8.3 后级变换电路简介

针对电动汽车车载充电电源对高效率、高功率密度及安全性的要求，后级直流变换器应选择变换效率和磁芯利用率高，且具有较宽输出调节范围的软开关隔离型变换器。在这类变换器中，移相全桥 ZVS 软开关变换器比较适合于千瓦以上功率等级的直流变换。这里选用了一种利用原边二极管钳位抑制整流二极管尖峰电压和振荡改进型移相全桥电路，该电路降低了二极管损耗，同时实现了轻载时滞后桥臂的 ZVS。

8.3.1 改进型全桥电路及运行特点

二极管钳位的移相全桥 ZVSPWM 变换电路如图 8.10 所示，这种改进型的电路以传统的移相全桥 ZVSPWM 变换器为基础，在变压器的原边加入了两个钳位二极管 D_7、D_8 和一个谐振电感 L_r，变压器 T 与 S_3、S_4 组成的滞后桥臂相连。

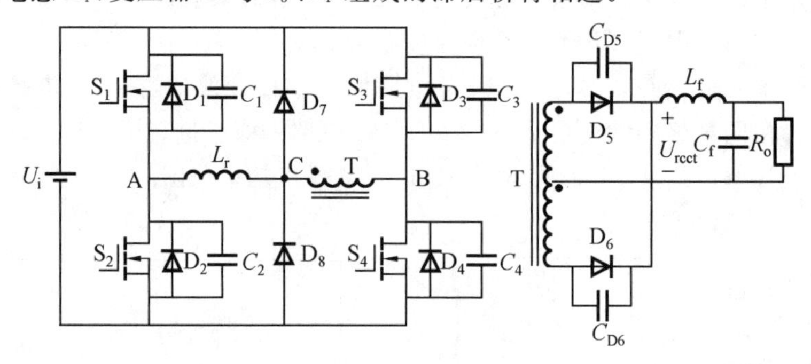

图 8.10 二极管钳位的移相全桥 ZVSPWM 变换电路

改进型移相全桥 ZVSPWM 电路工作的主要波形如图 8.11 所示，图中分别给出了四个开关管的驱动波形、谐振电感电流 i_{Lr} 波形、变压器原边电流 i_P 波形、两桥臂中点电压

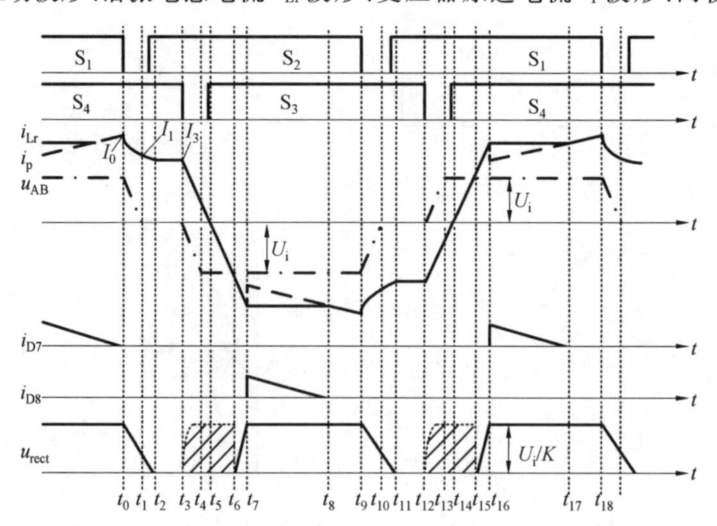

图 8.11 改进型移相全桥 ZVSPWM 电路工作的主要波形

u_{AB}波形、两个钳位二极管电流 i_{D7}和 i_{D8}波形及副边输出整流电压 u_{rect}波形。

原边二极管钳位抑制整流二极管尖峰电压和振荡体现在 $t_7 \sim t_8$和 $t_{16} \sim t_{17}$时间段，以 $t_7 \sim t_8$时间段为例，D_5 开始关断时，变压器原边 C 点电位不断减小，当其小于零时，二极管 D_8 导通，使得变压器原、副边电压都被钳位，从而抑制了整流二极管的尖峰电压，在 D_8 导通期间，i_{Lr}一直保持不变，i_P逐渐增加，i_{Lr}与 i_P的差值电流流经 D_8，随着 i_P的增大，至 t_8时刻，i_P与 i_{Lr}相等，D_8被迫关断。改进型全桥变换器 $t_7 \sim t_8$时间段等效电路如图 8.12 所示。

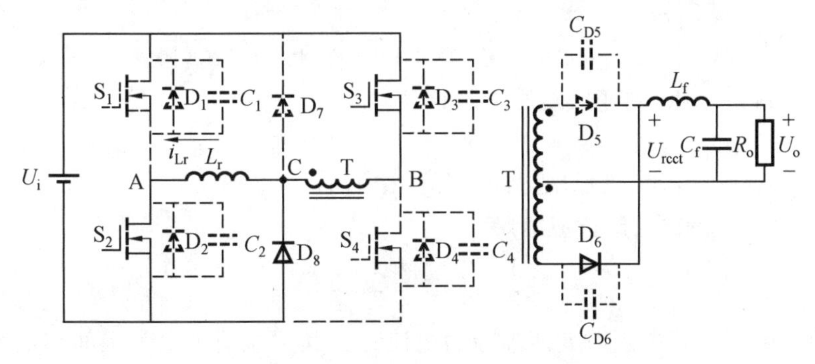

图 8.12　改进型全桥变换器 $t_7 \sim t_8$时间段等效电路

8.3.2　改进型全桥变换器的设计

车载充电电源后级直流变换器的主电路结构如图 8.13 所示，该结构主要包括全桥逆变电路、谐振电感、钳位二极管、输出全波整流电路、滤波电路。

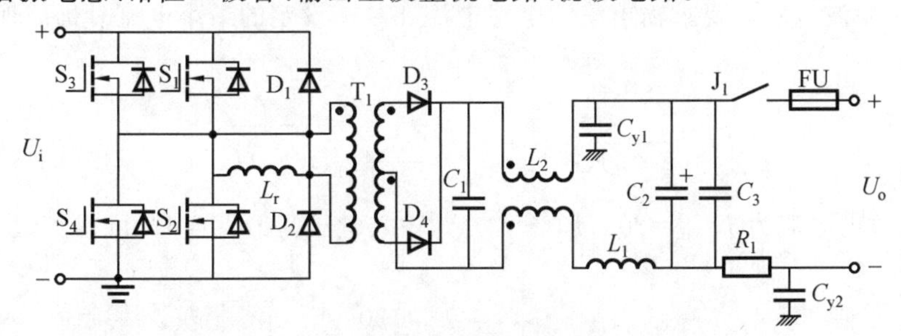

图 8.13　后级直流变换器的主电路结构

1. 主电路参数计算

(1)隔离变压器。变压器的原副边变比应按照原边输入电压为最低值时来设计。取变压器副边的最大占空比为 $D_{S\text{-}max}=0.8$，则副边最低电压值 $U_{S\text{-}min}$为

$$U_{S\text{-}min}=\frac{U_o+U_{Lf}+U_D}{D_{S\text{-}max}}=\frac{120+0.5+1.2}{0.8}=152.125\ (\text{V})$$

式中，U_o 是输出电压；U_{Lf}是输出滤波电感 L_f上的直流压降；U_D是副边整流二极管的导通压降。所以变压器原副边变比为

$$N=\frac{U_{i\text{-}min}}{U_{S\text{-}min}}=\frac{390}{152.125}=2.56$$

式中，$U_{i\text{-}min}$是直流输入电压最低值，即前级输出电压最低值，取 390 V。

一般选取高开关频率可以减小磁性器件的体积、降低成本。但是随着开关频率的提

高，变压器原副边占空比丢失，开关管的开关损耗等都会迅速变大，因此实际应用中需要折中考虑，选择开关频率为 $f_s=50$ kHz。

选择两副 EE55/55/21 型磁芯合并使用，磁芯面积加倍，在磁通摆幅和频率不变的情况下，匝数减半，传输功率加倍。单副磁芯有效面积为 $A_e=354\ \text{mm}^2$，窗口面积为 $A_W=386.34\ \text{mm}^2$，取最大磁通密度为 $B_m=0.2$ T。

副边匝数 N_S 为

$$N_S=\frac{U_o}{K_f f_s B_m A_e}=\frac{120}{4\times 50\times 10^3\times 0.2\times 354.00\times 10^{-6}\times 2}=4.24$$

若实际中选取 $N_S=5$ 匝，则变压器原边匝数为

$$N_P=N\times N_S=2.50\times 5=12.5$$

若实际中选取 $N_P=13$ 匝，则原副边的实际变比为 $N=2.6$。

(2)谐振电感。谐振电感值应满足

$$\frac{1}{2}L_r I^2=\frac{4}{3}C_{mos}U_i^2 \tag{8.8}$$

式中，I 为滞后臂开关管关断时变压器原边电流；C_{mos} 为开关管的漏源极间结电容。

按照大于三分之一满载时，前后桥臂开关管均能够实现零电压开关设计。在满载时有

$$I=\frac{I_{o\text{-}max}/3+\Delta i_{Lf}/2}{n}=3.33\ \text{A}$$

如果取 $U_{i\text{-}max}=410$ V、$C_{mos}=315$ pF，则由式(8.8)计算可得谐振电感值为 $L_r=12.7\ \mu$H。

(3)输出滤波电感。要求输出滤波电感电流在某一设定的最小电流时仍能保持连续，其表达式为

$$L_f=\frac{U_o}{2\times 2f_s\times I_{o\text{-}min}}\left(1-\frac{U_{o\text{-}min}}{\frac{U_{i\text{-}max}}{n}-U_{Lf}-U_D}\right) \tag{8.9}$$

如果取最小输出电流为 $I_{o\text{-}min}=20\times 10\%=2$ A，输入电压为最大值时，可得到最大输出滤波电感为

$$L_f=\frac{120}{2\times 2\times 50\times 10^3\times 2}\left(1-\frac{120}{\frac{410}{2.6}-0.5-1.2}\right)=69.2\ (\mu\text{H})$$

实际取 $L_f=70\ \mu$H。

(4)输出滤波电容。输出滤波电容的容量与充电电源对输出电压峰－峰值的要求有关，其表达式为

$$C_f=\frac{U_o}{8L_f f_{cf}^2\Delta U_{o\text{-}pp}}\left(1-\frac{U_o}{\frac{U_i}{n}-U_{Lf}-U_D}\right) \tag{8.10}$$

式中，f_{cf} 为输出滤波电容的工作频率，$f_{cf}=2f_s$，由电路结构决定；$\Delta U_{o\text{-}pp}$ 为输出电压峰－峰值，取 1 V。输入电压 U_i 最高时取得最大值，则 C_f 约为 100 μF。为了减少电容的等效串联电阻带来的影响，使用时一般都是两个或多个电容并联使用，考虑车载充电电源工作环境及电容存在寄生电阻等情况和电容耐压值的要求，实际使用 2 个 220 μF/250 V 的电解电容并联。

2. 控制电路设计

以 TI 公司 DSP 微控制器 TMS320F28027 为主控芯片，设计后级 DC/DC 的控制电路，其功能框图如图 8.14 所示。

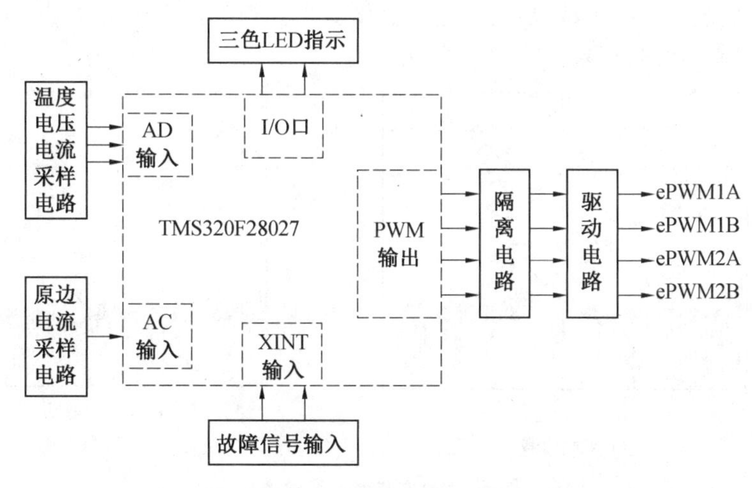

图 8.14　后级 DC/DC 控制电路功能框图

控制电路是以实现全桥 ZVSPWM 变换器的移相控制为主要目标，兼顾车载充电电源对智能化及保护特性的要求而设计的。硬件组成主要包括：充电电压、充电电流和充电电源温度采样电路；变压器原边电流采样电路；故障信号输入电路，信号指示电路及 PWM 输出隔离驱动电路。

3. 实验测试

为了保证实验测试过程中供电电源和负载稳定，实际使用了单相交流可编程电源和直流可编程负载。

在四分之一额定负载条件下，超前桥臂 ZVS 波形如图 8.15 所示。可以看出，在驱动信号出现之前，其漏源级之间电压已经下降到零，刚好实现了零电压开关。在二分之一额定负载条件下，滞后桥臂 ZVS 波形如图 8.16 所示。可以看出，在负载较大时，滞后桥臂实现了零电压开关，由此可以判断在充电电源的主要功率区间内，前后桥臂均能较好地实现零电压开关。

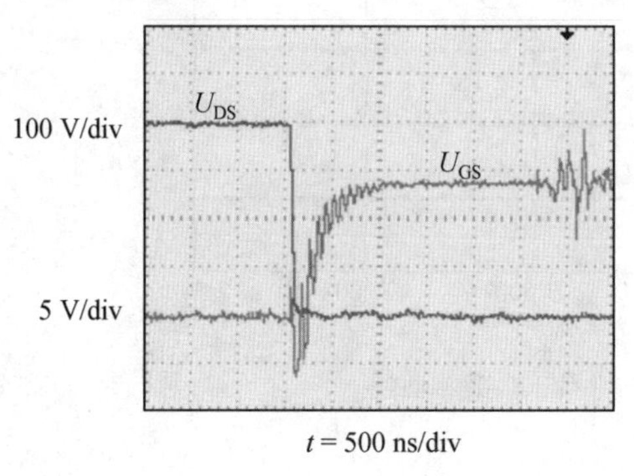

图 8.15　超前桥臂 ZVS 波形

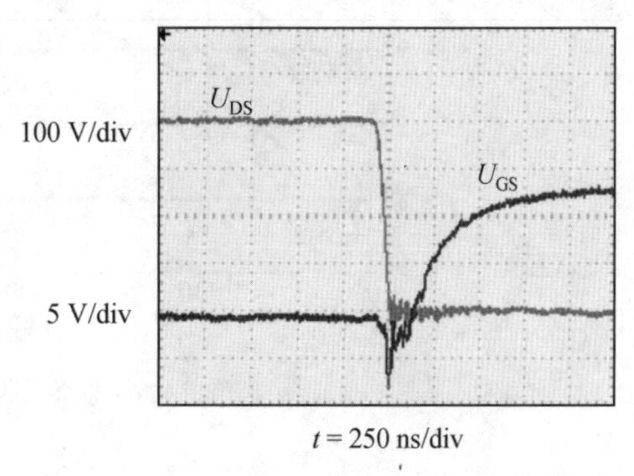

图 8.16　滞后桥臂 ZVS 波形

为了检验数字控制器的实际效果，进行了变换器的动态性能测试。测试条件是输入电压为额定值 400 V，输出电压为额定值 120 V，负载在额定负载与二分之一额定负载之间切换。加减负载时，输出电压变化 ΔU_o，负载突变实验波形如图 8.17 所示。从图中可以看出，突加负载与突减负载时，输出电压变化量均小于 2 V 且调节时间小于 2 ms，系统动态性能可以满足实际要求。

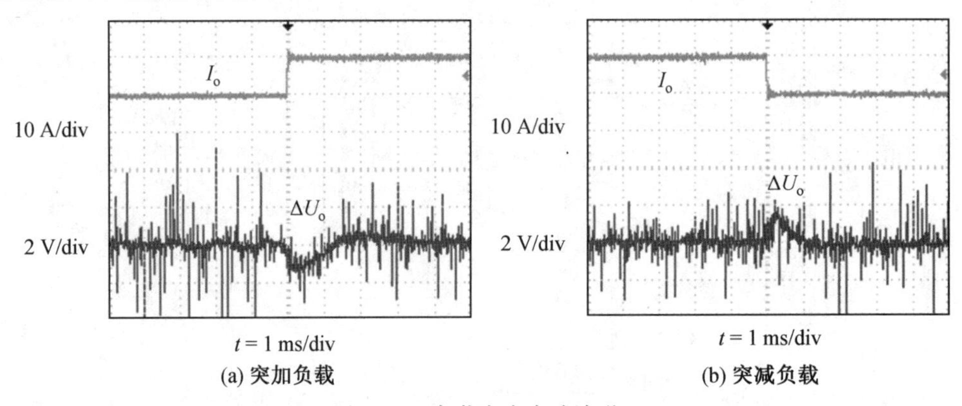

图 8.17 负载突变实验波形

本章设计的车载充电电源样机在不同输出电流条件下的效率曲线如图 8.18 所示，图中包括前级交错并联有源功率因数校正电路的效率（前级效率）、后级隔离型充电变换电路的效率（后级效率）及整机效率三条曲线，其中隔离型充电变换电路的输入功率通过分流器配合台式万用表测得，输出功率由电子负载测得。

从图 8.18 中可以看出，车载充电电源在主要负载范围之内的效率均在 90% 以上，其中效率大于 93% 的功率区间为[0.7 kW，2.4 kW]。在额定负载条件下，前级交错并联 APFC 电路的效率约为 97.38%，后级隔离型充电变换电路的效率约为 97.87%，整机效率约为 95.31%，可以满足车载充电电源对效率的要求。

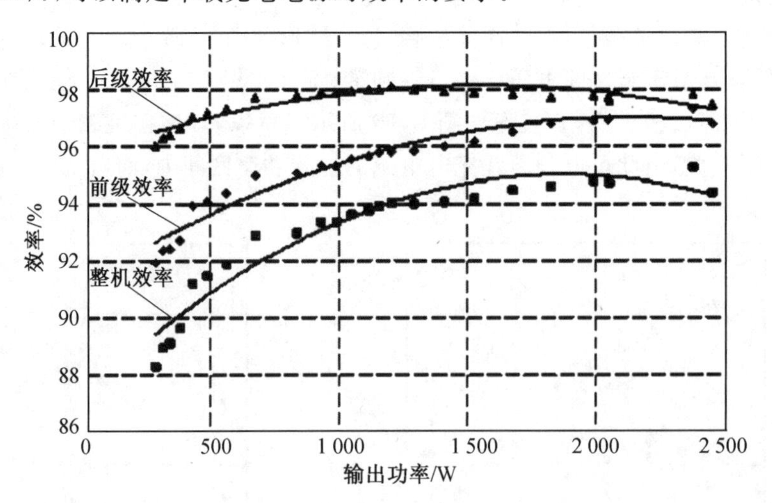

图 8.18 不同输出电流条件下的效率曲线

8.4　整机调试与电性能实验

8.4.1　整机调试

充电电源包括前级有源功率因数校正电路和后级移相全桥变换电路，在进行整机调试时，前后两级先分开调试，避免某级电路在调试过程中可能出现故障而导致另一级电路的损伤或损坏，待两级电路分别调试完成、可正常工作后再进行两级电路的联调。

1. 前级有源功率因数校正电路调试

充电电源中有辅助供电电源，正常工作时，辅助电源为控制电路、驱动电路等供电。在调试时先禁止辅助电源工作，而采用外部的供电电源为控制电路供电，这样充电电源中的控制电路和主电路就是分开供电的，控制电路可以直接正常通电，而主电路可通过调压器等逐步升高输入电压。

首先，仅控制电路通电，主要注意依次检查以下几点。

(1)检查供电电压是否正常、各类器件是否发热严重，确保控制电路中没有出现短路等异常现象。

(2)检查控制芯片的主要管脚电压和波形是否正常，重点检查 PWM 信号输出管脚。主电路没有通电，相当于没有反馈信号，此时控制器也会输出相应的 PWM 信号，因此可以检查该信号是否可正常输出。

(3)本例中，控制芯片直接驱动开关管，可以检查开关管端的驱动信号是否正常，通过驱动波形初步判断开关管的开关速度是否合适。

(4)可以利用外部电压信号模拟反馈信号，检查 PWM 信号是否有变化，初步确认控制器有调节作用。

(5)可以利用外部电压信号模拟保护采样信号(如开关管电流)，检查 PWM 信号是否关闭，初步确认保护动作有效。

通过控制电路通电后的各项检查，确保控制电路能正常工作，可以完成调节、驱动、保护等功能。

控制电路检查完毕后，可以给主电路通电，通过调压器等使主电路输入电压从零开始逐渐上升，调试初期使用较轻的负载，主要注意依次检查以下几点。

(1)关键点波形的测试。对于 Buck 族降压型变换器(Buck、推挽、正激、半桥、全桥等)，当输入电压较低时，变换器无法输出给定值要求的电压或电流，因此误差放大器输出处于饱和状态，PWM 信号占空比为最大值，实际上相当于处在开环状态。

本例中 APFC 电路采用 Boost 变换器，当输入电压较低时，其输出电压也可泵升到给定值要求的电压，因此是一直处于闭环状态。如果在输入电压较低时，也输出 400 V 直流，则升压比过大，不利于初期测试，因此可以修改控制电路中关于输出电压采样处电阻分压的比值，压低变换器的输出电压(如变为 100 V 输出)。

此时可以检查输入和输出之间的关系是否和理论分析一致，检查功率器件、电感、电容等关键器件的电压电流波形是否和仿真分析的结果一致，初步判断变换器工作是否正常。

检查波形时,重点检查开关管驱动波形、漏源电压波形,确认没有可能影响驱动效果的干扰信号,漏源电压没有严重的电压尖峰,确保开关管不会损坏。本例中,开关管驱动信号的占空比是不断变化的,可以利用示波器的暂停功能捕捉波形进行观察,如果是多通道隔离示波器,则可利用一个通道观察输入交流电压波形并以其为触发信号,通过调整触发电平即可看到不同输入电压时稳定的开关管的驱动信号。

(2)闭环控制效果测试。对于 Buck 族降压型变换器(Buck、推挽、正激、桥式等),当输入电压逐渐升高时,其输出电压也逐渐升高,当达到给定值要求的电压时,误差放大器开始退出饱和状态,控制器开始调节 PWM 信号的占空比,变换器进入闭环状态。此时注意观察输出电压、PWM 信号的占空比是否稳定。如果控制器参数不合理,输出会出现振荡,可以根据振荡情况适当调整控制器参数,并对比调整参数后的振荡情况,来判断下一步的调整方向,一般可能需要反复调整测试多次才能取得理想的效果。之后可逐渐升高输入电压,注意观察开关管漏源电压是否有较大尖峰,输出是否又出现振荡情况。

本例中 APFC 电路采用 Boost 变换器,一直处于闭环状态,因此在上一步中就需要观察输出是否稳定。电路中采用了电压电流双环控制,电压环带宽低,可以先调节电压环使其稳定,即输出电压达到给定值,之后再调节带宽较高的电流环,使输入电流跟踪正弦波形。

控制电路调整稳定后,将输出电压采样处电阻分压的比值改回正常值,使直流输出电压稳定值为 400 V,利用调压器等逐渐升高输入电压至正常值,使 APFC 电路在轻载情况下正常运行。

(3)加载及温升测试。完成变换器在轻载条件下的调试后,可以逐步增加负载,考核变换器在重载条件下的工作情况。随负载电流的增加,开关管等器件的电压尖峰会有所增加,因此要注意观察器件的电压是否超过其允许峰值电压。在重载条件下,变换器输出的纹波会有所增加,主要观察是否超过允许值。另外,随输出功率的增大,变换器损耗也随之增大,主要的开关管、磁性器件等温度升高,因此要注意考察器件的温升,避免过高温升导致开关管等器件损坏。如果温度过高,超过预计温升,则需要重新检查原有设计,更换器件等或增加新的散热措施。如果温升正常,可以进行长时间的满载运行,考察其可靠性。

最后,主电路和控制电路共同通电,注意检查软启动效果。此时也遵循先低输入电压再逐渐升高电压、先轻载再逐渐加载的原则,先选择可以使辅助电源工作的低输入电压,检查辅助电源工作情况及在辅助电源供电条件下变换器的工作状态,主要注意变换器的软启动效果,避免出现较大的电压或电流冲击。之后,依次进行正常输入电压下的轻载实验和重载实验,检查软启动效果。

至此,变换器的调试基本完成,确保变换器基本功能的实现。在调试的过程中如果发现某些指标不达标,则可根据情况调整设计或更换器件等,最终实现指标的达标。

2. 后级移相全桥电路调试

后级移相全桥电路的调试步骤和方法基本与前级电路一致,只是其采用了数字控制器,控制器调整上略有区别。

3. 前后级联调

分别完成前后级电路的单独调试后，即将前后两级连接在一起进行联调。由于前级直接输出 400 V 直流，因此可以省略输入电压逐步上升的步骤，直接利用自身辅助电源供电，在轻载条件下进行测试，重点观察关键点波形，主要考察前后级是否存在相互影响。一般情况下，两级相互影响的可能性较小，即可进行重载和满载实验，考察整机的工作状态，包括输出的稳定性、整体温升等。

8.4.2　电性能实验

整机调试完成后或在调试过程中，需要对整机进行电性能实验，以考核整机是否达到设计指标要求，主要包括功率因数、THD、输出纹波、电源调整率、负载调整率、动态性能、变换效率等，某些指标测试需要专用仪器设备，这里简要说明一下实验方法和注意事项。

对于前级有源功率因数校正电路，主要测试其功率因数、THD、输出电压纹波。一般的可编程交流电源只有功率因数测量功能，需要使用电能质量分析仪才能同时完成功率因数、THD 的测试，或采用带有测试上述指标功能的示波器，一般而言电能质量分析仪的测试准确度更高。输出电压纹波使用示波器测试即可，主要测试满载时，电压波动是否达标，电压最小值、最大值是否在后级电路的允许范围内。

对于后级电路及整机，主要测试其电源调整率、负载调整率、动态性能、变换效率。测试电源调整率时，一般在满载条件下进行，利用可编程电源或调压器令输入电压在全输入范围内变化，测量输出电压或电流偏离正常标称值的大小。测试负载调整率时，一般在额定输入电压条件下进行，利用可编程电子负载或可变电阻令负载在空载和满载间变化，测量输出电压或电流偏离正常标称值的大小。利用可编程电子负载的负载编程功能可以方便地进行动态性能测试，一般令负载从半载突然切换到满载，或进行相反的切换过程，用示波器检查输出电压或电流的变化情况，估算变换器的动态响应时间。利用可编程交流电源或电能质量分析仪可以测试输入交流功率，利用可编程电子负载可以测试输出直流功率，进而计算出变换效率，但一般而言电子负载的输出功率测量功能较为简单，更为准确的方法是使用功率分析仪，功率分析仪具有较高带宽，可以准确测量高频成分信号的功率。

参考文献

[1] International Electro technical Commission. Electromagnetic compatibility (EMC)-Part 3-2: Limits-Limits for harmonic current emissions (equipment input current ≤ 16 A per phase):IEC 61000-3-2[S]. Geneva: IEC, 2018.

[2] International Electro technical Commission. Electromagnetic compatibility (EMC)-Part 3-2: Limits-Limits for harmonic current emissions (equipment input current ≤ 16 A per phase):IEC 61000-3-2 [S]. Geneva: IEC, 2014.

[3] 王子江,李琼林,唐钰政,等. 第九届电能质量研讨会论文集[C]. 南京:全国电压电流等级和频率标准化技术委员会,2018.

[4] 徐德鸿，李睿，刘昌金,等. 现代整流器技术—有源功率因数校正技术[M]. 北京:机械工业出版社,2013.

[5] 路秋生. 功率因数校正技术与应用[M]. 北京:机械工业出版社,2006.

[6] 孟涛. 电流型全桥单级 APFC 变换器及其关键技术[M]. 北京:科学出版社,2017.

[7] 裴云庆,杨旭,王兆安. 开关稳压电源的设计和应用 [M]. 北京:机械工业出版社,2010.

[8] CHENG H L, HSIEH Y, LIN C. A novel single-stage high-power-factor AC/DC converter featuring high circuit efficiency[J]. IEEE Transactions on Industrial Electronics, 2011, 58(2): 524-532.

[9] MOHANTY P R, PANDA A K, DAS D. An active PFC boost converter topology for power factor correction[C]. New Delhi: 2015 Annual IEEE India Conference (INDICON), 2015: 1-5.

[10] YANG J, ZHANG J, WU X, et al. Performance comparison between buck and boost CRM PFC converter [C]. Boulder: IEEE Workshop on Control and Modeling for Power Electronics, 2010: 1-5.

[11] YANG L S, LIANG T J, CHEN J F. Analysis and design of a single-phase buck-boost power-factor-correction circuit for universal input voltage [C]. Taipei: Conference of the IEEE Industrial Electronics Society, 2007: 1461-1465.

[12] CHENG H L, CHENG C A, CHANG C S. A novel single-stage HPF AC/DC converter with integrated buck-boost and flyback converters [C]. Kaohsiung: IEEE International Symposium on Next-generation Electronics, 2013: 146-149.

[13] MOON S C, CHUNG B G, KOO G, et al. A conduction band control AC-DC Buck converter for a high efficiency and high power density adapter[C]. Tampa: 2017 IEEE Applied Power Electronics Conference and Exposition (APEC), 2017: 1771-1777.

[14] SIMONETTI D S L, SEBASTIAN J, UCEDA J. The discontinuous conduction

mode sepic and cuk power factor preregulators: analysis and design[J]. IEEE Transactions on Industrial Electronics, 1997, 44(5): 630-637.

[15] COSTA P J, ILLA C H, LAZZARIN T B. Single-phase voltage-doubler sepic rectifier with high power factor[C]. Santa Clara: 2016 IEEE 25th International Symposium on Industrial Electronics (ISIE), 2016: 522-527.

[16] VEERACHARY M, GOYAL M, RAGHUWANSHI H. Modeling and analysis of new zero current transition SEPIC converter[C]. Kitakyushu: Power Electronics and Drive Systems (PEDS), 2013 IEEE 10th International Conference on, 2013: 1178-1183.

[17] CRISBIN P, SASIKUMAR M. Analysis of PFC cuk and PFC sepic converter based intelligent controller fed BLDC motor drive[C]. Chennai: 2016 Second International Conference on Science Technology Engineering And Management (ICONSTEM), 2016: 304-308.

[18] SINGH B, CHATURVRDI G D. Comparative performance of isolated forward and flyback AC-DC converters for low power applications[C]. New Delhi: 2008 Joint International Conference on Power System Technology and IEEE Power India Conference, 2008: 1-6.

[19] ANAGHAKRISHNAN M R, SHANKAR S, LEKSHMI S. A novel AC-AC converter using bridgeless flyback rectifier and flyback CCM inverter [C]. Bengaluru: Biennial International Conference on Power and Energy Systems: Towards Sustainable Energy, 2016: 1-6.

[20] ALAM M D, KHAN M Z, CHOUDHURY M A. Flyback AC-DC rectifier with active power factor correction[C]. Dhaka: 2018 10th International Conference on Electrical and Computer Engineering (ICECE), 2018: 485-488.

[21] 郑昕昕，肖岚，王勤. 基于航空交流电网的 Boost/半桥组合式软开关谐振 PFC 变换器[J]. 中国电机工程学报，2011，31(9):50-57.

[22] DAS P, PAHLEVANINEZHAD M, MOSCHOPOULOS G. Analysis and design of a new AC - DC single-stage full-bridge PWM converter with two controllers [J]. IEEE Transactions on Industrial Electronics, 2013, 60(11): 4930-4946.

[23] DAS P, Li S, MOSCHOPOULOS G. An improved AC-DC single-stage full-bridge converter with reduced DC bus voltage[J]. IEEE Transactions on Industrial Electronics, 2010, 56(12): 4882-4893.

[24] ZHANG B, YANG X, XU M, et al. Design of boost-flyback single-stage PFC converter for LED power supply without electrolytic capacitor for energy-storage [C]. Wuhan: IEEE International Power Electronics and Motion Control Conference, 2009: 1668-1671.

[25] XU D, CAI Y, CHEN Z, et al. A novel two winding coupled-inductor step-up voltage gain boost-flyback converter[C]. Shanghai: IEEE International Power E-

lectronics and Application Conference and Exposition，2015：1-5.

[26] 张继红，于志，吕志伟. 单级并联型高效率 AC/DC 变换器[J]. 哈尔滨工业大学学报，2008(06)：952-955.

[27] LI H Y，CHANG L K. A single stage single switch parallel AC/DC converter based on two output boost-flyback converter[C]. Jeju：IEEE Power Electronics Specialists Conference，2006：1-7.

[28] LUO H，JIAN P. A digital pulse train controlled high power factor DCM boost PFC converter over a universal input voltage range[J]. IEEE Transactions on Industrial Electronics，2019，66(4)：2814-2824.

[29] 潘飞蹊，涂祺铠，梁昆凯. 一种 Boost 型 PFC 电路在 DCM 下的恒频控制方案[J]. 电子器件，2011，4(11)：103-108.

[30] GANDHI B，EZHILMARAN M. Achieving high input power factor for DCM boost PFC converters by controlling variable duty cycle [C]. Chennai：International Conference on Computation of Power，2013：18-20.

[31] 闫凯歌，刘坤，潘盈盈，等. 电流断续模式 Boost PFC 峰值电流控制[J]. 控制与信息技术，2019，457(1)：62-65.

[32] CHEN Y L，CHEN Y M，CHEN H J. On-time compensation method for CRM/DCM boost PFC converter[C]. Long Beach：2013 Twenty-Eighth Annual IEEE Applied Power Electronics Conference and Exposition (APEC)，2013：3096-3100.

[33] 罗欢，许建平，罗艺文，等. 全输入电压范围高功率因数脉冲序列控制 DCM Boost PFC 变换器[J]. 中国电机工程学报，2019，39(6)：1758-1769.

[34] WANG L，WU Q H，TANG W H，et al. CCM-DCMaverage current control for both continuous and discontinuous conduction modes boost PFC converters[C]. Saskatoon：2017 IEEE Electrical Power and Energy Conference (EPEC)，2017：1-6.

[35] TANG W，JIANG Y，HUA G C，et al. Power factor correction with flyback converter employing charge control[J]. Applied Power Electronics Conference and Exposition，1993：91-96.

[36] ATHAB H S. Single-phase single-switch boost PFC regulator with low total harmonic distortion and feedforward input voltage [C]. Johor Bahru：IEEE International Power and Energy Conference，2009：1118-1123.

[37] PASTRA S R，CHOUDHURY T R，NAYAK B. Comparative analysis of boost and buck-boost converter for power factor correction using hysteresis band current control[C]. Delhi：IEEE International Conference on Power Electronics，2016：1-6.

[38] NINKOVIC P S. A novel constant-frequency hysteresis current control of PFC converters [C]. L′Ayuila：IEEE International Symposium on Industrial Electronics，2002：1223-1225.

[39] 洪峰，单任仲，王慧贞，等. 一种变环宽准恒频电流滞环控制方法[J]. 电工技术学报，2009，24(1):115-119.

[40] 胡宗波，张波，胡少甫. Boost 功率因数校正变换器单周期控制适用性的理论分析和实验验证[J]. 中国电机工程学报，2005(21):22-26.

[41] HUANG C, LIN W M, GUO X J. One-cycle control of single-phase PFC rectifiers with fast dynamic response and low distortion[C]. Harbin: International Power Electronics and Motion Control Conference (IPEMC), 2012: 1621-1625.

[42] JAPPE T K, MUSSA S A. Discrete-time one cycle control technique applied in single-phase PFC boost converter[J]. IEEE International Symposium on Industrial Electronics, 2011: 1555-1560.

[43] CHANG Y C, LIAW C M. Design and control for a charge-regulated flyback switch-mode rectifier[J]. IEEE Transactions on Power Electronics, 2009, 24(1): 59-74.

[44] KIM J, CHOI H, WON C. New modulated carrier controlled PFC boost converter [J]. IEEE Transactions on Power Electronics, 2018, 33(6): 4772-4782.

[45] HARON R, ORABI M, ELSADEK M Z, et al. Study of nonlinear-carrier control stability for PFC boost converters[C]. Aswan: Power System Conference, 2008: 475-479.

[46] TUNG C P, CHUNG S H. Dynamical modeling of boost-type power factor corrector with power semiconductor filter for input current shaping[C]. Tampa: IEEE Applied Power Electronics Conference and Exposition (APEC), 2017: 8293-8311.

[47] LI Y, YANG Y, ZHU Z, et al. Zero-crossing distortion analysis in one cycle controlled boost PFC for low THD[J]. IEEE International Conference on ASIC, 2011: 661-664.

[48] HARIRCHI F, RAHMATI A , ABRISHAMIFAR A. Boost PFC converters with integral and double integral sliding mode control[C]. Tehran: Iranian Conference on Electrical Engineering (ICEE), 2011: 1-6.

[49] LOPRZ S O, BARRERO J M. Digitally implemented sliding-mode control of a single-phase dual-boost PFC rectifier[C]. Bogota: Power Electronics and Power Quality Applications, 2013: 1-5.

[50] PEREZ M, RODRIGUEZ J, COCCIA A. Predictive current control in a single phase PFC boost rectifier [C]. Churchill: IEEE International Conference on Industrial Technology, 2009: 1-6.

[51] NAIR H S, LAKSHMINARASAMMA N. Predictive average current control considering non-idealities for a boost PFC converter [C]. Chennai: 2018 IEEE International Conference on Power Electronics, Drives and Energy Systems (PEDES), 2018: 1-6.

[52] HUBER L, JANG Y, JOVANOVIC M M. Performanceevaluation of bridgeless PFC boost rectifiers[J]. IEEE Transactions on Power Electronics, 2008, 23(3): 1381-1390.

[53] CHOI W Y, KWON J M, KIM E H, et al. Bridgelessboost rectifier with low conduction losses and reduced diode reverse-recovery problems [J]. IEEE Transactions on Industrial Electronics, 2007, 54(2): 769-780.

[54] WANG S, LEE F C, WYK J D V. Design ofinductor winding capacitance cancellation for EMI suppression[J]. IEEE Transactions on Power Electronics, 2006, 21(6): 1825-1832.

[55] WANG S, KONG P J, LEE F C. Commonmode noise eeduction for boost converters using general balance technique [J]. IEEE Transaction on Power Electronics, 2007, 22(4): 1410-1416.

[56] MITCHELL D M. EMI noise reduction circuit and method for bridgeless PFC circuit[P]. US7215560, 2007.

[57] KONG P J, WANG S, LEE F C. Common mode EMI noise suppression in bridgeless boost PFC converter[C]. Anaheim: IEEE Applied Power Electronics Conference,2007: 929-935.

[58] TSAI H Y, HSIA T H, CHEN D. A novel soft-switching bridgeless power factor correction circuit[C]. Aalborg: European Conference on Power Electronics and Applications,2007:1-10.

[59] CHOI W Y, KWON J M, KIM E H, et al. Bridgelessboost rectifier with low conduction losses and reduced diode reverse-recovery problems [J]. IEEE Transactions on Industrial Electronics, 2007, 54(2): 769-780.

[60] 刘桂花. 无桥 PFC 拓扑结构及控制策略研究[D]. 哈尔滨：哈尔滨工业大学,2009.

[61] HSIEH Y C, HSUEH T C, YEN H C. Aninterleaved boost converter with zero-voltage transition[J]. IEEE Transaction on Power Electronics, 2009, 24(4): 973-978.

[62] STEIN C M, PINHEIRO J R, HEY H L. A ZCTauxiliary commutation circuit for interleaved boost converters operating in critical conduction mode[J]. IEEE Transaction on Power Electronics, 2002, 17(6): 954-962.

[63] YAO G, CHEN A, HE X N. Softswitching circuit for interleaved boost converters[J]. IEEE Transaction on Power Electronics, 2007, 22(1): 80-86.

[64] GENC N, ISKENDER I. An improved soft switched PWM interleaved boost AC-DC converter[J]. Energy Conversion and Management, 2010, 7(16): 1-11.

[65] 朱丽娟. 交错并联 Boost PFC 的软开关技术研究[D]. 秦皇岛:燕山大学,2012.

[66] JANG J, PIDAPARTHY S K , LEE S, et al. Performance of an interleaved boundary conduction mode boost PFC converter with wide band-gap switching devices[C]. Taipei: 2015 IEEE 2nd International Future Energy Electronics

Conference (IFEEC), 2015.
[67] 高裴石. 基于氮化镓器件的 Boost_PFC 分析与设计[D]. 合肥:合肥工业大学,2017.
[68] HUANG Q Y, HUANG A Q. Review of GaN totem-pole bridgeless PFC[J]. CPSS Transactions on Power Electronics and Applications, 2017, 2(3): 187-196.
[69] HUANG Q Y, YU R Y, MA Q X, et al. Predictive ZVS control with improved ZVS time margin and limited variable frequency range for a 99 Efficient, 130-W/in^3 MHz GaN totem-pole PFC rectifier [J]. IEEE Transaction on Power Electronics, 2019, 34(7): 7079-7091.
[70] TIWARI S, BASU S, UNDELAND T M, et al. Efficiency andconducted EMI evaluation of a single-phase power factor correction boost converter using state-of-the-art SiC MOSFET and SiC diode [J]. IEEE Transactions on Industrial Applications, 2019, 55(6): 7745-7756.
[71] 陈子博. 基于宽禁带功率器件的高效率 Boost 型 PFC 整流器设计与实现[D]. 武汉:华中科技大学,2019.
[72] ZHANG C, WANG J, TANG S, et al. A new PFC design with interleaved MHz-frequency GaN auxiliary active filter phase and low-frequency base power Si phase [J]. IEEE Journal of Emerging and Selected Topics in Power Electronics, 2020, 8 (1): 557-566.
[73] FISCHER G D S, RECH C, NOVAES Y R. Extensions of leading-edge modulated one-cycle control for totem-pole bridgeless rectifiers [J]. IEEE Transaction on Power Electronics, 2020, 35(5): 5447-5460.
[74] HUANG Q Y, HUANG A Q. Hybrid low-frequency switch for bridgeless PFC [J]. IEEE Transaction on Power Electronics, 2020, 35(10): 9982-9986.
[75] MOLAVI N, MAGHSOUDI M, FARZANEHFARD H. Quasi-resonant bridgeless PFC converter with low input current THD[J]. IEEE Transaction on Power Electronics, 2021, 36(7): 7965-7972.
[76] VALIPOUR H, MAHDAVI M, ORDONEZ M, et al. Extendedrange bridgeless PFC converter with high-voltage DC bus and small inductor[J]. IEEE Transaction on Power Electronics, 2021, 36(1): 157-173.
[77] 贲洪奇,张继红,刘桂花,等. 开关电源中的有源功率因数校正技术[M]. 北京:机械工业出版社,2010.
[78] 周志敏,周纪海,纪爱华. 开关电源功率因数校正电路设计与应用[M]. 北京:人民邮电出版社,2004.
[79] 孟涛. 基于全桥结构的三相单级有源功率因数校正技术研究[D]. 哈尔滨:哈尔滨工业大学,2010.
[80] MENG T, BEN H, WANG D, et al. Novel passive snubber suitable for three-phase single-stage PFC based on an isolated full-bridge boost topology[J]. Journal of

Power Electronics,2011,11(3): 264-270.

[81] TSAI J,WU T,WU C. Interleving phase shifters for critical-mode boost PFC[J]. IEEE Transactions on Power Electronics,2008,23(3): 1348-1357.

[82] 张喻. 三相功率因数校正技术研究[J]. 电能质量管理,2007,9(1):31-33.

[83] 郑文兵,肖湘宁. 单开关三相高功率因数/低谐波整流器的研究[J]. 电网技术,1999,23(1):33-37.

[84] 邓超平,刘晓东,凌志斌,等. 三相单开关零电流 Cuk 型功率因数校正器的研究[J]. 中国电机工程学报,2004,24(4):74-79.

[85] 杨成林,陈敏,徐德鸿. 三相功率因数校正(PFC)技术的综述 [J]. 电源技术应用,2002,5(8):412-417.

[86] 鲁志本,贲洪奇. 基于并联技术的三相功率因数校正方法研究[J]. 电源技术应用,2009,12(7):7-11.

[87] WANG C. A new single-phase ZCS-PWM boost rectifier with high power factor and low conduction losses[J]. IEEE Transactions on Industrial Electronics,2006,53(2): 500-510.

[88] LU B. A novel control method for interleaved transition mode PFC[C]. Austin: IEEE Applied Power Electronics Conference and Exposition,2008: 697-701.

[89] BADIN A,BARBIN I. Unity power factor isolated three-phase rectifier with split DC-bus based on the scott transformer [J]. IEEE Transactions on Power Electronics,2008,23(3): 1278-1287.

[90] MENG T, SONG Y, BEN H. Start-up scheme for a three-phase isolated full-bridge boost PFC converter with the passive flyback auxiliary circuit[J]. IEEE Transactions on Industrial Electronics,2017,64(8): 6042-6051.

[91] LI Z, TANG Y. Simulated study of three-phase single-switch PFC converter with harmonic injected [C]. Shanghai: IEEE International Power Electronics and Motion Control Conference, 2006: 1416-1420.

[92] 周洁敏,赵修科,陶思钰. 开关电源磁性元件理论及设计[M]. 北京:北京航空航天大学出版社,2014.

[93] 麦克莱曼. 变压器与电感器设计手册[M]. 周京华,龚绍文,译. 4 版. 北京:中国电力出版社,2014.

[94] 刘凤君. 现代高频开关电源技术及应用[M]. 北京:电子工业出版社,2008.

[95] 贲洪奇,孟涛,杨威. 现代高频开关电源技术与应用[M]. 哈尔滨:哈尔滨工业大学出版社,2018.

[96] 张占松,蔡宣三. 开关电源的原理与设计(修订版) [M]. 北京:电子工业出版社,2004.

[97] 张兴,张崇巍. PWM 整流器及其控制[M]. 北京:机械工业出版社,2012.

[98] MENG T,BEN H,SONG Y. Investigation and implementation of a starting and voltage spike suppression scheme for three-phase isolated full-bridge boost PFC

converter[J]. IEEE Transactions on Power Electronics,2018,33(2): 1358-1367.

[99] 旷建军. 开关电源中磁性元件绕组损耗的分析与研究[D]. 南京: 南京航空航天大学,2007.

[100] CHEN R,CANALES F,YANG B,et al. Volumetric optimal design of passive integrated power electronics module (IPEM) for distributed power system (DPS) front-end DC/DC converter[J]. IEEE Transactions on Power Electronics,2005,41(1):9-17.

[101] 薛转花. 开关电源中直流输出滤波电感的设计[J]. 现代电子技术,2006,16:126-128.

[102] 武健,何礼高,付国清. 电流纹波率分析与输出滤波电感的优化设计[J]. 电力电子技术,2010,44(5):67-69.

[103] 杨孝志,刘正之,张崇巍. 单相电压型 PWM 整流器交流侧电感的设计[J]. 合肥工业大学学报(自然科学版),2004,27(1):31-34.

[104] ZHOU J H, LU Z Y, LIN Z Y, et al. Novel sampling algorithm for DSP controlled 2 kW PFC converter[J]. IEEE Transaction on Power Electronics, 2001, 16(2): 217-222.

[105] CHEN J Q, PRODIC A, ERICKSONR W, et al. Predictive digital current programmed control[J]. IEEE Transaction on Power Electronics, 2003, 18(1): 411-419.

[106] FIGUERES E, BENAVENT J M, GARCERA G, et al. Robust control of power-factor-correction rectifiers with fast dynamic response[J]. IEEE Transactions on Industrial Electronics, 2005, 52(1): 66-76.

[107] ZHANG W F, FENG G, LIU Y F, et al. New digital control method for power factor correction[J]. IEEE Transaction on Industrial Electronics, 2006, 53(3): 987-990.

[108] PRODIC A, MAKSIMOVIC D, ERICKSON R W. Dead-zone digital controllers for improved dynamic response of low harmonic rectifiers[J]. IEEE Transactions on Power Electronics, 2006, 21(1): 173 -181.

[109] PRODIC A. Compensatordesign and stability assessment for fast voltage loops of power factor correction rectifiers[J]. IEEE Transactions on Power Electronics, 2007, 22(5): 1719 -1730.

[110] 杨靖. 基于 DSP 的单相功率因数校正数字控制研究[D]. 南京:南京航空航天大学, 2007.

[111] FIGUERES E, BENAVENT J M, GARCERA G, et al. A control circuit with load-current injection for single-phase power-factor-correction rectifiers[J]. IEEE Transactions on Industrial Electronics, 2007, 54(3): 1272-1281.

[112] LAMAR D G, FERNANDEZ A, ARIAS M, et al. Aunity power factor correction preregulator with fast dynamic response based on a low-cost

microcontroller[J]. IEEE Transactions on Power Electronics, 2008, 23(2): 635-642.

[113] 刘桂花,王卫,徐殿国. 具有快速动态响应的数字 PFC 算法[J]. 中国电机工程学报, 2009, 29(12): 10-15.

[114] LIMS F , KHAMBADKONE A M . A simple digital DCM control scheme for boost PFC operating in both CCM and DCM[J]. IEEE Transactions on Industry Applications, 2011, 47(4): 1802-1812.

[115] 梅寒洁. 一种功率因数校正(PFC)变换器数字控制方法的研究[D]. 浙江: 浙江大学,2014.

[116] HWU K I, YAU Y T, CHANG Y C. Full-digital AC-DC converter with PFC based on counting[J]. Transactions on Industrial Informatics, 2015, 11(1): 122-131.

[117] YOUN H S, PARK J S, PARK K B, et al. A digital predictive peak current control for power factor correction with low-input current distortion[J]. IEEE Transactions on Power Electronics, 2016, 31(1): 900-912.

[118] FERNANDES R, TRESCASES O. Amultimode 1-MHz PFC front end with digital peak current modulation[J]. IEEE Transactions on Power Electronics, 2016, 31(8): 5694-5708.

[119] KULASEKARAN S, AYYANAR R. A 500-kHz, 3.3-kW power factor correction circuit with low-loss auxiliary ZVT circuit[J]. IEEE Transactions on Power Electronics, 2018, 33(6): 4783-4795.

[120] SIUK K M , HE Y B, HO C N M, et al. Advanced digital controller for improving input current quality of integrated active virtual ground-bridgeless PFC [J]. IEEE Transactions on Power Electronics, 2019, 34(4): 3921-3936.

[121] LEE M, KIM J W, LAI J S. Digital-based critical conduction mode control for three-level boost PFC converter[J]. IEEE Transactions on Power Electronics, 2020, 35(7): 7689-7701.

[122] NAIR H S, NARASAMMA N L. Animproved digital algorithm for boost PFC converter operating in mixed conduction mode[J]. IEEE Journal of Emerging and Selected Topics in Power Electronics, 2020, 8(4): 4235-4245.

[123] CHENQ, XU J P, TAO Z Y , et al. Analysis of sector update delay and its effect on digital control three-phase six-switch buck PFC converters with wide AC input frequency[J]. IEEE Transactions on Power Electronics, 2021, 36(1): 7689.

[124] 赵丽平, 郑强, 刘明杰. 电动汽车充电对电网的谐波影响研究[J]. 电气自动化, 2017,39(5):34-36.

[125] 马玲玲, 杨军, 付聪, 等. 电动汽车充放电对电网影响研究综述[J]. 电力系统保护与控制, 2013,41(3):140-148.

[126] 杨飞. 采用耦合电感的交错并联 Boost PFC 变换器[D]. 南京:南京航空航天大

学，2013.

[127] TAH A，LAKSHMI N. Simple soft-switched phase-shifted FB converter for reduced voltage stress and negligible duty cycle loss[J]. IET Power Electronics，2019，12(11)：2780-2792.

[128] DENG J J，LI S Q，HU S D，et al. Design methodology of LLC resonant converters for electric vehicle battery chargers[J]. IEEE Transactions on Vehicular Technology，2014，63(4)：1581-1592.

[129] 宋建国，谢敏波，张斌. 基于大功率车载 DC/DC 移相全桥转换器的研究[J]. 电力电子技术，2019，53(12)：23-27.

名词索引